Jude Currivan

Das kosmische Hologramm

W0100087

JUDE CURRIVAN

Das kosmische Hologramm

Wie holografische
Informationsstrukturen
unsere Realität formen

Aus dem amerikanischen Englisch von Franz Leipold

GOLDMANN

Die amerikanische Originalausgabe erschien 2017 unter dem Titel
»The Cosmic Hologram. In-formation at the Center of Creation« bei
Inner Traditions International Ltd. in Rochester, USA.
Dieses Werk wurde vermittelt durch die Literarische Agentur
Thomas Schlück GmbH, 30827 Garbsen.

 Dieses Buch ist auch als E-Book erhältlich.

Verlagsgruppe Random House FSC® N001967

1. Auflage
Deutsche Erstausgabe Februar 2020
© 2020 Wilhelm Goldmann Verlag, München,
in der Verlagsgruppe Random House GmbH,
Neumarkter Str. 28, 81673 München
Originalausgabe: © 2017 Inner Traditions International Ltd., Rochester, VT, USA
Copyright © 2017 by Jude Currivan
Published by arrangement with Inner Traditions International Ltd.,
Rochester, VT, USA
Umschlaggestaltung: UNO Werbeagentur GmbH, München
Umschlagmotiv: FinePic®, München
Lektorat: Ralf Lay, Mönchengladbach
JG · Herstellung: cb
Satz: Satzwerk Huber, Germering
Druck und Bindung: GGP Media GmbH, Pößneck
Printed in Germany
ISBN 978-3-442-22267-4

www.goldmann-verlag.de

Besuchen Sie den Goldmann Verlag im Netz

Für alle, die sich nicht nur fragen,
wie unser Universum beschaffen ist,
sondern auch, *warum* es so ist,
und für alle, die bereit sind, dem Nachweis zu folgen –
wo auch immer er uns hinführen wird.

Inhalt

TEIL 1

◇◇◇◇◇◇◇

Wie man ein ideales Universum schafft

TEIL 2

<small>◇◇◇◇◇◇◇</small>

Holografisches Universum und Information

TEIL 3

<small>◇◇◇◇◇◇◇</small>

Gemeinsame Schöpfung im kosmischen Hologramm

Vorwort

Dieses Buch ist eine Meisterleistung. Es stellt die Frage, woraus Sie ein Universum erschaffen würden, wenn Sie es denn vorhätten. Und wie Sie das zusammensetzten, was Sie benötigen, um es zu erschaffen. Solche Fragen stellt normalerweise jemand, der etwa einen Kuchen backen will. Fragen nach dem »Was?« und dem »Wie?« sind jedoch bei allem erlaubt, einschließlich des Universums, das die Gesamtheit jeglicher Dinge bildet.

Die Lektüre dieses Buches bietet Ihnen allerdings weit mehr als einen angenehmen intellektuellen Zeitvertreib. Es ist voller seriöser Informationen über das, was in der Welt existiert und geschieht, sowie darüber, wie es miteinander verbunden ist. Und es ist eines der an Informationen reichhaltigsten Bücher, die ich je gelesen habe. Bei der Lektüre fühlt man sich, wie gesagt, ein wenig an einen Meisterbäcker erinnert, der einem das Rezept für einen perfekten Kuchen präsentiert. Allerdings dient dieses Rezept dazu, das ideale Universum zu schaffen beziehungsweise zu verstehen. Es kann kein ehrgeizigeres Vorhaben geben, als zu versuchen, die Formel für dieses Rezept zu finden.

Es stellt sich dabei heraus, dass es ein noch ambitionierteres Unterfangen gibt, und dieses Buch spricht es an. Es geht nicht nur darum herauszufinden, *was* das Universum ist und *wie* es zusammengehalten wird, sondern auch, *warum* das so ist. Dieses »Warum« trifft auch auf unsere Existenz im Universum zu; es fragt nach der Bedeutung und dem Zweck unseres Seins.

Wir erfahren, dass die Frage nach dem »Warum« nicht verlangt, Zuflucht bei einer transzendentalen Instanz zu suchen oder aus dem Stegreif Vermutungen über das Wesen der Realität anzustellen. Die Frage kann unvoreingenommen gestellt werden, und man kann innerhalb der erweiterten Räume der Wissenschaft eine sinnvolle Antwort darauf finden, die sich an den neuen Grenzen abzeichnen.

Dieses Buch verschaffte mir ein ausgesprochenes »Aha-Erlebnis«. Obwohl mir viele Fakten und Theorien, die es anspricht, bereits bekannt waren, habe ich sie hier auf eine neue und überzeugende Weise wiederentdeckt. Es ist ein Erkenntnisgewinn par excellence, denn es erweitert nicht nur mein Wissen im Allgemeinen, sondern es erhellt auch mein Verständnis für die grundlegende Natur aller Dinge und die Identität des Maestros, der sie geschaffen hat.

Der Begriff »Kosmos« stammt aus dem Griechischen und bedeutet ursprünglich »Weltordnung«. Die tiefgründigere Perspektive, die uns dieses Buch bietet, sieht den Kosmos als integrales, von Natur aus zusammengehörendes Ganzes, dessen Voraussetzungen in den Entdeckungen wurzeln, die am Beginn des 21. Jahrhunderts zutage getreten sind.

Das kosmische Hologramm bringt uns die Information nahe, die ein ideales Universum geschaffen hat – *unser* Universum. Es möchte den Leser dazu anregen, den gesamten kohärenten kosmischen Kuchen zu probieren, den Jude Currivan für uns angerührt hat. Lassen Sie sich's schmecken! Das ist ein Hochgenuss, an den sich alle aufgeschlossenen und intelligenten Leserinnen und Leser immer gern erinnern werden.

Ervin László

Dr. Ervin László ist Wissenschaftsphilosoph, Systemtheoretiker und klassischer Pianist. Er wurde zweimal für den Nobelpreis nominiert und hat über 75 Bücher und mehr als 400 Artikel und Facharbeiten publiziert. Außerdem ist er Gründer und Präsident des Club of Budapest, eines Thinktanks für globale Fragen, und des Ervin László Institute for Advanced Study (ELIAS). Er lebt in der Toskana.

Indras Netz

Stellen Sie sich ein schimmerndes Netz aus Licht vor, ohne Anfang und ohne Ende. An jedem Knoten seines Gitters sitzt ein funkelnder Edelstein, und diese Myriaden vielschichtiger Juwelen reflektieren und spiegeln einander in allen Regenbogenfarben – eine stetig wechselnde Illumination. Seine unendliche Einheit manifestiert sich in unzähligen kreativen Edelsteinen, durch die seine immerwährende Entwicklung kontinuierlich beflügelt und vorangetrieben wird.

Vor circa 3 000 Jahren oder noch eher wurde dieses altertümliche numinose Bild des Universums erstmals in den heiligen indischen Texten des *Atharvaveda* erwähnt und als Indras Netz bezeichnet. Mit diesem Instrument erschuf die vedische Gottheit Indra, der Gott des Himmels, die Erscheinung der gesamten Welt. Heute wird seine Offenbarung von ganzheitlicher Realität und Selbstreflexion auf allen Stufen des Daseins wiederentdeckt und in einer weniger poetischen, aber gleichsam majestätischen und wissenschaftsbasierten Sprache neu formuliert.

Obwohl diese Revolution im 21. Jahrhundert durch brandneue Forschungsergebnisse eingeleitet wurde, werden ihre Auswirkungen uns alle unmittelbar beeinflussen. Denn wir müssen umdenken und nicht nur das korrigieren, was wir über das physikalische Universum zu wissen glauben, sondern auch die Wahrnehmung unserer selbst und der Natur der Realität an sich.

Ich habe seit meiner Kindheit versucht zu verstehen, was Realität *wirklich* ist, und habe mich dazu gedrängt gefühlt, ein Leben lang immer wieder zu fragen, nicht nur wie, sondern auch warum das Universum so ist, wie es ist. Mein wissenschaftliches Streben nach Antworten begann, als ich etwa fünf Jahre alt war. Meine ohnehin wachsende Begeisterung für Astronomie wurde an diesem Weihnachtstag mit einem Geschenk meiner Eltern belohnt: *The Boys' [!] Book of Space* des britischen Astronomen Patrick Moore.

Einige Jahre später erregte die Quantenwelt meine Aufmerksamkeit und veranlasste mich schließlich am Ende meiner Teenagerzeit zu Beginn der Siebzigerjahre, ein Magisterstudium der Physik an der Oxford University aufzunehmen. Dabei spezialisierte ich mich auf Quantenphysik, erforschte die physikalische Welt in ihren winzigsten Dimensionen und die Kosmologie der Relativitätstheorie. Ich strebte danach, das Universum sowohl in seiner Gesamtheit als auch unter seinen extremsten Bedingungen zu verstehen. Es war eine aufregende Zeit – eine Zeit nicht lange nach der Bestätigung, dass der Urknall den Beginn des Universums darstellt; eine Zeit, die erfüllt war von dem neu entdeckten Phänomen der Schwarzen Löcher. Vor allem versuchte ich, meine eigene, sich erweiternde Sichtweise auf der Basis wissenschaftlicher Erkenntnis unseres physikalischen Universums zu untermauern.

Allerdings wurde mir schon damals die fundamentale Unvereinbarkeit von Quanten- und Relativitätstheorie bewusst, denn diese

Theorien von Raum und Zeit sind vollkommen verschieden; und zu der Zeit, als ich in Oxford studierte, hatte es die wissenschaftliche Forschung über ein halbes Jahrhundert lang nicht geschafft, die beiden Theorien zusammenzuführen.

In meinem zweiten Studienjahr teilte ich meine Hoffnungen, dass man endlich einen Weg aus dieser Sackgasse finden möge, mit einem meiner Lehrer, Dennis Sciama. Er war gerade von der Universität Cambridge nach Oxford gewechselt und lud mich freundlicherweise ein, an einem kurz darauf stattfindenden Vortrag über Schwarze Löcher und die sogenannten Singularitäten teilzunehmen, die man in ihrem Zentrum vermutete. Der Vortrag sollte von zwei wegbereitenden Wissenschaftlern gehalten werden. Da es sich um ein Doktorandenseminar handelte, war ich vermutlich die jüngste Teilnehmerin, als Stephen Hawking, der bereits unter einer degenerativen Erkrankung des motorischen Nervensystems (amyotrophe Lateralsklerose) litt, und sein Kollege Roger Penrose beschrieben, wie der gravitationsbedingte Kollaps eines massereichen Sterns theoretisch zur Existenz solcher Raum-Zeit-Singularitäten führt.

Heute gelten beide als weltberühmte Wissenschaftler, doch schon damals wurde ihre Brillanz erkannt, und beide waren im Begriff, als Mitglieder in die renommierte Royal Society aufgenommen zu werden, deren Präsident einst Isaac Newton gewesen war.

Inspiriert von diesem Seminar und ermutigt durch Dennis, schrieb ich eine Abhandlung über Schwarze Löcher und die neu aufkommenden Überlegungen, wie ihr Verhalten Einblicke liefern könnte in die Theorie einer Quantengravitation (die das Ziel hat, Quanten- und Relativitätstheorie in Einklang zu bringen, indem sie einen Weg findet, Gravitation zu quantisieren). Ich reichte meine

Abhandlung bei einem Universitätswettbewerb ein und war glücklich, den Preis zu gewinnen, der – für mich als ständig in Geldnot schwebender Studentin höchst erfreulich – immerhin mit 25 Pfund dotiert war. Ich würdigte jedoch nur am Rande, dass sich meine Schlussfolgerungen in dieser Abhandlung als wahr erweisen sollten: »Unser Wissen über das Verhalten von Materie unter solch extremen Bedingungen ist im Moment noch so begrenzt, dass sich die Bildung von Schwarzen Löchern und Singularitäten als das geringste unserer Probleme erweisen könnte.«

Denn trotz der brillanten Leistungen von Wissenschaftlern wie Hawking, Penrose und vielen anderen mussten Forscher über vierzig Jahre später aufgrund der Entdeckungen von sogenannter dunkler Materie und dunkler Energie – deren Natur immer noch unbekannt ist – einräumen, dass ihre kosmologische Weltsicht, wie sie durch die kontinuierliche Weiterentwicklung noch immer widersprüchlicher grundlegender Theorien dargestellt wird, heute lediglich in der Lage ist, gerade mal 5 Prozent des Universums zu erklären. Der Rest »fehlt« nach gegenwärtigem Verständnis einfach.

Für mich ist es jedoch wesentlich wichtiger, als diese bis heute ungelöste Unvereinbarkeit und den Mangel an Erklärungen (wie es zumindest von der Mainstream-Wissenschaft interpretiert wird) zu verstehen, wie man die Natur des Bewusstseins verstehen, erfassen und integrieren kann.

Seit Beginn meines lebenslangen Bestrebens, die wahre Natur der Realität zu begreifen, war ich fasziniert von der Weisheit alter Kulturen wie der Ägyptens oder des vedischen Indien. Beide Traditionen trachteten danach, die Welt und die Wahrnehmung von Realität anhand von Begriffen zu erklären, die ich in meinen eigenen Erklärungsversuchen wiedererkennen sollte. Ihre Kosmologie meinte

Bewusstsein, und für sie bildete eine kosmische Intelligenz die Grundlage des Universums; hauptsächlich in Bezug auf seinen Ausdruck in physischer Form sahen sie in dieser alles umfassenden grundlegenden Intelligenz all das, was wir als Realität bezeichnen.

Im eigentlichen Sinn versuchten diese Betrachtungsweisen, nicht nur das Rätsel zu erklären, auf welche Weise das Erscheinungsbild unseres Universums aus solch tieferer Realität entspringt, sondern auch die Bedeutung und den Sinn allen Lebens zu verstehen.

Die Wissenschaft hat bis heute gebraucht, um endlich mit den jahrhundertealten metaphysischen Erkenntnissen und Erfahrungen von Weisen, Schamanen und Sehern gleichzuziehen, die durch die Metapher von Indras Netz beschrieben sind. In dieser Hinsicht zwingend ist die Hypothese des holografischen Prinzips, die zuerst von dem holländischen theoretischen Physiker Gerardus 't Hooft in die Diskussion eingebracht wurde. 1993 machte er den Vorschlag, dass es zur Beschreibung sämtlicher Information im Bereich eines offensichtlich dreidimensionalen Raumes eine äquivalente Beschreibung als Hologramm dieser Information gibt, die nur auf den zweidimensionalen Rand lokalisiert ist.[1]

Im Folgenden wollen wir Hinweisen auf den Grund gehen und überprüfen, ob unser Universum tatsächlich ein kosmisches Hologramm ist, das seine natürlichen Merkmale in Form von selbstähnlichen Informationsmustern und einer harmonischen Ordnung verkörpert, die allen physikalischen Erscheinungen auf allen Ebenen des Seins zugrunde liegen.

Nachdem ich die Entwicklung dieser holografischen Sichtweise mehr als zwanzig Jahre lang verfolgt habe, scheint es mittlerweile, als hätten wir eine Wahrnehmung der Realität, die wirklich das Potenzial hat, eine »Theorie von allem« zu sein, ein umwälzendes, wissenschaftlich fundiertes Modell zu bieten. Diese »Weltformel« impliziert, dass Information, Bewusstsein und letztendlich kosmische Intelligenz den Grundzustand und das alles durchdringende Fundament der gesamten Welt bilden.

Dieses zutiefst beflügelnde neue Verständnis gründet nicht nur auf den Entdeckungen und Einsichten der Wissenschaft im 20. Jahrhundert, sondern geht weit über sie hinaus.

Um das holografische Prinzip zu verstehen, beginnt die wegweisende Wissenschaft des 21. Jahrhunderts auch die Tatsache zu verinnerlichen, dass Information tatsächlich fundamental wichtiger ist als Materie, Energie, Raum und Zeit. Wir werden sehen, dass sich das kosmische Hologramm in vielen unterschiedlichen Bereichen wissenschaftlicher Forschung erschließt, von der winzigsten physikalischen Ebene der Planck-Skala, noch viel winziger als die eines Quants, bis zur größten Skala unseres gesamten Universums einschließlich jeden dazwischen liegenden Niveaus – und einschließlich der Realität unseres täglichen Lebens.

Wir werden sehen, wie miteinander verbundene Konzepte – inklusive Quanteninformation, neue und entwicklungsgeschichtlich ursprüngliche Komplexität, das holografische Prinzip, fraktale Geometrien und Entropieprozesse –, die schrittweise durch neue Entdeckungen und experimentelle Nachweise bestätigt werden, sehr deutlich zeigen, dass die gesamte Wahrnehmung der physischen Welt einer tieferen Ebene von informativer Realität entspringt.

Ein umfassendes Verständnis bildet sich gerade heraus, doch die Wissenschaft benötigt mehr Zeit und noch weitere Entdeckungen, um diese unglaubliche Vision des kosmischen Hologramms vollständig zu bestätigen und zu würdigen. Dennoch ist – selbst in dieser Anfangsphase – sein Potenzial, unsere Sicht der Realität und unseren

Platz im Kosmos zu revolutionieren, mach meiner Ansicht viel zu wichtig, um es allein den Wissenschaftlern zu überlassen.

Das kosmische Hologramm ist das Äquivalent des 21. Jahrhunderts zu Indras Netz. Es zeigt – ähnlich wie der wundervolle Schokoladenkuchen meiner Mutter –, wie all die notwendigen Informationen in Form von Anweisungen, Bedingungen, Zutaten, einem Rezept und einem Behältnis vom allerersten Beginn von Raum und Zeit vorhanden waren, um unser »ideales« Universum zu schaffen. Ein Universum, in dem sich eine ständig zunehmende Komplexität weiterentwickeln konnte bis zu dem Punkt, an dem Individuen mit eigenem Bewusstsein entstanden, die dazu fähig und entsprechend wissbegierig sind, die wahre Natur der Realität und ihren eigenen Platz und Zweck im Kosmos zu verstehen (und die Schokoladenkuchen mögen).

Wir werden auch die Rätsel untersuchen, die uns das Licht aufgibt. Es verbindet die Elemente der bekannten physischen Welt miteinander und weist solche außergewöhnlichen Eigenschaften und Strukturen auf, dass es die maximale Kreativität der Information von dem ermöglicht, was Einstein als kosmischen Geist bezeichnete, um sich selbst auszudrücken und innerhalb des Universums zu entwickeln. Und es ist *unser* Universum, eines von vielen Universen innerhalb eines unendlichen und ewigen Multiversums aus kosmischen Parallelwelten; es ist das Universum, in dem wir uns zu Lebewesen entwickelt haben, die sich ihrer selbst bewusst sind.

Ich hoffe, Sie werden genauso erstaunt und begeistert sein, wie ich es immer war, dass unser ideales Universum, wie Einstein es einmal formuliert hat, auf wundervolle Art und Weise dazu fähig ist, seine unglaubliche Komplexität aus einigen Grundprinzipien zu entwickeln und zu manifestieren, die »so einfach wie möglich, aber nicht einfacher« sind. Tatsächlich werden wir seine wichtigsten Erkenntnisse als ständigen Wegweiser nutzen, um die Seriosität unserer Suche zu gewährleisten.

Vor allem werden wir die zunehmend starken Hinweise überprüfen, dass die Wahrnehmungen unseres Geistes und unseres Herzens, unserer inneren und äußeren Sinne, die mikrokosmischen Juwelen in Indras Netz darstellen, durch das die äußere Erscheinung der gesamten Welt des kosmischen Hologramms erschaffen, erfahren und erforscht wird.

TEIL 1
◇◇◇◇◇◇◇

Wie man ein ideales Universum schafft

1

Information

Was vermittelt oder vertreten wird durch eine spezielle
Anordnung oder Reihenfolge von Dingen …

It from bit … Alles ist Information.

JOHN ARCHIBALD WHEELER

It from qubit.

DAVID DEUTSCH

Dieses Buch konnte erst jetzt geschrieben werden, denn vorher besaßen wir die notwendigen Informationen noch nicht. Buchstäblich ist nun »die Zeit, deren Idee gekommen ist«.

Da wir nun erst allmählich verstehen, wie die aufstrebende Wissenschaft des 21. Jahrhunderts die physische Wirklichkeit zunehmend als ein kosmisches Hologramm beschreibt, müssen wir uns zunächst einmal über die vorrangige Natur von Information klar werden.

Die Gesetze der Bewegung und der Thermodynamik definieren nicht nur, wie sich Materie und Energie bewegen und wie sie miteinander in Beziehung stehen, sondern gelten auch grundsätzlich für die Information. Man beginnt immer mehr, das Konzept von Inhalt und Fluss von Information dafür zu verwenden, physikalische Phänomene auf einem tieferen und umfassenderen Niveau als bisher zu beschreiben.

Die beiden Säulen der Wissenschaft im 20. Jahrhundert, die Quanten- und die Relativitätstheorie, werden ebenfalls neu bewertet als Informationstheorien – eine Entwicklung, die möglicherweise das Potenzial besitzt, diese bisher einander unversöhnlich gegenüberstehenden Sichtweisen unseres Universums endlich zusammenzubringen.

Wie wir sehen werden, ist dies allerdings nur ein erster Schritt zu einer wesentlich mehr umfassenden Anschauung, die nicht nur zum Ziel hat, die physikalische Welt vollkommen zu verstehen, sondern die auch eine Kosmologie vorschlägt, die *alle* Aspekte von Existenz und Erfahrung einschließt, und die schließlich Antworten auf die tiefere Frage sucht, nicht nur *was* die Realität ist, sondern auch *warum* sie so ist, wie sie ist.

Zunächst werden wir uns ansehen, warum Information im Vergleich zu Energie und Materie und sogar zu Raum und Zeit mittlerweile als wesentlicher betrachtet wird. Dabei werden wir entdecken, wie die kleinste Einheit der Planck-Skala unserer physikalischen Welt, trillionenmal kleiner als das Reich der Quantenphysik, der Schlüssel ist, um Einblicke zu gewinnen, warum Information eine Vorrangstellung einnimmt. Weiterhin werden wir erkennen, dass Information wirklich physisch ist, und wir werden unser Verständnis davon erweitern, wie Information unser Universum formt – während sie gleichzeitig unsere Anschauung davon verändert, was wir eigentlich mit dem Begriff »physisch« meinen.

EINE UNVOLLSTÄNDIGE REVOLUTION

Vor ungefähr hundert Jahren veränderte sich unser gesamtes Wissen über Energie und Materie, Raum und Zeit auf dramatische Weise. Bis dahin, seit den Zeiten von Isaac Newton und anderen Pionieren der Wissenschaft im 17. Jahrhundert, wurde Energie als ein Merkmal von Materie und Bewegung betrachtet; Raum und Zeit galten als absolut, als unabhängig von einem Beobachter, als grundsätzlich voneinander getrennt, und sie fungierten lediglich als passiver Hintergrund für die »realen Dinge«.

Gegen Ende des 19. Jahrhunderts konnten jedoch Widersprüche, die durch rätselhafte Phänomene hervorgerufen wurden – beispielsweise war es nicht möglich, die Energie zu bestimmen, die ein heißer Ofen abstrahlte –, nicht mehr mittels der in dieser Zeit vorherrschenden Theorien erklärt werden. Daher tauchten in der Physik zwei neue revolutionäre Denkansätze auf: die Relativitätstheorie und die Quantenmechanik.

Diese Theorien zeigten, dass die Newton'sche Physik nicht falsch war. Tatsächlich wenden wir ihre Prinzipien immer noch an, beispielsweise in der Raketentechnologie und für viele alltägliche Zwecke. Allerdings sind diese Theorien der klassischen Physik unvollständig. Der revolutionäre Durchbruch, den Relativitätstheorie und Quantenmechanik bewirkt haben, erweiterte Newtons Grundsätze der klassischen Mechanik, die eine Annäherung an unsere alltäglich gemachten Erfahrungen eines viel umfassenderen, aber völlig unterschiedlichen Verständnisses unseres Universums sind: eines Universums, in dem Energie und Materie einander ergänzende Ausdrucksformen darstellen und dynamische Wirkungsfelder das Konzept scheinbar getrennter Objekte und bis dahin unerklärter »Fernwirkung« ersetzen. Weiterhin sind Raum und Zeit jeweils relativ zur Position eines Betrachters, und wir können sie lediglich in ihrer Kombination als vierdimensionales Konzept der Raum-Zeit für unveränderlich halten.

Aber ebenso, wie Newtons Erkenntnisse drei Jahrhunderte zuvor unvollständig waren, so war es auch die wissenschaftliche Revolution des 20. Jahrhunderts; denn die Quantenmechanik, die die physikalische Welt im Bereich winzigster Maßstäbe beschreibt, erscheint grundsätzlich unvereinbar mit der Relativitätstheorie, die für gewaltigere Dimensionen gilt. Im Wesentlichen hat die Quantentheorie keinen Zeitbegriff, und die Raum-Zeit und die Gravitation, mit denen die Relativitätstheorie arbeitet, sind nicht quantisiert. Bei den Versuchen, diese Widersprüche zu lösen, hat sich ein Großteil der Forschung darauf fokussiert, eine Quantenbeschreibung der Gravitation zu entwickeln; dafür wurden Hinweise aus dem Studium der Materie unter den extremen Bedingungen herangezogen, wie sie zu Beginn unseres Universums und in Schwarzen Löchern herrschen. Dennoch stehen die beiden Theorien einander auch nach mehr als achtzig Jahren Forschung immer noch unvereinbar gegenüber.

Als ob das noch nicht genug wäre, zeigten astronomische Messungen von unerwartet hohen Geschwindigkeiten der galaktischen Rotation, über die Vera Rubin erstmals in den 1960er-Jahren überzeugend berichtete, dass etwas, was als dunkle Materie bekannt und nur durch seine Auswirkungen auf die Gravitation messbar wurde, notwendig ist, um die sichtbaren Sterne in ihren Umlaufbahnen zu halten und zu verhindern, dass sie herausgeschleudert werden. Seit dieser Zeit wird angenommen, dass die dunkle Materie, die zumeist als unbekannte, schwach wechselwirkende, aber massereiche, subatomare Teilchen (WIMPs = *weakly interacting massive particles*) beschrieben wird, unser Universum durchzieht.

Zu Beginn der 1990er-Jahre hat die Messung der Expansionsrate des Raumes enthüllt, dass sich das Universum nicht – wie ursprünglich angenommen – langsamer, sondern dass es sich schneller ausdehnt[2] – eine Situation, die gegenwärtig der Existenz sogenannter dunkler Energie zugeschrieben wird. Obwohl es eine Vielzahl von Kandidaten für diese kosmologische Konstante gibt, die anscheinend eine Eigenspannung in der Struktur der Raum-Zeit selbst ist, konnte bis heute keiner bestätigt werden.

Keine dieser beiden »dunklen« und vollkommen unvorhersehbaren Komponenten des Universums ist bisher verstanden, doch dadurch, dass sie nach gegenwärtiger Schätzung etwa 95 Prozent seiner gesamten Energie und Materie ausmachen, degradieren sie die zwei grundlegenden, aber immer noch ungelösten Theorien der Wissenschaft des 20. Jahrhunderts dazu, lediglich 5 Prozent der physikalischen Realität zu beschreiben.

Und wie könnte es jetzt weitergehen?

Wie es bei früheren wissenschaftlichen Revolutionen der Fall war, sollten wir uns auch hier mit solchen offensichtlichen Unterschieden, unbequemen Abweichungen und außergewöhnlichen Phänomenen beschäftigen, die uns ein tieferes Verständnis und eine immer umfassendere Sicht der Welt eröffnen.

Dennoch mag es sich erweisen, dass sich dunkle Materie und dunkle Energie in den erweiterten Rahmen der Physik des 20. Jahrhunderts integrieren lassen. Für mich stellt sich die Aufgabe, sie nicht nur in Einklang zu bringen, sondern auch auf die tiefer gehende Frage zu antworten, *warum* Quanten- und Relativitätstheorie einander so unerbittlich gegenüberstehen; das kann sich als hilfreich erweisen, um unser Verständnis der physikalischen Welt grundlegend zu revolutionieren, ebenso unser Verständnis von Bewusstsein und der Natur der Realität selbst.

Nachdem man das technologische Potenzial dieser beiden Theorien ausgeschöpft hatte, wurden andere Fragen, wie beispielsweise warum und wie der Akt des Beobachtens eine quantenphysikalische Entität »real« macht und was nichtlokale Zusammenhänge – die Einstein als spukhafte Fernwirkung bezeichnete – *wirklich* bedeuten, weitestgehend von der Forschung hintangestellt.

Erst jetzt werden tiefgründigere Hinweise, obwohl sie immer noch in quantenphysikalische und relativistische Phänomene eingebunden sind, berücksichtigt und in einer viel weiter reichenden und viel tieferen Wahrnehmung verankert, wie die gesamte Welt auf allen Existenzstufen geschaffen ist. Ich denke, Einstein würde es gefallen. Dieses neu aufkommende Verständnis einer Physik der Information repräsentiert jedoch, obwohl es auf führenden Entdeckungen beruht, eine radikale Herausforderung für die etablierte Wissenschaft. Glücklicherweise werden die Kraft der wissenschaftlichen Methodik und ihre praktische und unvoreingenommene Herangehensweise die Mainstream-Wissenschaft dazu zwingen, dem experimentellen und empirischen Nachweis zu folgen, ohne Rücksicht auf ein festgefahrenes Weltbild oder auf solche Theorien, die versuchen, ihm einen Sinn zu geben.

Wenn wir die Anhaltspunkte, die uns Entdeckungen und Erkenntnisse aus einem weitreichenden Fächerspektrum in den vergangenen Jahren lieferten, und eine vollkommen unterschiedliche Herangehensweise an theoretische Paradigmen zusammennehmen, lässt sich unser Universum schrittweise hinsichtlich der holografischen Information beschreiben und in eine neue wissenschaftliche Revolution des 21. Jahrhunderts einbetten. Das Potenzial dieser radikal neuen Perspektive geht weit über ihre Fähigkeit hinaus, unsere Wahrnehmung der physischen Welt ein weiteres Mal tiefgehend zu verändern. Während wir weiter forschen, weil wir uns darüber klar werden, dass nichtphysikalische und multidimensionale Information nötig ist, um das Universum zu verstehen, wird diese neue Sicht vielleicht eine grundlegendere Revolution in unserem Verständnis unseres Selbst und der ganzen Welt herbeiführen als jemals zuvor.

Die fortschrittliche Erkenntnis, dass wissenschaftliche Gesetze neu definiert und auf den Begriff der Information ausgeweitet werden können, geht zurück auf Erkenntnisse der Thermodynamik aus dem 19. Jahrhundert. Dabei handelt es sich um das Teilgebiet der Physik, das sich mit der Erforschung von Wärme und Temperatur beschäftigt und untersucht, wie sie mit Energie, Arbeit und Entropie zusammenhängen. Zuvor wurde Thermodynamik meist als Messung der Ordnung beziehungsweise Unordnung in einem System aufgefasst, aber heutzutage wird sie wesentlich fundamentaler betrachtet in Bezug auf ihren Informationsgehalt und Informationsfluss.

Auf der Basis seiner Studien über das Verhalten von Gasen Ende des 19. Jahrhunderts prognostizierte der österreichische Physiker und Philosoph Ludwig Boltzmann die Existenz von Atomen und Molekülen. Zu jener Zeit war die Mehrheit der Physiker noch anderer Auffassung, und dieser Widerstand trug dazu bei, dass sich sein bereits angegriffener Geisteszustand weiter verschlechterte und er schließlich 1906 Suizid beging. Sein Tod war besonders tragisch, denn innerhalb weniger Jahre wurde die Existenz von Atomen bestätigt, und seine Theorien wurden anerkannt.

In der Mitte des 20. Jahrhunderts zeigte der für die AT&T Bell Laboratories arbeitende Wissenschaftler Claude Shannon während seines Studiums der Kommunikationstechnik – die sich unter anderem mit dem Transport von Informationen beschäftigt –, dass die mathematische Formel, welche die Entropie der Energie eines Gases in thermodynamischen Begriffen beschreibt, und der Informationsgehalt eines Systems *exakt* dasselbe sind.

Diese äußerst einfache, aber enorm wichtige Gleichsetzung, die Entropie sowohl mit Energie als auch mit Information verbindet, sollte bald denselben Kultstatus erreichen wie Einsteins berühmte Verknüpfung von Energie und Materie – und sie besitzt sicherlich die gleiche Bedeutung. In der Gleichung $S = k \, log W$ steht S für die Entropie, k für die Boltzmann-Konstante, und $log W$ ist im Wesentlichen der Logarithmus der Energiezustände beziehungsweise des Informationsgehalts eines Systems.

Wie wir noch sehen werden, offenbaren diese Äquivalenz von Information und Energie und die Beziehung mit dem Konzept der Entropie – die Gleichung, die zum Gedenken an Boltzmann so benannt ist –, dass Information tatsächlich *umfassender und grundlegender* ist und sich selbst auf komplementäre Weise durch Erhalt von Energie und Masse und entropisch durch den Fluss der Zeit selbst ausdrückt.

Als die Universität von Cambridge im Jahr 1666 zeitweilig geschlossen wurde als Vorsichtsmaßnahme gegen die große Pestepidemie, die damals über das Land hereinbrach, zog sich der junge Isaac New-

ton in den Schutz seines Hauses in dem kleinen Nest Woolsthorpe in
Lincolnshire zurück, wo er die Zeit sehr gut nutzte. Zusätzlich zu
seinen Studien in Optik beschäftigte er sich mit der Entwicklung der
Infinitesimalrechnung, der mathematischen Formulierung von Ver-
änderung; und an diesem Ort beobachtete Newton auch, wie ein
Apfel von einem Baum in seinem Garten fiel, wie er später seinem
Biografen William Stukeley erzählte. Dieses Ereignis führte dazu,
dass er das Gesetz der Schwerkraft entdeckte.

Einige Jahre später war er in der Lage, mathematisch zu zeigen,
dass die Gesetze der elliptischen Planetenbewegung, die Johannes
Kepler Anfang des 17. Jahrhunderts aufgestellt hatte, demselben
Gesetz gehorchten. Dadurch konnte er beweisen, dass die Gravitation nicht ausschließlich zur Erde gehört, sondern dass sie auch unser gesamtes Sonnensystem beherrscht und, als natürliche Folge-
rung, unser gesamtes Universum durchdringt.

Tatsächlich sind alle grundlegenden Gesetze der Physik *universell*
in dem Sinn, dass sie für das gesamte Universum gelten, ungeachtet
der Verhältnisse von Raum und Zeit. Eine solche Universalität erscheint uns so selbstverständlich, dass wir dazu neigen, ihre enorme
Tragweite zu übersehen, wenn wir die alles durchdringende und
nach innen gerichtete Vernetztheit unseres gesamten Universums
und aller seiner Phänomene offenlegen.

Kein untergeordnetes System – ganz gleich, ob es sich um ein
Elementarteilchen, eine Person, einen Planeten oder einen Galaxienhaufen innerhalb unseres Universums handelt – ist vollständig isoliert oder kann vollständig isoliert werden. Schritt für Schritt wird
aufgedeckt, dass alles auf allen Stufen der Existenz grundsätzlich
miteinander verbunden ist durch Inhalt, Fluss und Verarbeitung von
Information. Wie wir bei weiteren Untersuchungen noch sehen wer-

den, geht es dabei nicht nur um grundlegende Daten, sondern um alles durchdringende Informationsmuster und Beziehungen.

Wir benutzen häufig das Wort »zufällig«, um einen Mangel an Struktur oder Ordnung zu beschreiben. Dennoch wird von dem theoretischen Physiker und Philosophen David Bohm berichtet, dass er 1987 in einem Interview mit dem Physiker und Sachbuchautor David Peat gesagt haben soll: »Zufall wird für eine grundlegende, aber unerklärliche und nicht analysierbare Eigenschaft der Natur und wohl letztlich jeglicher Existenzform gehalten. [...] Und dennoch, was in einem bestimmten Kontext Zufall ist, kann sich in einem größeren Zusammenhang als notwendige Ordnung herausstellen.«

Obwohl sie in der Tat wahrscheinlich sein mögen, sind Phänomene auf Quantenniveau (und wohl auf jeder Stufe innerhalb unseres Universums) weder »zufällig« noch beruhen sie auf Zufall, wie häufig dargestellt wird. Sie verhalten sich nach den Wahrscheinlichkeiten innerhalb eines Spektrums von Möglichkeiten, die von der Information abhängig sind, die sie verkörpern.

Tatsächlich ist jetzt, da die neue Sichtweise des kosmischen Hologramms mehr und mehr in den Vordergrund tritt, letztendlich nichts in unserem Universum zufällig; alles, was in der physikalischen Welt erscheint, geht auf tiefgründigere, geordnete Ebenen der nichtphysikalischen und informativen Realität zurück.

INFORMATION IST PHYSIKALISCH

Als ich vor einigen Jahren eine Treppe hinunterstürzte, am Boden gegen eine Mauer aus Backsteinen prallte und mir dabei einen Arm brach, schrie mein ganzer Körper vor Schmerz auf, und die physische

Welt fühlte sich, nun, sehr physisch an! Das war nicht der Augenblick, um mich daran zu erinnern, dass alles, was wir als physisch bezeichnen, im Wesentlichen zu 99,999999999999 Prozent nichts Dinghaftes ist, und der Rest sind Erregungsmuster aus Energie und Information.

Diese Tatsache unterstreichen nicht nur die riesigen Entfernungen zwischen Planeten, Sternen und Galaxien, sondern auch der natürliche Raum im Reich der Planck-Skala. Das vertraute Bild eines Wasserstoffatoms, bei dem das einzelne Proton im Kern durch einen Basketball repräsentiert wird, den das einzige Elektron in einer Entfernung von ungefähr 3 Kilometern umkreist, bietet eine gute visuelle Darstellung von diesem Mangel an Stofflichkeit.

Noch substanzloser, enthalten Atomkerne Einflussfelder, innerhalb derer die Quarks, die grundlegenden Elementarteilchen, aus denen die Bausteine der Atomkerne bestehen, das heißt Protonen und Neutronen, nach dem aktuellen Standardmodell der Quantenfeldtheorie als Punktteilchen vermutet werden. Mit anderen Worten: Sie haben keine innere Beschaffenheit und keine wesentliche räumliche Ausdehnung – oder sie haben eine, die zu winzig ist, als dass man sie mit den aktuell verfügbaren Techniken messen könnte. Dies gilt ebenfalls für Elektronen und weiterhin für alle sogenannten Elementarteilchen, die als fundamentale Bestandteile von Energie und Materie angesehen werden.

Wenn sich die Grundlage für unsere Vorstellungen, was man unter »physisch« versteht, als so kurzlebig erweist, ist es lediglich das sogenannte Pauli-Prinzip, benannt nach dem dänischen Physiker Wolfgang Pauli, das die Atome unserer Körper davon abhält, mit der Materie unserer Umgebung zu verschmelzen.

Dieses Prinzip legt fest, dass keine zwei Quarks oder Elektronen denselben Quantenzustand einnehmen können, das heißt, sich am

selben Ort zur selben Zeit mit den gleichen Quanteneigenschaften
befinden. Das Pauli-Prinzip bestimmt nicht nur das chemische Verhalten von Atomen und begründet das Periodensystem mit den Elementen und ihrer außerordentlichen Vielseitigkeit an Eigenschaften,
sondern steht auch, indem es die subatomaren Bestandteile eines
Atoms davon abhält, dass sie sich zu sehr annähern, für die unentbehrliche Stabilität der Materie.

In den zurückliegenden Jahren zielte die Formulierung der
sogenannten M-Theorie, die auf mehrere Stringtheorien der
1980er-Jahre folgte, darauf ab, Quantenmechanik und Gravitation
in Einklang zu bringen, indem man die nulldimensionalen Punktteilchen des Standardmodells durch schwingende eindimensionale
Strings ersetzt (die in der M-Theorie mit holografischen Grenzlinien
assoziiert werden, welche man als Branen bezeichnet). Man nimmt
jedoch an, dass diese beiden keine innere Struktur haben. Obwohl
die M-Theorie (der Begriff wurde zuerst 1995 von Edward Witten
mit Hinblick auf die Membranstruktur der Theorie vorgeschlagen)
und andere konkurrierende Theorien schrittweise tiefere Einsichten
bieten, können alle zusammen lediglich eine flüchtige Basis grundlegender Physikalität durch andere ähnlich geisterhafte Alternativen
ersetzen.

Wie wir später noch sehen werden, sind wir nur dadurch, dass
wir die trügerische Natur der Physikalität hinsichtlich der wesentlich
fundamentaleren Natur von Information betrachten, dazu in der
Lage, die ursprünglichen Realitäten wahrzunehmen, von denen unsere Erfahrung physischer Realität ausgeht.

Im Jahr 1931 stellte Max Planck, einer der bedeutendsten Pioniere
der Quantentheorie, Folgendes fest: »Ich sehe Bewusstsein als

grundlegend an. Ich sehe Materie lediglich als eine Ableitung des Bewusstseins.« Viele andere Wissenschaftler vor und nach ihm, einschließlich Albert Einstein, haben ähnliche Ansichten geäußert.

Der Informationswissenschaftler Rolf Landauer war 1991 der Erste, der explizit die grundlegende physikalische Natur von Information[3] erklärte, die selbst zu jeglicher Vorstellung von Bewusstsein gehört. Wir werden diese wesentliche Auffassung von drei Hauptblickwinkeln aus untersuchen: Wie kann Quantenverhalten im Hinblick auf die Information erklärt werden? Wie sind Information und das grundlegende physikalische Konzept der Entropie im Wesentlichen miteinander verbunden? Wie können alle physikalischen Gesetze und natürlichen Phänomene mit Begriffen der Information ausgedrückt werden? Bei allen drei Fragestellungen werden wir sehen, wie die gesamte Physikalität des Universums als Verarbeitung, Zustand und Fluss von Information betrachtet und neu formuliert werden kann.

Ein weiterer Hinweis darauf, dass Information eine wesentliche Eigenschaft aller physikalischen Systeme ist, wurde zuerst von dem ungarisch-amerikanischen Physiker Leó Szilárd geliefert, der theoretisch zeigte, dass eine Mindestmenge an Arbeit notwendig ist, um ein Stück digitaler Information oder ein Bit zu speichern.[4] Anschließend formulierte Landauer seine Hypothese, dass das Löschen eines solchen Informations-Bits die Entropie erhöht, und zwar genau um den Betrag $kT\ln2$, wobei k die Boltzmann-Konstante, T die Temperatur und $\ln2$ der natürliche Logarithmus von 2 ist – eine Regel, die heute als Landauer-Prinzip bekannt ist.

Schließlich waren 2012 die Physiker Antoine Bérut, Eric Lutz und ihre Kollegen in der Lage, Szilards und Landauers Vorhersagen im Experiment zu bestätigen, indem sie die Wärmeableitung bei der

Löschung eines Informations-Bits maßen.[5] Nach einem Bericht in der Zeitschrift *Nature* gelang es ihnen, den Zusammenhang zwischen der Rolle von Wärme und Temperatur in Verbindung mit Energie und Information zu verifizieren und dadurch die grundlegende Physikalität von Information zu bestätigen.

QUANTENINFORMATION

Wenn wir Information als grundlegend ansehen, ermöglicht uns das ein tieferes Verständnis, warum Materie und Energie quantisiert sind und ebenso weshalb Quanten eine komplementäre Welle-Teilchen-Natur aufweisen. Bevor wir jedoch damit fortfahren, die Quantentheorie im Hinblick auf die Information zu betrachten, sollten wir zunächst kurz diese beiden zentralen Eckpfeiler bezüglich der Energie überprüfen, wie sie die Pioniere verstanden haben.

Vor ihren Erkenntnissen fassten klassische Physiker das Universum als Kontinuum auf. Bei dem Versuch, etwas so Einfaches wie die Wärmeabgabe eines heißen Ofens zu erklären, kam Planck darauf, die ersten Überlegungen zur Quantentheorie zu formulieren.

Das Problem dabei war, dass die klassische elektromagnetische Theorie von Wärme und Licht postulierte, eine solche Strahlung von einer idealisierten Quelle in einen sogenannten schwarzen Körper sollte kontinuierlich und uneingeschränkt erfolgen. Diese Schlussfolgerung führte dazu, dass die gesamte Strahlungsenergie theoretisch unendlich ist – ein unsinniges Ergebnis und eines, das die irritierten Physiker zu dieser Zeit als die Ultraviolett-Katastrophe bezeichneten.

Schließlich war es Einstein, der Plancks Erkenntnisse aufgriff und anwendete – und das Problem löste. Hauptsächlich für diese

Leistung wurde er 1922 mit dem Nobelpreis für Physik ausgezeichnet, weniger für seine viel berühmteren Entdeckungen, die zum einen die Gleichsetzung von Energie und Materie und zum anderen die Relativität von Raum und Zeit betrafen.

Einstein fand seine Erklärung beim Studium eines Problems, das mit der Ultraviolett-Katastrophe zusammenhing. Dabei handelte es sich um den sogenannten fotoelektrischen Effekt: Wenn man die Oberfläche einer Metallplatte mit Licht bestrahlt, können Elektronen herausgelöst werden. In der klassischen Theorie, in der Licht als kontinuierliche Welle angesehen wird, sollten Elektronen freigesetzt werden können, indem man die Lichtintensität, die auf die Platte einwirkt, erhöht oder die Einwirkzeit verlängert. Das konnte jedoch nicht beobachtet werden.

Als Einstein feststellte, dass lediglich Licht mit einer Wellenlänge ab einem bestimmten energetischen Schwellenwert in der Lage war, Elektronen freizusetzen – unabhängig von Intensität und Einwirkdauer des Lichtstrahls –, postulierte er, dass Licht in einzelnen Teilchen unterwegs sei: als »Photonen« oder Plancks theoretische Quanten, deren Energie mit der Frequenz zunimmt.

Wenn also ein Lichtstrahl mit fortschreitend höherer und dadurch energiereicherer Frequenz (zum Beispiel beim Wechsel von rotem zu blauem und schließlich ultraviolettem Licht) auf die Platte gestrahlt wird – das gilt sogar für eine äußerst niedrige Intensität –, haben einzelne Quanten die notwendige Energie, Elektronen aus dem Metall zu schießen.

Einsteins Genialität lag darin zu erkennen, dass der fotoelektrische Effekt als Ergebnis einer Quantisierung auch das ursprüngliche Rätsel erklärt, das Planck selbst zu verstehen suchte: die begrenzte Strahlung eines heißen Ofens. Auch hier wird die abgegebene Energie nicht als klassisches kontinuierliches und unbegrenztes Spektrum von Wellenlängen ausgedrückt, sondern als einzelne Quanten, die jeweils eine spezifische Energie besitzen und in der Summe einen endlichen Betrag ergeben.

Quantisierung von Energie und Materie ist allerdings nur eine Seite der komplementären Beziehungen zwischen Wellen und Teilchen, die den Kern der Quantentheorie ausmachen. Während es unterschiedliche Standpunkte gibt, was dies tatsächlich im Hinblick auf die wahre Natur der Realität bedeutet, erkannten zu Beginn des 20. Jahrhunderts Pioniere der Physik wie Niels Bohr und Werner Heisenberg ebenso wie Albert Einstein und Max Planck, dass physikalisierte Materie und Energie sowohl als Welle wie auch als Teilchen betrachtet werden können: Zum Beispiel verhält sich die wellenartige Energie elektromagnetischer Strahlung ebenso wie einzelne quantisierte Photonen. Im Jahr 1924 vollzog der französische Physiker Louis de Broglie den nächsten logischen Schritt. Er erkannte, dass alle Elementarteilchen ebenfalls wellenartiges Verhalten zeigen, wenn auch bei äußerst geringen Wellenlängen.

Zwei Jahre später, 1926, erschienen einige wissenschaftliche Veröffentlichungen, und zwar in der äußerst kurzen Zeitspanne von nur wenigen Wochen, in denen der österreichische Physiker Erwin Schrödinger die nach ihm benannte Gleichung aufstellte, die grundlegend für das Verständnis der Quantenmechanik und die Welle-Teilchen-Komplementarität ist.

Schrödingers trügerisch einfache Gleichung besteht aus einer Reihe von Variablen innerhalb einer einzigen Wellenfunktion; sie enthalten *alle* möglichen Quantenzustände eines Systems in Wahrscheinlichkeitsbegriffen, die sich über die Wellenform verteilen. Die allgemeinste Form der Gleichung zeigt, wie sich die relativen Wahrscheinlichkeiten dieser Zustände im Lauf der Zeit entwickeln. Nur wenn sie beobachtet oder gemessen werden, wird aus diesen Wahrscheinlichkeiten in der Physik ein spezieller Zustand.

Zu Recht als eine der bedeutendsten wissenschaftlichen Erkenntnisse des 20. Jahrhunderts angesehen und mit einem Nobelpreis ausgezeichnet, liefert Schrödingers Gleichung die umfassendste Menge an Informationen, die man über ein physikalisches System wissen kann, und zwar nicht nur im Bereich der Planck-Skala, sondern auf jeder Stufe einschließlich unseres gesamten Universums.

Schrödingers Wellenfunktion sagt die physikalische Erscheinung eines beobachteten Systems bezogen auf die zugrunde liegenden Wahrscheinlichkeiten voraus, wie es sich im Lauf der Zeit entwickelt, nicht in der physikalischen Welt, sondern in der sogenannten Gauß'schen Zahlenebene. Viele Jahre lang wurde dies als eine mathematische Abstraktion angesehen, die äußerst nützlich für die Vorhersagen von Quantenverhalten sein könnte. Doch in jüngster Zeit, wie wir später noch im Detail sehen, werden die Gauß'sche Zahlenebene und auch andere nichtphysikalische Räume und Dimensionen eher als eine tiefere Stufe der Realität betrachtet, von der die physikalische Erscheinung unseres Universums ausgeht.

Nachdem wir nun die Quantisierung von Materie und Energie und ihre komplementären Welle-Teilchen-Eigenschaften kurz abgehandelt haben, können wir damit beginnen, sie in Bezug auf die Information neu auszurichten.

Wie die Notwendigkeit, die Ultraviolett-Katastrophe der klassischen Physik zu lösen, gezeigt hat, besitzt ein Kontinuum grundsätzlich die Fähigkeit, buchstäblich unendliche Information zu transportieren. Unser Universum ist jedoch endlich. Es begann nach heutiger

Kenntnis vor circa 13,8 Milliarden Jahren mit dem Urknall. Und nach unserem Verständnis, dass Raum und Zeit physikalisch lediglich als kombinierte Einheit, das heißt als Raum-Zeit, aufgefasst werden können, muss endliche Zeit auch mit endlichem Raum übereinstimmen.

Ein endliches Universum kann nur endliche Information verkörpern. Aus diesem Grund muss es einen Mechanismus geben, durch den sich das im Wesentlichen unbegrenzte Potenzial der nichtphysikalischen Wellenfunktion als endlich manifestiert. Die Quantisierung mit der ihr eigenen abgesonderten Natur stellt einen solchen Mechanismus dar, der es ermöglicht, dass endliche Information innerhalb der Raum-Zeit ausgedrückt wird.

Wir sind mit der Vorstellung vertraut, dass die Einsen und Nullen von Bits die digitalen Bausteine für computergestützte Datenverarbeitung darstellen. Doch derartige Bits sind der einfachste Ausdruck, die buchstäblichen Bausteine aller endlichen Information; sie ermöglichen ihre Verarbeitung mit minimaler Energie und maximaler Stabilität. Indem man Bits kombiniert – das muss man sich ähnlich vorstellen wie den Bau eines Hauses aus Ziegelsteinen –, kann man jedes denkbare Resultat und sogar mehrere Resultate so effizient wie möglich ausdrücken.

Energie und Materie unseres Universums sind im Wesentlichen quantifiziert, weil Information digitalisiert und somit quantifiziert ist, und Information wiederum ist quantifiziert, weil es das effizienteste Mittel für ihre Kommunikation darstellt.

REALISIERUNG

Vom Gesichtspunkt der Information aus betrachtet, können wir demnach viel besser einschätzen, wie der Welle-Teilchen-Dualismus es ermöglicht, Energie und Materie in der einen oder anderen Form wahrzunehmen. Der entscheidende Punkt dabei ist, wie der eindeutige Zustand der Entität beobachtet und gemessen werden kann – mit anderen Worten, *wie* man an die Information darüber gelangen kann. Im Wesentlichen leitet sich die Realisierung vom Informationsaustausch zwischen der Entität und ihrer Umgebung ab. Bis zu diesem Moment beschreibt die Schrödinger-Gleichung die sich entwickelnden Wahrscheinlichkeiten und Möglichkeiten beider Aspekte ihrer Welle-Teilchen-Natur.

Dieses Verständnis, wie Realisierung zustande kommt, wurde in den zurückliegenden Jahren mit immer ausgeklügelteren Mitteln überprüft. Eine vorläufige Schlüsselfrage wurde 2012 in einer bahnbrechenden Abhandlung beantwortet, in der die Ergebnisse des sogenannten Delayed-Choice-Quantum-Eraser-Experiments vorgestellt wurden. Zielsetzung dieses Experiments war die Lösung der Frage, ob sich Quantenentitäten abhängig von den jeweiligen Zuständen entweder als Welle oder als Teilchen verhalten oder *ob sie immer beides sind, bis man sie misst,* und ob sie dann je nach Art der Messmethode in die eine oder die andere Form schlüpfen.

Zum ersten Mal konnte das Forscherteam einen Messvorgang realisieren, der ein hohes Maß an nichtlokalem Verhalten einschloss und Photonen dazu befähigte, gleichzeitig in einem Wellen- und in einem Teilchenzustand zu existieren, wie der Hauptautor der Abhandlung, Alberto Peruzzo von der Universität Bristol in Großbritannien, bestätigte.[6] Ihre nichtlokale Verschränkung versetzte die

Photonen in dem Experiment in die Lage, die Option, ob sie sich als Teilchen oder als Welle verhalten, zu verzögern. Die Nichtlokalität ersetzte wirksam die verzögerte Wahlmöglichkeit eines Beobachters, die bewirkt hätte, dass entweder die wellenartige oder die teilchenartige Form wahrgenommen worden wäre.

In der Erkenntnis, dass es tatsächlich vom Beobachter abhängt, ob sich das Quant wie eine Welle oder wie ein Teilchen verhält, haben Forscher noch zu ermitteln versucht, warum sich die Quantentität mitunter wie eine Welle und ein andermal wie ein Teilchen verhält. Und sie haben weiterhin getestet – Wissenschaftler sind nun mal Wissenschaftler –, ob es eine Möglichkeit gibt, beides auf einmal zu sehen.

Im Jahr 2004 – und dann noch einmal mit einem präziseren Experiment 2006 – verblüffte der iranisch-amerikanische Physiker Shahriar Afshar seine Kollegen, als er das Entweder-Teilchen-oder-Welle-Verhalten ad absurdum führte, indem er anscheinend wellenartige Interferenzmuster von Licht zeigen und zur selben Zeit den Weg messen konnte, den die Quantenteilchen des Lichts, die Photonen, zurückgelegt hatten.[7] In einem nachfolgenden Experiment konnte ein Team deutscher Wissenschaftler 2012 ebenfalls in einem Versuchsaufbau die scheinbare Richtigkeit von Afshars Ergebnissen bestätigen.[8]

Im Jahr 2014 allerdings widmete sich erneut ein Team aus kanadischen und US-amerikanischen Physikern, darunter auch Eliot Bolduc und Robert Boyd, der Fragestellung, die durch diese offensichtlichen Ergebnisse aufgeworfen wurde, und fand eine Schwachstelle heraus, die sich daraus ergibt, wie auf Information zugegriffen wird.[9]

Sie stellten fest, dass man bei jedem Versuchsaufbau wählen muss, wie man durch Beobachtung und Messung Information erhält – das heißt, wie die Versuchsvorrichtung mit ihrer Umgebung interagiert. Ein Beispiel: Man kann sich dafür entscheiden, den Aspekt der Versuchsumgebung in den Mittelpunkt zu stellen und den Weg der Photonen zu messen, oder man entscheidet sich alternativ dafür, die Interferenzstreifen, die das wellenartige Verhalten zeigen, sichtbar zu machen.

Um Komplementarität einwandfrei zu prüfen, müssen die Messungen auf alle möglichen Zustände des Systems gleich empfindlich reagieren; eine Anforderung, die als »Fair Sampling« bekannt ist. Wenn man das Experiment der deutschen Gruppe von 2012 und Afshars frühere Analysen unter diesem Gesichtspunkt betrachtet, so haben beide laut dem Team von 2014 gegen die Regel des »Fair Sampling« verstoßen. Es obliegt nun jeder zukünftigen Prüfung der Welle-Teilchen-Komplementarität sicherzustellen, dass solche angemessenen und unvoreingenommenen Messungen der Information konsequent durchgeführt werden.

Die Ergebnisse von 2014 bestätigen den Nachweis aller vorausgegangenen Experimente, die darauf hinweisen, dass die Welle-Teilchen-Komplementarität eine für die Raum-Zeit wesentliche Eigenschaft darstellt.

Das fortschreitende Verständnis, wie Information der Erscheinung dieser Komplementarität zugrunde liegt und sie durchzieht, ist unerlässlich, um zu realisieren, wie Umgebung und Beobachter ganzheitlich mit allen Experimenten verbunden sind. Mit anderen Worten: Es gibt keine getrennte »objektive« Realität, und die Gesamtheit unseres Universums bildet eine integrierte, kohärente und informative Einheit.

Es gibt im wahrsten Sinne des Wortes keine »Umgebung« außerhalb des Bewusstseins des »Beobachters«.

An diesem Punkt unserer Untersuchung sollten wir innehalten und uns kurz anschauen, wie Quantenphysiker – vor dem Auftreten des Informationsansatzes und der holografischen Betrachtungsweise – eine Hypothese aufgestellt haben, die meiner Ansicht nach einen der nutzlosesten Umwege in der Geschichte der Wissenschaft darstellt.

Diese Hypothese wird als Viele-Welten-Interpretation (*many worlds interpretation* oder MWI) bezeichnet; sie stellt eines von zahlreichen unterschiedlichen Konzepten für ein Multiversum dar. Die MWI postuliert, dass die Natur der Realität aus unendlichen *Parallelwelten* besteht, die jeweils eine unendliche Vergangenheit, Gegenwart und Zukunft verkörpern, und behauptet, dass alle gleich »real« seien.

Die MWI war eine gegensätzliche Antwort auf die Interpretation experimenteller Erfahrungen, dass die Beobachtung eines Ereignisses Auswirkungen auf das Ergebnis hat: die sogenannte Kopenhagener Deutung. Wie wir noch sehen werden, kommen mehr und mehr Nachweise zusammen, welche die Auffassung der Kopenhagener Deutung nicht nur stärken, sondern sogar noch erweitern auf die Wahrnehmung eines auf Informationen gründenden, integralen, nichtlokal verbundenen und letztendlich intelligenten Universums.

Allerdings schlug bereits 1957, das heißt, lange bevor diese Sichtweise aus dem 21. Jahrhundert an Zugkraft gewann, der US-amerikanische Physiker Hugh Everett dieses Szenario der MWI vor.[10] In den 1960er- und 1970er-Jahren wurde diese Hypothese durch den US-Physiker Bryce Seligman DeWitt bekannt gemacht, und die Spekulationen rückten in den Bereich der Science-Fiction.

Die Viele-Welten-Interpretation ist bestrebt, die grundlegende und alles durchdringende Anwesenheit von Information, Intelligenz und Bewusstsein bei der Manifestation der Realität durch die Prämisse zu umgehen, dass *jedes* mögliche Resultat für *jedes* Ereignis im

Bereich der Planck-Skala tatsächlich existiert, indem es sich irgendwie auf die Unendlichkeit anderer Universen verteilt. Im Wesentlichen hat sie das Ziel, jegliche tiefere Berücksichtigung und Einbeziehung des Bewusstseins zu verbannen, wenn es darum geht, die Natur der Realität zu verstehen.

Es gibt nicht nur keinen Mechanismus für solch ein System, sondern es verletzt auch so ziemlich jedes physikalische Prinzip und sorgt für unerklärliche und unnötige Komplikationen ohne Sinn und Verstand. (Jetzt, wo ich das losgeworden bin, können wir fortfahren.)

So wie jedes Quantensystem einen sich verändernden Zustand einnimmt, in dem sich Wahrscheinlichkeiten bis zu ihrer Realisierung überlagern, existiert auch die Information seiner Wahrscheinlichkeiten als Superposition sogenannter Qubits (Quantenbits), bis sie als spezifische digitalisierte Bits realisiert werden. Dies versetzt uns in die Lage, die Auffassung von Information auf die Quanteninformation auszudehnen, die auf die Quantentheorie abgestimmt ist und diese dahingehend erweitert, dass sie nicht nur eine Beschreibung von Energie und Materie darstellt, sondern viel grundlegender hinsichtlich der Information ausgedrückt wird.

Qubits bilden die Bausteine für die Quanteninformation und beruhen auf den Wahrscheinlichkeiten von Schrödingers Wellengleichung, ebenso wie digitalisierte Bits die Maßeinheit für den Informationsgehalt sind, der durch die »Zahl« seines wahrgenommenen Einzelzustands festgelegt ist.

Im Gegensatz zu Bits, die lediglich entweder als Null oder Eins (oder irgendeine andere digitaltechnische Unterscheidung zwischen zwei Möglichkeiten) existieren, können Qubits als Zwei-Zustands-Quantensystem in allen möglichen Kombinationen von

Zuständen auftreten. Ehe sie nicht interagieren, beobachtet oder auf irgendeine Art und Weise gemessen werden, gibt es keine Möglichkeit, an Informationen über Qubits zu gelangen. Wenn sie allerdings in einen spezifischen Zustand übergegangen sind und durch Bits beschrieben werden können, gibt es selbst dann keine Möglichkeit, rückwirkend Informationen über die vor der Messung vermuteten Zustände zu erhalten.

Diese Eigenschaften von Qubits haben rasch vermehrte Forschungsaktivitäten im Bereich der Quantencomputer ausgelöst. Ihre Fähigkeit, gleichzeitig in vielen Zuständen der Superposition zu existieren, versetzt sie auch in die Lage, Information mit weitaus höherer Geschwindigkeit als Computer auf digitaler Basis zu verarbeiten; und die unzugängliche Natur dieser überlagerten Zustände kann dazu genutzt werden, effiziente, unknackbare, kryptografische Codes zu kreieren.

Wir werden bald damit fortfahren, die Erscheinungen unseres Universums in Bezug auf die Information neu auszurichten, aber dafür müssen wir zuerst mit der Erforschung der winzigsten und extremsten Skalen von Energie und Materie, Raum und Zeit beginnen.

DIE PLANCK-SKALA

Die grundlegenden Naturgesetze unseres Universums implizieren eine große Zahl von unveränderbaren physikalischen Konstanten. Drei dieser universellen Faktoren bestimmen die Beziehungen zwischen Energie-Materie, Raum und Zeit. Es sind die Lichtgeschwindigkeit, die Gravitationskonstante und das Planck'sche Wirkungsquantum. Dementsprechend ist jede dieser Naturkonstanten verbunden mit der Speziellen Relativitätstheorie, der Gravitation und der Quantenmechanik.

Planck vermutete als Erster, dass diese Konstanten kombiniert werden könnten, um eine Messskala zu definieren, die wesentlich für die Funktionsweise unseres Universums ist. Diese Skala, die sich aus dem natürlichen Zusammenspiel der Kräfte des Universums ergibt, scheint tatsächlich die möglichen Grenzen der physischen Realität selbst zu repräsentieren.

Die Größe ihrer Maßeinheit für den Raum (die sogenannte Planck-Länge) beträgt erstaunliche 10^{-35} Meter; das entspricht dem Verhältnis einer Amöbe, eines vergleichsweise winzigen Organismus, zur Größe des gesamten Universums.

Die Planck-Einheit der Zeit (die sogenannte Planck-Zeit) zeigt diejenige Zeit an, die das Licht benötigt, um eine Planck-Länge zurückzulegen; sie ist eine ähnlich unvorstellbare Größe, nämlich 10^{-44} Sekunden; das ist sogar noch außergewöhnlicher, wenn man sie mit dem Alter unseres Universums seit dem Urknall vergleicht, das circa 10^{17} Sekunden beträgt.

Die Planck-Einheit für Energie-Materie zeigt an, wo Quantenkräfte und Gravitationskräfte einander entsprechen, wie beispielsweise unter den extremen Bedingungen zu Beginn des Universums und innerhalb von Schwarzen Löchern. Die Planck-Masse von 10^{-8} Kilogramm ist die größte Masse für ein punktförmiges Elementarteilchen und einem Schwarzen Loch mit dem Durchmesser einer Planck-Länge äquivalent.

Allerdings stellt die Planck-Skala weit mehr dar als eine interessante wissenschaftliche Kuriosität. Wie wir noch feststellen werden, decken Untersuchungen unter solch extremen Bedingungen – einschließlich des entropischen Informationsgehalts, der durch Schwarze Löcher codiert ist – nicht nur auf, dass die Natur der Raum-Zeit selbst und die Relativitätstheorie, die sie beschreibt, in Hinsicht auf die Information sehr gut verstanden sind, sondern auch, dass die Informations-Bits, die von der Raum-Zeit entropisch eingeschlossen sind, auf der Planck-Skala als Pixel erscheinen.

Die komplementäre Natur des Welle-Teilchen-Phänomens offenbart sich auch durch die resultierende eingeschränkte Fähigkeit, assoziierte Paare physikalischer Eigenschaften jenseits der Planck-Skala zu messen: die Energie einer Entität und die Zeit ihrer Messung sowie den Impuls einer Entität (ihre Masse multipliziert mit ihrer Geschwindigkeit) und ihre Position im Raum. Diese Einschränkungen sind zusammengefasst in einer grundlegenden Prämisse der Quantentheorie, die als Heisenberg'sche Unschärferelation bezeichnet wird.

Wie bei so vielen Begriffen, die von der Wissenschaft geprägt wurden, ist diese sogenannte »Unschärferelation« unglücklich gewählt, denn es handelt sich eher um ein Prinzip der Unbestimmbarkeit. Es bietet eine tiefere Einsicht in die natürliche komplementäre Natur bestimmter universeller physikalischer Eigenschaften und ihrer Messung. Je genauer nämlich eine Messung ist, desto weniger präzise ist die des komplementären Partners. Es gibt eine grundlegende Grenze, was die Genauigkeit betrifft, und diese hängt mit der Planck-Skala zusammen.

Diese natürliche Grenze hat nichts mit unserer Fähigkeit zu tun, bestimmte Messungen vorzunehmen, sondern beruht im Wesentlichen – und ist ein weiterer Anhaltspunkt dafür – auf der Pixelierung der Raum-Zeit im Bereich dieser winzigen Skala.

INFORMATION FÜR DIE GESAMTE WELT

Allmählich werden wir uns darüber klar, dass von der Planck-Skala bis zur Gesamtheit unseres Universums alles, was wir als physische Realität bezeichnen, buchstäblich aus Information besteht. Kürzlich durchgeführte Experimente konnten ebenfalls zeigen, dass das Verhalten von Quanteninformation nicht auf die Planck-Skala beschränkt ist. Genau die gleichen Arten von Welle-Teilchen-Komplementarität und Superposition konnten für Entitäten nachgewiesen werden, die so groß wie organische Moleküle sind. Im Vergleich zum winzigen Quantenniveau sind sie riesig, weshalb dieser Nachweis darlegt, dass es tatsächlich keinen Unterschied zwischen dem Informationsverhalten von quantischen und makroskopischen Entitäten gibt.

Der Grund, warum höherskalige Phänomene *anscheinend* kein Verhalten auf Quantenebene zeigen, liegt darin, dass es zunehmend schwieriger ist, sie und die ihnen innewohnende Information von ihren Wechselwirkungen mit ihrer weiteren Umgebung zu trennen — einer Umgebung, die wir fälschlicherweise als »getrennt« von ihnen ansehen und die wir als Umwelt bezeichnen. Denn wie wir bereits erfahren haben, überführt erst der Zugriff auf solche Information das Phänomen, und zwar jedes Phänomen in jeder Größenordnung, aus einem wahrscheinlichen Superpositionszustand in einen spezifischen Zustand der Realisierung.

Quantisierung und Pixelierung der Planck-Skala weisen ideale informative Eigenschaften auf, um die physische Welt zu manifestieren, und das gilt genauso für Hologramme und die allgemeine Natur des holografischen Prinzips.

Holografie wurde 1947 von dem ungarisch-britischen Physiker Dennis Gábor erfunden – oder genauer gesagt entdeckt.[11] Obwohl künstliche Hologramme eher unvollkommen sind, wie wir später noch sehen werden, bieten die Fortschritte in der Holografietechnik dennoch tiefere Einblicke in die Natur des kosmischen Hologramms. Vorerst genügt es uns jedoch festzuhalten, dass holografische Eigenschaften ideal geeignet sind, um Information aufzunehmen, zu speichern, zu verarbeiten und wieder abzurufen, und zwar sowohl dezentral als auch nichtlokal.

Die Interferenzmuster des Lichts, die eine holografische Projektion ausmachen, sind dazu in der Lage, riesige und nie erreichte Mengen an Information aufzunehmen. Außerdem weist noch in den winzigsten Bereichen jeder Teil eines Hologramms den Informationsgehalt des Ganzen auf, der somit effizient nichtlokal verteilt und gespeichert wird, sodass sich das makroskopische Ganze innerhalb seiner mikrokosmischen Elemente selbst replizieren kann.

Unter Berücksichtigung dessen, was wir bis jetzt erfahren haben, wollen wir nun höherskalige Eigenschaften unseres idealen Universums untersuchen. Lassen Sie uns damit beginnen, die Informationsgrundlage der Raum-Zeit selbst zu erforschen.

2

Anweisungen

Anweisungen sagen uns, wie wir etwas ausführen sollen ...

Dieser Planet hatte eine Reihe von Anweisungen für uns, aber es scheint, als hätten wir sie verlegt. Die Zivilisation benötigt ein neues Betriebssystem.

PAUL HAWKEN

Um auf das Beispiel mit dem perfekt gebackenen Schokoladenkuchen zurückzukommen: Auch unser ideales Universum, das nach circa 13,8 Milliarden Jahren der Evolution genau an dem Punkt angekommen ist, an dem wir den Kuchen genießen können, benötigt zu Beginn grundlegende Anweisungen, Bedingungen, Zutaten, ein Rezept und ein Behältnis.

Wir werden jetzt erforschen, wie die notwendigen Anweisungen, das algorithmische Programmieren, das letztendlich die Information für die Bildung der Raum-Zeit liefert, und die energetischen und informativen Leitlinien, die den ewigen Kreislauf unseres Universums aufrechterhalten und die Grundlage für seine Evolution sind, vom ersten Moment seiner Existenz an vorhanden waren.

UNSER UNIVERSUM

Bis in die 1920er-Jahre hielten die meisten Astronomen unser Universum für unveränderlich und unendlich. Im Jahr 1927 äußerte jedoch Georges Lemaître, ein belgischer katholischer Theologe und Astrophysiker, die Idee, die zwei Jahre später von Edwin Hubble (nach dem das Hubble-Teleskop benannt ist) anhand von Beobachtungen bestätigt wurde, dass das Universum nicht unveränderlich ist, sondern sich ausdehnt.

Trotzdem sahen Astronomen wie Fred Hoyle aus Großbritannien das Universum immer noch als unbegrenzt an und führten die bis dahin kaum beachtete Steady-State-Theorie (Gleichgewichtstheorie) ins Feld, nach der Materie kontinuierlich neu entsteht, um die Expansion auszugleichen und einen konstanten und letztendlich ewigen Gleichgewichtszustand zu erhalten. Hoyles Vorschlag stand im Gegensatz zur Theorie eines spezifischen und damit endlichen Anfangs des Universums, für den er 1947 die Bezeichnung »Big Bang« (Urknall) prägte.

Die Urknalltheorie formulierte allerdings eine überprüfbare Voraussage: Unser Universum kühlte von einem unheimlich heißen Startpunkt aus im Lauf seiner Expansion allmählich ab und sollte dementsprechend Reste der Strahlung aus dieser frühen Zeit aufweisen. Diese Überreste sollten heute als sehr kalte kosmische Strahlung mit Wellenlängen im Mikrowellenbereich gemessen werden können. Erst im Jahr 1965 entdeckten die Ingenieure Arno Penzias und Robert Wilson, die in den Bell Laboratories der Telefongesellschaft AT&T arbeiteten, zufällig die sogenannte kosmische Mikrowellenhintergrundstrahlung (CMB oder *cosmic microwave background*), als sie von einem ständigen Rauschen in dem Funkempfänger gestört wurden, den sie gerade bauten. Dadurch wurde die Voraussage bestätigt, und die Urknalltheorie galt von nun an als allgemein anerkannt. Zunächst vermuteten die beiden, dass durch Taubenkot verunreinigte Geräte für das Rauschen verantwortlich seien, und unternahmen große (und vermutlich unappetitliche) Anstrengungen, um ihn zu entfernen. Doch das Rauschen blieb, und andere Wissenschaftler erkannten, dass es sich um die Anzeichen der Restenergie aus der Zeit etwa 380 000 Jahre nach dem Urknall handelte, als sich das Licht ausbreiten konnte und unser Universum erstmals »durchsichtig« wurde.

Nicht nur die Anwesenheit der kosmischen Mikrowellenhintergrundstrahlung, sondern auch die Analyse von winzigen Unregelmäßigkeiten darin, die von der Raumsonde Wilkinson Microwave Anisotropy Probe (WMAP) vorgenommen wurde, liefert weitere Hinweise dafür, dass unser Universum endlich ist. Im Jahr 2003 zeigte die Untersuchung der Muster geringfügig heißerer und kälterer Flecken durch WMAP, die für die Wellen der Mikrowellenstrahlung stehen – vergleichbar winzigen Wellen im Ozean –, dass längere Wellenlängen fehlen. Ein unendliches Universum sollte alle möglichen Wellenlängen enthalten, während ein endliches Universum nur kürzere aufweist, wie die Messungen gezeigt haben.

Obwohl es Kosmologen gibt, die nach wie vor behaupten, dass unser Universum trotz seines endlichen Anfangs bis zu einer unendlichen räumlichen Ausdehnung und ewigen zeitlichen Dauer expandiert, werden wir im Folgenden sehen, dass eine solche Meinung weder mit der grundlegenden Logik noch mit den Gesetzen der Physik, noch mit den zunehmenden Nachweisen anhand von Beobachtungen im Einklang steht.

Allerdings zieht die Schlussfolgerung, dass die Raum-Zeit unseres Universums endlich ist, nicht nach sich, dass der gesamte Kosmos endlich ist, und auch nicht, dass seine Unendlichkeit sich nur auf physikalischer Ebene ausdrückt. In den letzten zehn Jahren wurde eine Vielzahl theoretischer Modelle anderer und tatsächlich möglicher Universen vorgeschlagen, die ein sogenanntes Multiversum bilden. Man versuchte, verschiedene strittige Fragen anzugehen, einschließlich der nach der scheinbar sehr spezifischen und speziellen Natur unseres Universums, und für gewöhnlich sah man es als ein zufälliges Ereignis innerhalb unendlich vieler anderer zufälliger Ereignisse an – alle gleichermaßen ohne Sinn und Zweck.

Da wir gerade erst die Anfänge erkennen, verlangt es, um den physikalischen Bereich nicht nur unseres Universums, sondern auch aller Multiversum-Szenarien zu verstehen, nach einer tieferen Einsicht in die geordnete Information, die allem zugrunde liegt und die alles durchdringt. Am Ende unserer Erforschung werden wir bestimmte Multiversum-Theorien auch in Bezug auf die Information betrachten, um das Ausmaß zu bewerten, in dem sie uns eine erweiterte Wahrnehmung eines unendlichen und sinnvollen Kosmos ermöglichen.

In der Zwischenzeit werden wir uns jedoch weiterhin auf unser Universum fokussieren. Uns steht eine außergewöhnliche Reise bevor.

DER URKNALL

Der Big Bang oder Urknall war weder ein Knall noch war er groß *(big)*. In diesem ersten Augenblick unseres Universums, als im wahrsten Sinne des Wortes Raum und Zeit entstanden, war es winzig und verkörperte eine perfekte Ordnung. Und das Universum startete auch nicht mit einer chaotischen Explosion, sondern es expandierte stattdessen mit einer erstaunlich hohen Präzision.

Von seiner Entstehung an lagen Anweisungen in Form von verschlüsselter Information vor, die dafür sorgte, dass Elementarteilchen gebildet und die grundlegenden Prozesse und Wechselwirkungen in Gang gesetzt wurden, aus denen Schritt für Schritt Sterne, Galaxien und schließlich eine immer größere Komplexität entstanden.

Dieselben vedischen Weisen des alten Indien, die sich Indras Netz ausgemalt haben, beschreiben auch den Beginn und die Evolution unseres Universums auf eine ähnlich geordnete und expansive Weise, nämlich als ein Ausatmen des universellen Schöpfergottes Brahma. Deshalb wollen wir uns zunächst anschauen, wie außerordentlich speziell und exakt die Genese unseres Universums verlaufen ist und was notwendig war, damit wir Milliarden Jahre später auf dieser Erde existieren.

Der anfängliche Ordnungsgrad selbst ist erstaunlich. Analysen der kosmischen Mikrowellenhintergrundstrahlung in jüngster Zeit haben lediglich winzige Energie-Unregelmäßigkeiten festgestellt, und zwar auf einem Niveau, das weniger als ein Hunderttausendstel beträgt.

Um einschätzen zu können, wie minimal diese Abweichung ist, wurde 2010 das Challengertief im Marianengraben des Pazifischen

Ozeans mit einer Tiefe von 11 000 Metern herangezogen. Wenn man die kosmischen Wellen der Hintergrundstrahlung als Wellen nachbildete, würden sie auf der Oberfläche direkt über dem tiefsten Punkt unserer Weltmeere lediglich 10 Zentimeter hoch erscheinen.

Es stellte sich heraus, dass sowohl dieser äußerst hohe Ordnungsgrad am Anfang als auch dieser winzige Abweichungsgrad für die Entwicklung unseres idealen Universums eine wesentliche Rolle spielen. Dennoch liegt für viele Kosmologen eine große Schwierigkeit darin, dass sich dieses enorm hohe Niveau an Gleichförmigkeit über das gesamte beobachtbare Universum erstreckt. Dabei legt eine solche Gleichförmigkeit weitaus größere Distanzen zurück, als sie es in Kontakt mit Signalen, die mit Lichtgeschwindigkeit – der kosmischen Höchstgeschwindigkeit innerhalb der Raum-Zeit – unterwegs sind, vermocht hätte. Unfähig, diesen extrem hohen Grad an Selbstähnlichkeit zu erklären, der sich jenseits des sichtbaren Horizonts ausbreitet und durch die Lichtgeschwindigkeit begrenzt wird, haben die Kosmologen dieses Phänomen als Horizontproblem bezeichnet.

Weiterhin haben Messungen der gesamten durchschnittlichen Energie- und Materiedichte unseres Universums gezeigt, dass sie innerhalb einer Fehlergrenze von 0,4 Prozent – ein äußerst geringer Betrag – exakt dem kritischen Dichtewert entspricht, der dafür verantwortlich ist, dass unser Universum flach ist. Mit anderen Worten: Die Gesamtheit der Raum-Zeit gehorcht der euklidischen Geometrie, wie wir es in der Schule gelernt haben. Für eine solche Geometrie, die sich auf ein flaches Blatt Papier zeichnen lässt, gilt, dass die Summe der drei Innenwinkel eines Dreiecks 180 Grad ergibt. Diese sehr spezielle Geometrie steht im Gegensatz zu der wesentlich höheren Anzahl von nichtflachen Geometrien: beispielsweise ein Dreieck, das auf die offene Fläche eines konkaven Sattels (hyperbolisch) oder die geschlossene Fläche einer Kugel (sphärisch) gezeichnet wird, wobei die Variabilität seiner kombinierten Innenwinkel im Allgemeinen jeweils kleiner oder größer als 180 Grad ist.

Eine solche flache Geometrie ist jedoch wesentlich für die Relativität von Raum und Zeit und ihre unveränderliche Kombination als Raum-Zeit. Außerdem erzählt sie uns etwas über das künftige Schicksal unseres Universums, denn die kritische Dichte von Energie und Materie, welche die Flachheit hervorruft, ist gerade noch ausreichend, um letztendlich die Ausdehnung des Raumes zu stoppen, aber sie genügt nicht, damit er sich wieder zusammenzieht.

Doch ist nicht nur eine flache Geometrie – oder etwas, das dem sehr nahe kommt – weit weniger wahrscheinlich als die große Zahl anderer Geometrien, sondern auch die Verkörperung der kritischen Dichte für Flachheit, damit das Universum expandiert, erfordert eine außergewöhnliche Feinabstimmung vom ersten Moment des Urknalls an. Diese als außergewöhnlich zu bezeichnen, ist noch eine ziemliche Untertreibung. Denn in diesem allerersten Moment konnte die Raum-Zeit von vollständiger Flachheit lediglich zu einem 10^{62}tel getrennt werden. Verblüfft von solch unglaublicher Genauigkeit, bezeichneten Kosmologen dies als Flachheitsproblem.

Vorausgesetzt, dass Homogenität auf einer universellen Skala und exakte Flachheit tatsächlich spezifische Anforderungen sind, damit sich unser ideales Universum so entwickeln konnte, wie es das getan hat, dann ist das, was Kosmologen meinen, wenn sie etwas als »Problem« beschreiben«, eher der Versuch, es in das Urknall-Szenario einzupassen. Ihr Dilemma besteht darin, ihre Sicht eines zufällig entstandenen Universums mit dem unglaublichen Ordnungsgrad und der Feinabstimmung, die unser Universum verkörpert, in Einklang zu bringen; die Rätsel der flachen Geometrie und das Horizontproblem sind nur zwei Beispiele dafür.

Wir fahren fort, eine zweite Begründung zu untersuchen, die eine Lösung nicht nur für diese beiden irritierenden Merkmale, sondern auch für andere offensichtliche Unregelmäßigkeiten bietet, die mit der Urknalltheorie der Entstehung unseres Universums zusammenhängen. Zuvor müssen wir jedoch kurz die dafür vorgeschlagene Erklärung erörtern, auf die sich die meisten Kosmologen gegenwärtig stützen.

Sie besteht in der Auffassung, dass unser frühes Universum eine sogenannte Epoche der Inflation durchlief. Diese Vorstellung einer Periode extrem rascher Expansion wurde erstmals in den 1980er-Jahren von den theoretischen Physikern Alan Guth und Andrei Linde aufgebracht. Sie schlugen vor, dass der Raum in Sekundenbruchteilen, das heißt zwischen 10^{-33} und 10^{-30} Sekunden nach dem Urknall, eine gewaltige Expansion durchlief.

Obwohl die Relativitätstheorie es ausschließt, dass sich innerhalb der Raum-Zeit ein Signal schneller als mit Lichtgeschwindigkeit bewegen kann, findet sich in ihr nichts darüber, das dagegenspricht, dass sich der *Raum selbst* schneller als mit Lichtgeschwindigkeit ausbreiten könnte. Die Hypothese der kosmischen Inflation besagt, dass eine solch unglaublich rasche Expansion die Gleichförmigkeit des Universums ermöglichte, die wir beobachten. Außerdem wird vermutet, dass ein solcher Prozess praktisch alle anfänglichen Unregelmäßigkeiten ausgeglichen und alle früheren Raumkrümmungen abgeflacht hat.

Während Ergänzungen anderer Wissenschaftler integriert wurden, um Probleme mit dem ursprünglichen Vorschlag zu überwinden, gibt es bis heute keine überzeugende theoretische Basis für

einen derartigen Inflationsmechanismus, noch kann man sich erklären, wie und warum er anscheinend ein- und wieder ausgeschaltet
worden sein soll.

Genau diese letzte Frage wirft vielleicht die größten Probleme
auf, und nahezu alle Vorstellungen über die kosmologische Inflation,
die bis heute vorgebracht wurden, waren nicht in der Lage, sie zu
beantworten. Stattdessen wurde etwas entworfen, das man als ewige
Inflation bezeichnete – oder mit anderen Worten: einen unkontrolliert verlaufenden Inflationsprozess, der immer weitergeht und
damit unser Universum unendlich ausdehnt, aber jenseits unserer
Beobachtungsmöglichkeiten liegt, die durch die Geschwindigkeit
des uns erreichenden Lichts begrenzt werden. Mit dem Modell des
Urknalls und der anschließenden Inflation sind wir im Wesentlichen
zu einer Forderung zurückgekehrt, die sich nicht sehr von Hoyles
unendlicher Steady-State-Hypothese unterscheidet, wenn auch mit
einem endlichen Beginn.

Obwohl Hoyle, ein Astronom aus Yorkshire, für seinen Non-
konformismus berühmt war, vermute ich, dass er sich genau wie ich
in unmissverständlichen Worten dagegen gewandt hätte, auf diese
Weise endliche und unendliche Voraussetzungen miteinander zu
verbinden. Dennoch wird die Inflationshypothese, da sie scheinbar
das Horizont- und das Flachheitsproblem des Universums löst, was
anderenfalls einen Paradigmenwechsel der Sichtweise erfordert hätte, gegenwärtig von den Kosmologen weitestgehend akzeptiert, und
die Suche nach ihrer energetischen Signatur geht weiter.

Im März 2014 wurde über sensationelle Messungen von BICEP2
(eine hilfreiche Abkürzung für Background Imaging of Cosmic Ex-
tragalactic Polarization) berichtet, bei denen man ein Polarisations-
muster der kosmischen Mikrowellenhintergrundstrahlung gefunden

haben wollte; falls es sich bestätigen ließe, wäre das ein starker Hinweis auf die Inflation. Allerdings musste das BICEP2-Team zu Beginn des Jahres 2015 dank der Auswertung der jüngsten Daten der Planck-Mission einräumen, dass man einen Fehler gemacht hatte und dass das gemessene Signal nicht von der Mikrowellenhintergrundstrahlung, sondern in Wirklichkeit von polarisiertem Staub aus unserer eigenen Milchstraßengalaxie stammte.

Ich erwähne diese fehlerhafte Interpretation, weil sie ein gutes Beispiel dafür liefert, wie mitunter die Subjektivität die wissenschaftliche Objektivität beeinträchtigt. In dem Wunsch, die Prämisse der Inflation zu bestätigen, warteten die Forscher nicht ab, bis der vorläufige Nachweis bestätigt worden war; ihre subjektive Einschätzung überwog. Dass die Befürworter der kosmischen Inflation weiterhin an ihrer Behauptung festhielten, erschwerte die Bereitschaft vieler Kosmologen, nach anderen Erklärungen zu suchen.

Lassen wir nun die Hypothese der kosmischen Inflation hinter uns und untersuchen stattdessen Hinweise für eine alternative Sichtweise, wie die Anweisungen funktionieren, welche die Information für unser Universum enthalten. Dazu betrachten wir zwei der wichtigsten Gesetze der Physik, die uns die Richtung weisen, und zwar vor allem dann, wenn sie in Hinsicht auf die Information neu formuliert werden.

DER ERSTE HAUPTSATZ DER INFORMATION

In einem isolierten System, das heißt, in einem System, das keine Interaktionen mit irgendetwas außerhalb aufweist, bleibt der Gesamtbetrag von Energie und Materie konstant. Energie und Materie können weder neu geschaffen noch zerstört werden, sondern nur die

Form wechseln. Dieses physikalische Prinzip ist bekannt als Energieerhaltungssatz, und es ist so elementar, dass es auch als der Erste Hauptsatz der Thermodynamik bezeichnet wird. Er wird im Wesentlichen durch alle Beobachtungen von der Planck-Skala aufwärts unterstützt und ist als universelles Gesetz anerkannt; aus diesem Grund muss unser Universum in seiner Gesamtheit ein isoliertes System sein.

Auf der Planck-Skala zeigt Schrödingers Wellengleichung, die, wie wir gesehen haben, die Entwicklung eines Quantensystems beschreibt, dass – auch wenn über ihre spezifische Erscheinungsform noch Unsicherheit besteht – *allumfassende* Wahrscheinlichkeiten ihre unterschiedlichen Zustände mit der Zeit nicht verändern. Das heißt, dass ihre Gesamtenergie erhalten bleibt.

Auch im makroskopischen Maßstab *erfordern* die Prinzipien der Allgemeinen Relativitätstheorie, die Raum und Zeit beschreibt und mit der wir uns in Kürze etwas tiefgehender beschäftigen, eine universelle Erhaltung nicht nur von Energie und Materie, sondern auch des Impulses, des Produkts aus Masse und Geschwindigkeit eines Objekts. Worauf diese und alle bis heute erbrachten Nachweise hindeuten, ist, dass die Gesamtheit von Energie und Materie, die im ersten Augenblick der Raum-Zeit vorhanden war, *exakt* der Menge von Energie und Materie in unserem heutigen Universum entspricht und dass auch an seinem Ende *exakt* dieselbe Menge an Energie und Materie vorhanden sein wird.

Das impliziert, dass alle Energie und Materie innerhalb der Raum-Zeit erhalten wird: nicht nur die sichtbare Energie und Materie, die nach aktuellen Schätzungen lediglich 5 Prozent ausmachen, sondern auch die 27 Prozent dunkle Materie und die 68 Prozent, die gegenwärtig der dunklen Energie zugeschrieben werden.

Zusätzlich zum Gesamtbetrag von Energie und Materie, der nicht verändert wird, resultiert die flache Geometrie der Raum-Zeit, wie wir gesehen haben, aus der durchschnittlichen *Dichte* von Energie und Materie unseres Universums über seine Lebensdauer hinweg, wobei die kritische Dichte letztendlich die Ausdehnung stoppen wird.

Die gravitationsmäßig interessanten Energieformen der dunklen Materie haben den gleichen Effekt wie die der sichtbaren Materie. Der Einfluss in dieser Zusammensetzung auf die Auswirkung von dunkler Energie ist allerdings viel schwieriger zu bestimmen, dennoch ist er von wesentlicher Bedeutung.

Der wahrscheinlichste Kandidat für dunkle Energie ist Energie, die entscheidend für die ureigenste Webstruktur des Raumes ist und die häufig als eine kosmologische Konstante betrachtet wird. Während die Gravitation Materie anzieht, sorgt die dunkle Energie maßgeblich für die Ausdehnung des Raumes selbst.

Als Einstein die Allgemeine Relativitätstheorie formulierte, integrierten die Mathematiker bekanntermaßen natürlich solch eine kosmologische Konstante, deren Vorhandensein darauf schließen ließ, dass sich der Raum ausdehnt. Zu dieser Zeit sah er jedoch, wie auch Hoyle viele Jahre später, unser Universum als unveränderlich an. Anstatt der unwiderlegbaren Logik der Mathematiker zu folgen, veränderte er in uncharakteristischer Weise seine Theorie und entfernte die kosmologische Konstante daraus. Als später klar wurde, dass sich unser Universum tatsächlich ausdehnt, nannte er diesen Ausschluss den schlimmsten Fehler seines Lebens.

Wenn die dunkle Energie in Wirklichkeit wie eine kosmologische Konstante agiert, verkörpert der leere Raum selbst die Energie, und zwar von der Art, die Masse abstößt. Während sich unser Universum

ausdehnt, übt es eine Kraft aus, die zur Folge hat, dass die Energiedichte des leeren Raumes *konstant* bleibt – daher der Name.

Beim Urknall war die Dichte von sichtbarer Energie und Materie
und von dunkler Materie erheblich höher als die Dichte von dunkler
Energie. Als sich unser Universum ausdehnte, reduzierte sich die
kombinierte Energie- und Materiedichte und wurde schließlich geringer als die der dunklen Energie. Allerdings weist der aktuelle
Stand kosmologischen Wissens darauf hin, dass die Gesamtenergie
konstant bleibt, während die kombinierte Dichte der sichtbaren
Energie und Materie und der dunklen Energie und Materie mit der
Dauer des Universums abnimmt. Die Gesamtenergie wird erhalten.

Die flache Geometrie unseres Universums und seine Ausdehnung vom Moment des Urknalls an ziehen eine weitere wichtige und
erstaunliche Folge nach sich. Kosmologen wie Lawrence Krauss haben gezeigt, dass in einem flachen, expandierenden Universum wie
unserem – und zwar *nur* in einem solchen – die anziehenden und
abstoßenden Energieformen einander über die Gesamtheit des Raumes und zu allen Zeiten *exakt* vollständig aufheben.[12] Dies gilt sogar
dann, wenn man die anziehenden Gravitationseffekte der dunklen
Materie und die abstoßenden Energien der kosmologischen Konstante der dunklen Energie mit einbezieht.

Wenn all seine Energie- und Materieformen in Betracht gezogen
werden, vom Moment seiner Entstehung über seine gesamte Lebensdauer bis hin zu seinem Ende, gleichen sich die positiven und
negativen Kräfte innerhalb der Raum-Zeit kontinuierlich auf null
aus. Unser Universum wird im wahrsten Sinne des Wortes in seiner
Ganzheit aus *nichts* gebildet.

Zusammen setzen die universelle Erhaltung von sichtbarer und
dunkler Materie und Energie und ihr faktischer Nullwert einen dyna-

mischen Entwicklungsprozess in Gang, in dem jeder dieser beiden Faktoren innerhalb verschiedener Epochen in der endlichen Lebensdauer unseres Universums vorherrscht.

Vom Anschub durch den Urknall an verlangsamt sich die Ausdehnung des Raumes allmählich aufgrund der Gravitationswirkung sowohl der sichtbaren als auch der dunklen Materie, die sich mit der Zeit zu Sternen und Galaxien gruppieren. Doch sobald sich der Raum über einen bestimmten Punkt hinaus erstreckt, verringert sich die Dichte derartiger anziehender Energien, bis ein Übergang erreicht ist, an dem die Dichte der dunklen Energie über die verbleibende Lebensdauer unseres Universums dominiert.

2011 wurde eine Fünf-Jahres-Studie veröffentlicht, das sogenannte WiggleZ-Projekt (auch »WiggleZ Dark Energy Survey« genannt), bei dem die Rotverschiebung von mehr als 200 000 Galaxien mithilfe des Weltraumteleskops der NASA Galaxy Evolution Explorer (GALEX) gemessen wurde; mit eingebunden war das Anglo-Australian Telescope (AAT) des Siding Spring Mountain Observatory in New South Wales, Australien. Dabei wurden Daten aus einem Zeitraum von sieben Milliarden Jahren erfasst, und man entdeckte, dass dieser Übergang von anziehenden zu abstoßenden Kräften in Wirklichkeit schon vor circa fünf Milliarden Jahren aufgetreten ist.[13]

Vollkommen unerwartet zeigte diese Studie, dass sich unser Universum seit diesem Zeitpunkt mit zunehmender Geschwindigkeit ausdehnt und dass dies bis zum Ende seiner Lebensdauer so weitergehen wird. Zu Beginn des Jahres 2015 jedoch bemerkten Astronomen, dass die Helligkeiten von Supernoven vom Typ Ia, die herangezogen werden, um kosmologische Entfernungen zu kalibrieren, in der frühen Zeit unseres Universums unterschiedlich waren.

Obwohl die konsequente Nachberechnung die Expansionsge-
schwindigkeit beträchtlich reduzierte, bestätigt es dennoch, dass diese tatsächlich zunimmt.[14]

In kurzer Zeit werden wir uns wieder damit beschäftigen, wie das
letztendliche Schicksal unseres Universums aussehen könnte. In der
Zwischenzeit jedoch schließen wir unsere Bewertung des Ersten
Hauptsatzes ab, indem wir ihn hinsichtlich der Erhaltung von Information neu formulieren.

Wir haben bereits erfahren, wie Energie und Materie mit Infor-
mationsbegriffen neu definiert werden können. Tatsächlich verwenden viele Informationstheoretiker diese Äquivalenz, um darzulegen,
dass es dem Wesen der Information selbst entspricht, erhalten zu
werden. Ich glaube dennoch, dass ihre Sichtweise unvollständig ist,
weil sie aus ihrem Verständnis von Information nicht die entsprechenden logischen Schlüsse ziehen.

Da Information in allem gegenwärtig ist und mit allem in Bezie-
hung steht, was wir als physische Realität bezeichnen und wo sie in
universell erhaltenen Größen ausgedrückt wird wie beispielsweise
Energie und Materie, aber auch in anderen wie elektrische Ladung,
Impuls und Drehimpuls (Spin), wird sie auch tatsächlich erhalten.
Das ist der Erste Hauptsatz der Information (oder Infodynamik).

Doch dort, wo Information durch ein nichterhaltendes Maß wie
die Entropie ausgedrückt wird, was wir jetzt betrachten wollen, wird
auch solche Information nicht erhalten.

DER ZWEITE HAUPTSATZ DER INFORMATION

Im 19. Jahrhundert fasste man das Konzept der Entropie zunächst
als ein Maß für die Ordnung oder Unordnung in thermodynami-

schen Systemen auf. Dies führte zur Aufstellung des Zweiten Hauptsatzes der Thermodynamik, der besagt, dass die Entropie in einem abgeschlossenen System niemals abnehmen kann, sondern immer gleich bleibt oder zunimmt.

Als abgeschlossenes System verkörpert unser gesamtes Universum dieses Prinzip, dass der Grad der Entropie ständig zunimmt. Ihre grundlegende universelle Natur hat eines meiner liebsten wissenschaftlichen Zitate hervorgebracht, das von dem britischen Astrophysiker Sir Arthur Eddington stammt: »Das Gesetz, dass die Entropie immer größer wird, hat meiner Meinung nach die höchste Position unter den Naturgesetzen. Wenn jemand Sie darauf aufmerksam macht, dass Ihre Lieblingstheorie des Universums nicht mit den Maxwell'schen Gleichungen übereinstimmt – dann ist das umso schlimmer für die Maxwell'schen Gleichungen. Wenn sich herausstellt, dass etwas den Beobachtungen widerspricht – nun, dann haben diese Experimentatoren manchmal schlampig gearbeitet. Wenn Ihre Theorie jedoch gegen den Zweiten Hauptsatz der Thermodynamik verstößt, kann ich Ihnen keine Hoffnung machen; es bleibt nichts anderes übrig, als in tiefster Demütigung zusammenzubrechen.«[15]

Die Maxwell'schen Gleichungen beschreiben die Grundlagen des Elektromagnetismus, der vielleicht die ursprünglichste der physikalischen Kräfte darstellt. Dass Eddington sie als zweitrangig gegenüber der unabänderlichen Regel der Entropie und ihrer unvermeidlichen Zunahme ansah, stellt sich, wie wir noch sehen werden, als wesentlich für die Entwicklung unseres Universums und den Fluss der Zeit selbst heraus.

Es gibt im Alltag viele Möglichkeiten, die Zunahme der Entropie zu visualisieren oder zu erfahren. Eine, die mir persönlich sehr liegt, ist es, etwas umzustoßen, meist eine Teetasse. Trotz meiner hastigen Bemühungen, den Schaden wiedergutzumachen, ist klar, dass ich niemals zu der Ordnung der Tasse zurückkehren kann, die vor dem Unglück herrschte. Wenn jemand meine Ungeschicklichkeit gefilmt hätte und dann den Film rückwärtslaufen ließe, wäre es für jeden, der den Film sieht, sofort klar, was der korrekte zeitliche Ablauf dieses Vorgangs ist.

Eine gute Möglichkeit, um dies besser zu verstehen: Malen Sie sich einmal aus, dass Sie ein unbenutztes Kartenspiel in der Hand halten. Frisch ausgepackt, ist der Stapel normalerweise in logischer Folge vom Ass über König und Dame bis zum niedrigsten Wert angeordnet, und zwar in den vier Farben Kreuz, Pik, Herz und Karo. Jetzt stellen Sie sich vor, wie Sie die Karten in die Luft werfen (es ist natürlich lustiger, wenn Sie es tatsächlich tun). Ganz gleich, ob in der Vorstellung oder in der Realität, Sie werden beobachten, dass die Karten auf eine Weise fallen, die ihre ursprüngliche Anordnung mehr oder weniger stark zerstört.

Wenn Sie die Karten wieder einsammeln, sortieren Sie sie so, wie sie vorher angeordnet waren, und werfen Sie sie anschließend noch einmal in die Luft. Sie werden feststellen, dass sie in einem ähnlichen, aber trotzdem unterschiedlichen Zustand der Unordnung landen. Sie können diesen Vorgang wiederholen, so oft Sie möchten, aber ganz gleich, wie viele Male Sie ihn ausführen: Es ist extrem unwahrscheinlich, dass die Karten in genau der Reihenfolge landen, die ihrem vorherigen geordneten Zustand entspricht.

Dies liegt daran, dass es für die Reihenfolge der unbenutzten Karten nur eine einzige Möglichkeit der Anordnung gibt, während zahlreiche Möglichkeiten bestehen, wie die Karten nach dem Wurf in ihrer Unordnung angeordnet sind. Somit kann die Entropie dieses

Kartenstapels, wie wir gesehen haben, vereinfacht als ein Maß für seine Ordnung und Unordnung (je niedriger die Entropie, desto höher die Ordnung, und umgekehrt) betrachtet werden; sie verbleibt entweder auf ihrem niedrigsten Grad in ihrem ursprünglichen Zustand vor dem Wurf, oder es ist andererseits sehr wahrscheinlich, dass sie ihren Grad an Unordnung im Lauf der Zeit erhöht.

Dieses augenscheinlich einfache Prinzip bietet uns tatsächlich einen tiefen Einblick in die Natur der Zeit an sich. Denn wenn wir die Zeit 13,8 Milliarden Jahre bis zum Moment des Urknalls zurückspulen, besagt der Zweite Hauptsatz, dass die Entropie unseres Universums bei seiner Entstehung am niedrigsten war, und das gilt für seine gesamte Lebensdauer. Wir können anschließend sehen, wie auf der seit diesem ersten Moment unvermeidlichen Zunahme der Entropie der sogenannte Zeitpfeil beruht, der die Zukunft als Zeitrichtung bestimmt.

Bevor wir noch andere Aspekte des Zweiten Hauptsatzes betrachten, wollen wir zunächst eine bekannte Ablehnung seiner universellen Gültigkeit widerlegen und ihn gleichzeitig im Hinblick auf die Information neu definieren.

Im Jahr 1867 vollzog der Physiker James Clerk Maxwell (derselbe Maxwell, der später im Zitat von Sir Arthur Eddington bezüglich der Unveränderlichkeit des Zweiten Hauptsatzes der Thermodynamik angeführt wird) folgendes Gedankenexperiment. Er stellte sich einen Behälter vor, gefüllt mit Gas und durch eine Trennwand mit einer kleinen Öffnung in zwei Bereiche unterteilt, und ein fiktives Wesen, das als Maxwells Dämon bekannt wurde. Es ist in der Lage, die Öffnung in der Trennwand zu kontrollieren, wobei es schnell beweglichen Gasmolekülen den Durchtritt ermöglicht und langsamer bewegliche Gasmoleküle davon abhält. Schlussendlich gelangen alle

Gasmoleküle auf eine Seite der Trennwand; dieser Bereich wird heißer, obwohl keine Energie zu dem System hinzugefügt wurde, was offensichtlich eine Verletzung des Zweiten Hauptsatzes der Thermodynamik darstellt; es scheint, als ob in diesem Gedankenexperiment die Ordnung aus der Unordnung entsteht.

Es dauerte relativ lange, um diesen Widerspruch zu widerlegen. Wissenschaftler verstehen mittlerweile, dass Maxwells Dämon die Geschwindigkeit aller Moleküle messen müsste, bevor er die Entscheidung trifft, welche er durchlässt, und diese Messung erfordert Energie. Wenn man diesen Energieverbrauch mit einrechnet, gibt es keine Verletzung des Zweiten Hauptsatzes der Thermodynamik.

Im Jahr 2010 unternahmen Shoichi Toyabe und seine Mitarbeiter an der Chuo-Universität in Japan einen Versuch, um die Überlegungen zu Maxwells Dämon in einem winzigen Maßstab praktisch umzusetzen.[16] Sie erzeugten mit einem elektrischen Feld eine Art winzige Treppe und platzierten ein Kügelchen auf der untersten Stufe. Die umgebenden Luftmoleküle stoßen natürlicherweise in ihrer Bewegung gegen das Kügelchen, und manchmal reicht das aus, um es auf die nächsthöhere Stufe zu heben. Die Forscher zeichneten diesen Vorgang kontinuierlich per Video auf, und jedes Mal, wenn das Kügelchen eine neue Stufe erklommen hatte, änderte das Team das elektrische Feld, sodass das Kügelchen nicht wieder zurückfallen konnte – dies entsprach der Trennwand in Maxwells ursprünglichem Gedankenexperiment und schien wiederum dem Zweiten Hauptsatz der Thermodynamik zu widersprechen.

Allerdings gibt es in Toyabes Experiment keinen Fluss konventioneller Energie in das System. Stattdessen nutzte das Team, indem es eine Videokamera einsetzte, um die Position des Kügelchens zu bestimmen, lediglich seine Information als erforderlichen Input, um die Balance auszugleichen und den Zweiten Hauptsatz zu bestätigen. Wenn also die Energie der Kamera in die Rechnung einbezogen wird, gehorcht das gesamte System exakt dem Zweiten Hauptsatz der Thermodynamik.

Mit dem zunehmenden Verständnis, dass auch die Information den Zweiten Hauptsatz der Thermodynamik untermauert, wollen wir uns nun anschauen, welche weiteren tiefer gehenden Einsichten er uns noch zu bieten hat. Wir haben bereits die grundlegende Beziehung zwischen Energie, Information und Entropie kennengelernt und erfahren, wie man das universelle Konzept der Entropie unter dem Aspekt sehen kann, dass sie als Maß für den Informationsgehalt eines Systems herangezogen werden kann.

Deshalb verkörpert der allererste Moment des Urknalls, als die Entropie unseres Universums ihren niedrigsten Grad hatte, auch die geringste Menge an Information, die in die Raum-Zeit eingebettet ist. Während von da an die Kennzeichen von Information, wie sie innerhalb des Energie-Materie-Gleichgewichts unseres Universums verkörpert sind, ihre Form verändert haben, bleibt die einmal manifestierte Gesamtinformation über die gesamte Lebensdauer des Universums erhalten: der Erste Hauptsatz der Information (oder Infodynamik).

Information, die mit Eigenschaften, die nicht erhalten werden, und in erster Linie mit Entropie verbunden ist, wächst unaufhaltsam an: der Zweite Hauptsatz der Information (oder Infodynamik).

Dieser Zweite Hauptsatz der Information ermöglicht es, dass immer höhere Stufen von Komplexität entstehen und dass die Entwicklung von höheren Intelligenzstadien, Bewusstsein und Selbstwahrnehmung in unserem idealen Universum verkörpert und umgesetzt wird. In der Tat ist es diese erweiterte Neuformulierung des Zweiten

Hauptsatzes der Information, die es uns ermöglicht, Raum und Zeit an sich und ihre Verbindung in Form der Raum-Zeit als ein neues, auf die Information bezogenes Phänomen der Entropie zu betrachten.

Um zu verstehen, wie diese Information überhaupt entschlüsselt werden kann, müssen wir zunächst in den winzigen Bereich der Planck-Skala und zum ersten Moment des Urknalls zurückkehren.

PIXELIERUNG DER RAUM-ZEIT

Aus Schrödingers Wellengleichung, der wir in Kapitel 1 begegnet sind, kennen wir die Vorhersage, dass, wenn bestimmte Merkmale eines Quantensystems gemessen werden, das Ergebnis quantifiziert werden kann. Dennoch führt nicht jede Messung automatisch zu einem Quantenzustand: Position, Impuls und Zeit sind nicht quantifiziert, aber sie können kontinuierliche Werte annehmen. Eine tiefgründige Auswirkung davon ist, dass die Raum-Zeit nicht quantifiziert werden kann, eine Ansicht, die Anhaltspunkte dafür liefert, warum es für die Loslösung der Quantentheorie und der Relativitätstheorie von der Gravitation, obwohl man es fast ein Jahrhundert lang versucht hat, keinen Kompromiss gibt.

Wenn man die Raum-Zeit auf dem Niveau der Planck-Skala betrachtet und im Hinblick auf die Information neu formuliert, bringt uns das dennoch einen großen Schritt weiter bei der Lösung dieses Rätsels.

Als Erstes stellten wir fest, dass die Planck-Skala ein Bereich von extremer, nahezu unvorstellbarer Winzigkeit ist, in dem alle physikalischen Kräfte unseres Universums zusammenkommen. Für die Raum-Zeit beträgt die Planck-Länge annähernd 10^{-35} Meter und die Planck-Zeit circa 10^{-44} Sekunden.

Manche von Ihnen, die in meinem Alter sind, werden sich vielleicht an die ersten Tage des Fernsehens erinnern, als die Auflösung des Fernsehbildschirms noch ziemlich niedrig war. Wenn Sie nah genug an das Gerät herangegangen sind, konnten Sie die einzelnen Pixel erkennen, aus denen sich das Bild zusammensetzte.

Pixel, die Abkürzung für *picture elements* (»Bildpunkte, Bildelemente«), sind die einzelnen Punkte oder kleinsten programmierbaren Komponenten in einem grafischen Bild. Heutzutage hat die Entwicklung hochauflösender Medien die Zahl der Pixel gewaltig erhöht, und das Bild erscheint durchgehend gleichförmig, unabhängig davon, wie nah Sie herangehen.

Kosmologen beginnen mittlerweile, die Raum-Zeit selbst nicht mehr als quantisiert zu betrachten, sondern so, als wäre sie im Bereich der Planck-Skala pixelisiert. Ihre Untersuchungen hängen auch mit Entdeckungen über Schwarze Löcher und – viel bedeutender – ihrem Informationsgehalt zusammen. Zunächst werden wir noch einige andere Themenbereiche behandeln, um uns eine umfassendere Grundlage zu verschaffen, ehe wir uns detaillierter diesem neuen Verständnis widmen, da es die Basis für einen äußerst radikalen und revolutionären Aspekt der sich im 21. Jahrhundert entwickelnden wissenschaftlichen Sichtweise unseres Universums bildet.

Für jetzt müssen wir uns nur eine zentrale Erkenntnis ins Bewusstsein rufen.

Als er den maximalen Betrag an Information und Entropie untersuchte, den ein bestimmter Bereich des Raumes enthalten konnte – im Wesentlichen die Information in Bits, die nötig ist, um ein physikalisches System auf Quantenniveau zu beschreiben –, gelangte der israelische Physiker Jacob Bekenstein zu der sogenannten Bekenstein'schen Grenze.[17]

Einige äußerst raffinierte Mathematiker, die die Allgemeine Relativitätstheorie und den Zweiten Hauptsatz der Thermodynamik mit der Physik von Schwarzen Löchern in Zusammenhang brachten, konnten zeigen, dass die Bekenstein'sche Grenze genau der Entropie eines Schwarzen Loches entspricht. Mit anderen Worten: Schwarze Löcher verkörpern die maximale Informationsmenge, die in der Region des Raumes, die sie einnehmen, enthalten sein kann.

Doch das ist bei Weitem nicht Bekensteins erstaunlichste Entdeckung. Er fand heraus, dass dieser Maximalbetrag an Information für ein kugelförmiges Schwarzes Loch nicht proportional zum dreidimensionalen Volumen des Raumes ist, den es einnimmt, sondern stattdessen zu seiner zweidimensionalen Oberflächenregion. Ich schlage vor, dass Sie diese Entdeckung in Ruhe lesen und auf sich einwirken lassen; dann werden Sie hoffentlich realisieren, wie erstaunlich sie ist!

Ich besitze ein dickes Lehrbuch, das der Fluch meines ersten Jahres als Studentin in Oxford war: *Electricity and Magnetism,* zweite Auflage, von B. I. Bleaney und B. Bleaney. Es hatte ein Format von circa 17 mal 24 Zentimetern, eine Dicke von ungefähr 4 Zentimetern und war vollgestopft mit Informationen, von denen die meisten zu Beginn für mich praktisch unentzifferbar waren.

Wenn ich die gesamte Information, die darin enthalten ist, addieren sollte, hätte ich die ungefähre durchschnittliche Anzahl von Dateneinheiten jeder Seite geschätzt und dann mit der Anzahl der Seiten (die der Dicke des Buches entspricht) multipliziert. Vorausgesetzt, die Informationsdichte pro zweidimensionaler Seite ist gleich, dann korreliert der Gesamtbetrag, wenn man sie mit der Dicke multipliziert, im Wesentlichen mit ihrem dreidimensionalen Volumen.

Doch das entspricht nicht dem, was Bekenstein entdeckt hatte. Stattdessen ist seine Berechnung der in einem Schwarzen Loch vorkommenden Information – das bedeutet tatsächlich das Maximum, das in irgendeinem Bereich des Raumes enthalten ist – proportional zu seiner zweidimensionalen Grenze. Im Fall meines Lehrbuchs ist Bekensteins Grenze proportional zur Oberfläche seines Covers, nicht zu seinem inneren Volumen.

Die bei Weitem unglaublichste Auswirkung dieses Ergebnisses geht jedoch weit über Bücher und Schwarze Löcher hinaus. Denn seit Gerardus't Hoofts erster Formulierung des holografischen Prinzips im Jahr 1993 ziehen mehr und mehr Kosmologen in Betracht, dass alle Information, die offensichtlich durch die Raum-Zeit unseres Universums verkörpert wird, von dieser Grenze bestimmt ist.

Bekensteins Grenze und noch viel mehr, das jetzt von maßgeblichen Wissenschaftlern und über verschiedene wissenschaftliche Disziplinen hinweg untersucht wird – damit werden wir uns noch detaillierter beschäftigen –, führen zu der außergewöhnlichen Ansicht, dass unser Universum in Wirklichkeit ein kosmisches Hologramm ist.

Um diese Möglichkeit, für die ich im Folgenden noch weitere Beweise liefern werde, erst einmal zu verarbeiten, wollen wir uns zunächst anschauen, inwieweit sie sich auf die Pixelierung der Raum-Zeit im Bereich der Planck-Skala anwenden lässt.

Sie haben wahrscheinlich schon vermutet, dass die Bekenstein'sche Grenze die maximale Anzahl von Bits als ein Vielfaches der Anzahl von räumlichen Bereichen der Planck-Skala erfasst, die eine größere zweidimensionale Oberfläche aus einem dreidimensionalen Objekt macht, wobei jede Planck-Einheit eine Informationseinheit codiert.

Die Bekenstein'sche Grenze liefert uns auch einen Einblick, warum sich der Raum selbst seit dem Urknall ausdehnt, also seit seinem Entstehen. Wenn wir nach dem Zweiten Hauptsatz der Thermodynamik die unvermeidliche Zunahme der Entropie während der Lebensdauer unseres Universums berücksichtigen, wenn wir anerkennen, dass die Entropie im Grunde genommen mit Information gleichzusetzen ist, und wenn wir uns bewusst machen, dass sie genau am Rand der Pixelierung der Raum-Zeit auf der Planck-Skala codiert ist, dann können wir einen enorm wichtigen Schluss ziehen: Damit mehr Information in Form von Evolution und zunehmender Vielfalt an Erfahrung innerhalb unseres Universums auftreten kann, *muss* sich seine Grenze, das heißt der Raum selbst, ausdehnen – was er getan hat und auch weiterhin tut.

DEN ERSTEN UND ZWEITEN HAUPTSATZ KOMBINIEREN

Während ich dieses Buch schrieb, wurde mir klar, dass die Neuformulierung der Hauptsätze der Thermodynamik als Hauptsätze der Information eine Möglichkeit bietet, Quanten- und Relativitätstheorie in Einklang zu bringen. Außerdem liefert sie die Anweisungen, die die gesamte Entwicklung unseres idealen Universums vom Beginn seiner Existenz an bestimmen. Wenn wir ihre universellen Prinzipien kombinieren, sind wir auch in der Lage, Einsicht in seine wahrscheinliche Zukunft und seinen endgültigen Untergang zu gewinnen.

Um dies zu verstehen, müssen wir zunächst eine andere fundamentale Eigenschaft betrachten, die sowohl auf die Energie als auch auf die Entropie zutrifft: den Begriff der Temperatur. Ein Maß für die Entropie lautet: Energie dividiert durch Temperatur.

Deshalb erfordert eine Veränderung der Entropie entweder eine Änderung der Energie oder eine Änderung der Temperatur oder beides. In unserem Universum wird die Energie erhalten. Daher erfordert eine zunehmende Entropie der Information, dass sich die Temperatur der Raum-Zeit ändert. In der Thermodynamik sinkt die Temperatur eines Gases, wenn der Raum, den es einnimmt, zunimmt. Der gesamte Raum unseres Universums dehnt sich aus (und wie wir gesehen haben, ermöglicht das, dass immer mehr Pixelierung von Information im Bereich der Planck-Skala als Bits an seiner holografischen Grenze codiert wird). Es ist also unvermeidlich, dass seine Temperatur sinkt.

All diese Überlegungen stimmen wunderbar mit kosmologischen Beobachtungen überein. Allerdings gibt es einen Umstand, der auf den ersten Blick davon abzuweichen scheint. Um dies zu verstehen, müssen wir noch einmal in den Bereich der Planck-Skala und zum ersten Moment des Urknalls zurückkehren.

Wenn wir einen anderen universellen Faktor, und zwar die Boltzmann-Konstante, der wir zuerst bei der Berechnung von thermodynamischer und informationeller Entropie begegnet sind, in den Ausgleich physikalischer Kräfte mit einbeziehen, sind wir in der Lage, eine Planck-Temperatur abzuleiten. Sie entspricht dem überdimensionalen Wert von 10^{32} Kelvin (K). Um eine Vorstellung von der Größe dieser Zahl zu bekommen: Die thermodynamische Temperaturskala beginnt beim absoluten Nullpunkt, Eis schmilzt unter normalen atmosphärischen Bedingungen bei 273 K, und die Temperatur im Kern der Sonne beträgt ungefähr 16 Millionen K. Die gewaltige Planck-Temperatur ist diejenige, die unmittelbar nach dem Urknall in unserem Universum vorherrschte. Und die Wellenlänge ihrer Strahlung ist die Planck-Länge.

Mit der Pixelierung der Raum-Zeit, die ein einziges Informationsbit für den Bereich der Planck-Skala verkörpert, codierte die Genese unseres Universums ihre ursprüngliche Information im Bereich der Wellenlänge des Lichts auf der Planck-Skala; im Wesentlichen waren dies möglichst einfache Anweisungen: einschalten und aufleuchten. Die offensichtliche Unregelmäßigkeit besteht darin, dass die Energie, die mit einer solch extremen Temperatur verbunden ist, vollkommen ungeordnet erscheinen sollte; anstatt sich auf dem niedrigsten Niveau geordneter Entropie zu befinden, sieht es so aus, als habe unser Universum seine höchste Stufe entropischer Unordnung erreicht.

Ohne die Anwesenheit der Gravitation oder vielmehr des extrem starken elektromagnetischen Feldes dieser ersten Zeit unseres Universums hätte eine solch hohe Temperatur, die normalerweise mit einer gleich hohen kinetischen Energie assoziiert ist, einen schrecklichen Energiesturm ausgelöst.

Wie wir jedoch an einigen äußerst extremen astrophysikalischen Phänomenen beobachten konnten, sind ein enorm hohes Niveau der Gravitation und mächtige magnetische Felder in der Lage, Energie und Materie unter solch extremen Temperaturen zu bändigen und zu ordnen. Die Energien zu Beginn der Planck-Epoche sind mit nur äußerst winzigen Abweichungen geordnet und bilden später die gravitativ interessanten Ausgangspunkte für Sterne, Galaxien und andere riesige Gebilde unseres Universums.

Nach 13,8 Milliarden Jahren hat sich die Durchschnittstemperatur unseres Universums auf ziemlich kalte 2,7 K reduziert, basierend auf Messungen der kosmischen Mikrowellenhintergrundstrahlung. Da sich der Raum nach wie vor ausdehnt, wird auch seine Durchschnittstemperatur weiterhin abnehmen.

Die logische Schlussfolgerung auf Basis der Entwicklung der Entropie, der flachen Geometrie, der Isolation und der Endlichkeit unseres Universums lautet, dass sein Ende ein Zustand mit maximaler Informationsentropie und vollständigem thermischem Gleichgewicht am oder nahe dem absoluten Nullpunkt sein wird. Indem sie kosmologische Messungen der beschleunigten Expansion der Raum-Zeit, die Abkühlgeschwindigkeit und eine Berechnung der maximalen Informationsentropie, die am absoluten Nullpunkt möglich ist, in Zusammenhang bringen, kommen Wissenschaftler der Einschätzung des wahrscheinlichen Zeithorizonts, bis das Ende unseres Universums eintreten wird, sehr nahe. Trotzdem gibt es noch keinen bekannten physikalischen Mechanismus für die endgültige Auflösung unseres idealen Universums, das heißt, man kann nicht erklären, wie es seine Existenz beenden wird.

Vielleicht wird es wie eine Blase platzen, sobald sich sein innerer Druck dem der umgebenden Atmosphäre angleicht. Wie auch immer, diese Endzeit markiert einen Äquivalenzpunkt, wenn unser Universum seine angehäufte Information, seine Kenntnisse und seine Weisheit in den unendlichen kosmischen Raum entlässt, in den es hineingeboren wurde, in dem es lebte und sterben wird.

Wenn wir diese ungewöhnliche Lebenszeit unseres Universums aus dieser neuen Perspektive betrachten, werden wir es in der Tat nicht länger als beginnend mit einem Urknall sehen, sondern als ob es aus einem »Uratemzug« entstanden ist und sich entwickelt hat. Von jetzt an werden wir es unter diesem Gesichtspunkt beschreiben.

3

Bedingungen

Ursprüngliche Ausgangszustände, die das Ergebnis
von etwas determinieren ...

*Eine der ersten Bedingungen für Glück ist, dass die Verbin-
dung von Mensch und Natur nicht zerstört wird.*

LEO TOLSTOI

Simplizität (Einfachheit), Invarianz (Beständigkeit) und Kausalität
(Ursächlichkeit) sind drei fundamentale Bedingungen für unser ideales Universum. Jeder einzelne Faktor spielt eine wichtige Rolle dabei,
wie sich Raum und Zeit selbst manifestieren und wie die darin ein-
gebettete Information die physische Realität formt.

Die Erkenntnis, welch erstaunlicher Grad an Simplizität der
Komplexität der physischen Welt zugrunde liegt, spiegelt sich häufig
in Versuchen, scheinbar unterschiedliche Phänomene in Einklang zu
bringen. Manchmal findet sich Simplizität in unerwarteten Enthüllungen von Übereinstimmungen und Ergänzungen. Regelmäßig

weist ihre Anwesenheit den Weg des geringsten Widerstands, der sich überall in physikalischen Prozessen zeigt.

Die universelle Bedingung der Invarianz, die beispielsweise konstantes Verhalten oder unveränderliche Zustände bedeutet, erfordert es, dass die Zusammenführung von Raum und Zeit als vierdimensionale Raum-Zeit unveränderlich ist, obwohl Raum und Zeit, wie Einstein entdeckte, jeweils relativ zur Position des Beobachters sind. Deshalb liefern alle Messungen desselben Ereignisses, das durch seine Koordinaten in der Raum-Zeit definiert ist, jedem Beobachter dieselbe Antwort, ganz gleich, welche Position er in Raum oder Zeit einnimmt.

Tatsächlich erfordert die Mathematik der Relativitätstheorie in Wirklichkeit, dass für die Raum-Zeit *alle* physikalischen Gesetze unveränderlich sein müssen. Sie müssen dieselbe Form annehmen ohne Rücksicht darauf, ob sie gerade jetzt in einem Laboratorium der Erde oder auf einem Planeten, der einen Stern in einer anderen, eine Million Jahre entfernten Galaxie umkreist, oder sogar am Rand eines Schwarzen Lochs in einer Milliarde Jahren verifiziert werden.

Die dritte grundlegende Bedingung ist die Kausalität. Diese natürliche Grundvoraussetzung der physischen Welt stellt immer sicher, dass jeder Wirkung eine Ursache zugrunde liegt. Das sagt uns bereits der gesunde Menschenverstand, da es offensichtlich unsere alltäglichen Erfahrungen widerspiegelt; dennoch scheint es, dass viele physikalische Gesetze nicht die Zeit berücksichtigen und damit auch nicht die Vorstellung von Ursache und Wirkung. Wenn wir uns eingehender mit diesem Thema beschäftigen, werden wir herausfinden, dass die Kausalität notwendigerweise in die grundlegende Struktur der Raum-Zeit eingebunden ist.

Diese drei zentralen Bedingungen bestimmen und durchdringen die physische Realität. Wir wollen nun betrachten, wie sie das tun und warum sie zu den wesentlichen Aspekten zählen, die unser Universum in die Lage versetzen, als einheitliche, kohärente Entität zu existieren und sich so zu entwickeln, dass es immer höhere Komplexitätsstufen verkörpert.

SIMPLIZITÄT

Als Erstes wollen wir uns mit der Ansicht Galileo Galileis beschäftigen, dass das Buch der Natur in der Sprache der Mathematik geschrieben sei. Galilei, im 16. Jahrhundert wirkender Astronom, war ein früher Verfechter des kopernikanischen Weltbilds, das besagt, dass die Sonne – und nicht die Erde – im Zentrum unseres Sonnensystems steht.

Die grundlegenden mathematischen Funktionen, die in quantisierten Bits der physischen Welt zugrunde liegen, wurden nicht erfunden, aufgestellt oder von menschlicher Intelligenz kreiert: Sie wurden entdeckt. Und als im wahrsten Sinne des Wortes kosmische Sprache können all die physikalischen Eigenschaften unseres Universums und damit seine alles durchziehende Information in mathematische Begriffe übertragen werden, die ihre Beziehungen, ihre Übertragungen und ihren Fluss beschreiben.

Obwohl jegliche physikalische Realität als Information in der kosmischen Sprache der Mathematik ausgedrückt werden kann, beschreibt nicht jegliche Mathematik diese Manifestation. Die Zeit hat erwiesen und wiederum die Wissenschaftler haben festgestellt, dass die mächtigen und eleganten Gleichungen und Verbindungen, die die physikalische Realität beschreiben, tatsächlich – in freier Wiedergabe von Einsteins Worten – so einfach wie möglich sind, aber auch nicht einfacher.

Sich von der Bedingung der Simplizität leiten zu lassen und ihr dorthin zu folgen, wohin ihre beschreibende Mathematik führt, liefert weitere Einblicke, die unser Verständnis von der Natur unseres idealen Universums bereichern und vertiefen. Unter ihrer Leitung sind wir in der Lage, die augenscheinliche Vielfalt der Phänomene von der tiefen Einfachheit zu unterscheiden, die ihrem Ausdruck zugrunde liegt. Um ein Gefühl dafür zu bekommen, wie wichtig diese Voraussetzung einer natürlichen und universellen Simplizität ist, wollen wir kurz einige Beispiele betrachten.

Gegen Ende des 19. Jahrhunderts untersuchte der schottische Physiker James Clerk Maxwell, ein allseits famoser Zeitgenosse und oft als Vater der modernen Physik bezeichnet, die scheinbar unterschiedliche Natur von Elektrizität, Magnetismus und Licht. Er konnte auf die Forschungen eines der besten Experimentalphysiker seiner Zeit – oder vielleicht sogar aller Zeiten – aufbauen, nämlich auf die von James Faraday, der in den 1830er-Jahren den Prozess der Simplifizierung eingeleitet hatte, als er entdeckte, dass eine bewegte elektrische Ladung ein Magnetfeld hervorruft und dass entsprechend ein bewegtes magnetisches Feld elektrischen Strom generiert.

Dies führte Maxwell zu der Erkenntnis, dass Elektrizität und Magnetismus nicht getrennt voneinander existieren, sondern miteinander verbunden sind wie die beiden Seiten derselben Münze. Indem er sie in den einfachsten mathematischen Begriffen beschrieb, konnte er sie als elektromagnetische Felder zusammenführen. Die Mathematik konnte außerdem zeigen, dass sich elektromagnetische Felder in Wellen mit Lichtgeschwindigkeit durch den Raum bewegen. Maxwell erkannte, dass dies eine Form elektromagnetischer Strahlung darstellt, deren Wellenlängen für uns sichtbar sind.

Aufgrund seiner überzeugenden Darstellung von elektromagnetischen Feldern konnte man die Existenz von Radiowellen und anderen nicht sichtbaren Wellenlängen des elektromagnetischen Spektrums vorhersagen. Deshalb bilden seine Gleichungen nicht nur die Grundlage für unsere globale Datenverarbeitung, Kommunikation und viele andere Technologien, sondern sie liefern auch die Inspiration zu Einsteins späteren revolutionären Einsichten in die grundlegende Natur von Raum und Zeit.

Als sich Einstein zu Beginn des 20. Jahrhunderts mit Maxwells mathematischer Beschreibung von Licht beschäftigte, die zeigte, dass es eine universell gültige festgelegte Geschwindigkeit hatte, erkannte er, dass sich sowohl der Raum als auch die Zeit relativ zur Perspektive eines Beobachters verhalten. Indem er sie in eine vierdimensionale Raum-Zeit integrierte, konnte er die physikalische Realität auf eine unveränderliche Art und Weise beschreiben, die immer die Kausalität bewahrt.

Wo jedoch die Mathematik, die ein Phänomen exakt beschreibt, anscheinend weniger einfach ist, als sie sein könnte, öffnet sich ein Tor zu einem tieferen und zwingenderen Verständnis, das aufdeckt, warum sie so einfach wie möglich, aber *nicht einfacher* ist. Tatsächlich haben in der Geschichte der Wissenschaft solche Erkenntnisse immer darauf hingewiesen, dass das wirkliche Niveau der Simplizität auf das Maß verringert ist, das erforderlich ist, um noch die Existenz und Entwicklung unseres idealen Universums zu ermöglichen. Indem sie die Grenzen der Simplizität auslotet, hat die Wissenschaft gezeigt, dass alles in unserem Universum in seinem elementarsten Wesen einen Zweck erfüllt und nichts verschwendet wird.

Dies illustriert sehr schön eine Gleichung des englischen theoretischen Physikers Paul Dirac, die das Verhalten von Elementarteilchen beschreibt und die ihm in den 1920er-Jahren erlaubte, die Existenz von Antimaterie vorherzusagen, was vier Jahre später bestätigt wurde. Antimaterie hat dieselbe Masse und dieselben Bestandteile wie gewöhnliche Materie, jedoch eine entgegengesetzte elektrische Ladung.

Diracs Gleichungen zeigten, dass am Beginn unseres Universums gleiche Mengen von Materie und Antimaterie geschaffen worden sein mussten, dass jedoch Antimaterie gegenwärtig kaum noch präsent ist. Wenn ein Materie- und ein Antimaterieteilchen zusammentreffen, kommt es zur Annihilation, das heißt, sie vernichten sich gegenseitig in einem Blitz aus reiner Energie. Messungen von Lichtphotonen und Materie innerhalb der kosmischen Mikrowellenhintergrundstrahlung haben gezeigt, dass circa eine Milliardstelsekunde nach dem ersten Moment des Uratemzugs für jede Milliarde Materie-Antimaterie-Paare, die sich gegenseitig zerstörten, ein einziges Materieteilchen entstanden sein muss.

Die laufende Erforschung der Rätsel, warum die anfängliche »Komplikation« aus Antimaterie notwendig war, warum die ursprünglich einfache Symmetrie aus Materie und Antimaterie zerstört wurde und warum nur ein einziges Materieteilchen aus einer Milliarde übrig blieb, kann uns dabei helfen, die grundlegende Frage zu beantworten, warum es noch etwas anderes außer Licht in unserem Universum gibt. Und wiederum wird diese Suche geleitet von dem Prinzip, dass es so einfach wie möglich, aber nicht einfacher sein konnte.

Eine weitere Zusammenführung, die zum Ziel hatte, ein Phänomen zu simplifizieren und dadurch auf einem tieferen Niveau zu verstehen, erreichte der argentinische Physiker Juan Maldacena. Auf einer Konferenz von Stringtheoretikern stellte er im Jahr 1998 eine Arbeit vor, die vom Konzept des holografischen Prinzips inspiriert worden war, für das – wie wir bereits erfahren haben – unter anderen 't Hooft und Bekenstein Pionierarbeit geleistet hatten.[18]

Maldacena hatte entdeckt, dass Quantenfelder als eine Version der M-Theorie (die ihrerseits versucht, Quantentheorie und Relativitätstheorie zu vereinen) neu formuliert werden können, und zwar basierend auf einer holografischen Grenze. Indem er diesen Zusammenhang darstellte, konnte er das holografische Prinzip als eine neue tiefgreifende und revolutionäre Perspektive etablieren, die unter Physikern immer mehr Anerkennung findet. Ein weiterer Vorteil: Damit konnte er außerdem zeigen, wie ein äußerst schwieriges Problem, das lediglich aus einem Blickwinkel betrachtet wird, sich als wesentlich einfacher erweist, wenn es auch von der korrelierenden Seite aus angegangen wird. Allerdings ist sein großartiger Einblick üblicherweise nur bekannt unter dem überaus einfachen Namen der AdS/CFT-Korrespondenzvermutung (Ads = Anti-de-Sitter-Raum, CFT = konforme Feldtheorie).

Wir werden die wichtigsten Entwicklungssprünge, die gewaltigen Auswirkungen und die sich schnell verbreitende Auffassung des kosmischen Hologramms noch im Detail untersuchen, doch für den Moment soll die Feststellung genügen, dass Maldacenas Präsentation von seinen Kollegen so begeistert aufgenommen worden ist, dass sie spontan begannen, ihn mit einem an den Hit »Macarena« angelehnten Tanz zu feiern.

RAUM UND ZEIT

Wir können besser verstehen, wie die beiden anderen fundamentalen Bedingungen, Invarianz und Kausalität, die Existenz und Evolution unseres Weltalls im Bereich großer Skalen beeinflussen, wenn wir zunächst die Natur von Raum und Zeit erforschen, obwohl auch hier die Simplizität unser Führer sein wird.

Dabei werden wir sehen, warum Raum und Zeit relativ zur Perspektive eines Beobachters sein müssen, obwohl sie von Natur aus in die unveränderliche Raum-Zeit eingebunden sind, und wie die Kausalität aufgrund der endlichen und konstanten Lichtgeschwindigkeit stets erhalten wird.

Albert Einstein war sechzehn Jahre alt, als er das erste Mal in einem fiktiven Gedankenexperiment einem Lichtstrahl folgte. Er benötigte jedoch weitere zehn Jahre, bis er in seinem sogenannten Wunderjahr 1905 eine Reihe von bahnbrechenden Entdeckungen veröffentlichte, inspiriert von dem, was er zuerst intuitiv erfasste und was schließlich in seiner Speziellen Relativitätstheorie gipfelte.

Die Spezielle Relativitätstheorie heißt so, weil sie sich darauf beschränkt, den speziellen Fall der Bewegung von Körpern zu beschreiben, die sich in Relation zueinander mit einer *konstanten* Geschwindigkeit bewegen. Wie wir bald sehen werden, benötigte selbst ein Genie wie Einstein weitere zehn Jahre intensiven Nachdenkens, um sein Verständnis auf die sogenannte Allgemeine Relativitätstheorie auszuweiten, welche die Bewegung sich beschleunigender Körper beschreibt. Und auf diesem Weg stellte er nebenbei noch eine neue revolutionäre Gravitationstheorie auf.

Doch um das alles in den Griff zu bekommen, sollten wir zunächst an den Start von Einsteins Entdeckungsreise zurückkehren

und das untersuchen, was ich als eine der wichtigsten Erkenntnisse –
wenn nicht *die* wichtigste – in der Geschichte der Wissenschaft be-
trachte und das unserer alltäglichen Erfahrung vollkommen entge-
gengesetzt ist.

Um zu erklären, wie radikal Einsteins Schlussfolgerungen sind,
müssen wir uns an die in der Schule gelernten Grundlektionen über
die Beziehung zwischen zwei Körpern erinnern, die mit konstanter
Geschwindigkeit unterwegs sind. Konkret beschreibt die Geschwindigkeit eines Körpers, wie schnell er sich in eine vorgegebene Richtung bewegt. Um es so einfach wie möglich zu halten, nehmen wir
an, dass sich die Körper parallel oder gegenläufig zueinander bewegen. Die Bewegungsregeln sagen aus, dass man, um ihre kombinierte
Geschwindigkeit zu berechnen, einfach die eine Geschwindigkeit
von der anderen subtrahieren muss, wenn sie sich in der gleichen
Richtung bewegen, beziehungsweise beide addieren muss, wenn sie
sich in die entgegengesetzte Richtung bewegen.

Wir können dies natürlich selbst wahrnehmen und erfahren,
dazu ein Beispiel: Wir befinden uns in einem Auto und fahren auf
der mittleren Spur einer dreispurigen Autobahn mit konstanter Geschwindigkeit von 65 Kilometern pro Stunde. Auf der rechten Spur
fährt ein langsamer Lastwagen mit circa 60 Kilometern pro Stunde,
während auf der linken Spur ein Sportwagen mit circa 70 Kilometern pro Stunde unterwegs ist.

Unsere Relativgeschwindigkeiten zu bestimmen ist einfach. Die
Relativgeschwindigkeit zwischen unserem Auto und dem langsa-
meren Lkw beziehungsweise dem schnelleren Sportwagen beträgt
jeweils 5 Kilometer pro Stunde. Und die Relativgeschwindigkeit
zwischen dem Lkw und dem Sportwagen ist 10 Kilometer pro
Stunde.

Auf der anderen Seite des zentralen Mittelstreifens fährt ein Wagen in die entgegengesetzte Richtung mit der gleichen Durchschnittsgeschwindigkeit von 65 Kilometern pro Stunde. Obwohl wir durch den Mittelstreifen voneinander getrennt sind, beträgt unsere Relativgeschwindigkeit enorme 130 Kilometer pro Stunde, da sich in diesem Fall die Geschwindigkeiten addieren.

All das stimmt noch völlig mit unserem gesunden Menschenverstand überein, sodass wir uns als Fahrer darüber kaum bewusst Gedanken machen, wenn wir uns in den Verkehr einfügen. Einstein entdeckte jedoch, dass sich das Licht nicht in diesem Sinn verhält, und zwar erkannte er das, als er peinlich genau der Logik von Maxwells elektromagnetischen Gleichungen folgte; und er musste schließlich anerkennen, dass sich weder der Raum noch die Zeit so verhielt.

Um den nächsten Schritt zu machen, was das Verständnis von Einsteins Entdeckungen und ihren Folgen betrifft, müssen wir zuerst definieren, was wir in unserem alltäglichen Beispiel mit unserer Geschwindigkeit von 65 Kilometern pro Stunde meinen, mit der wir auf der Autobahn unterwegs sind.

Der Tachometer, der uns anzeigt, wie schnell wir fahren, misst die Bewegung des Autos in Relation zur Straße und damit zur Erde. Unsere übliche Wahrnehmung ist, wenn wir still stehen, dass sich die Erde in Relation zu uns selbst nicht bewegt: Ansonsten würde uns schnell ziemlich schwindlig werden. Es ist unerlässlich, dass unsere Wahrnehmung einen stationären Bezugspunkt bildet, nicht nur für unseren Wagen und alle anderen Wagen auf der Autobahn, sondern für alle Objekte auf oder knapp über ihrer Oberfläche.

Widmen wir nun unsere Aufmerksamkeit wieder Einsteins Gedankenexperiment, bei dem er sich vorstellte, wie es sein würde, auf einen Lichtstrahl zu, von ihm weg oder an ihm entlang zu laufen. Wie wir gesehen haben, hatte Maxwell einige Jahre zuvor erkannt, dass Licht eine elektromagnetische Welle ist. Im Wesentlichen zeigen seine Gleichungen zur Beschreibung elektromagnetischer Felder, dass innerhalb eines vorgegebenen Mediums, beispielsweise im Raum oder in Wasser, die Lichtgeschwindigkeit immer konstant ist. Obwohl das Licht im Vakuum des Raumes schneller und in allen anderen Medien langsamer unterwegs ist, bleibt seine Geschwindigkeit innerhalb eines jeden Mediums unverändert.

Allerdings lassen die Gleichungen keine Schlussfolgerungen zu, *im Vergleich wozu* die konstante Lichtgeschwindigkeit gemessen wird. Dieses »Wozu« ist ungewöhnlich, wenn wir es in Begriffen unserer Alltagsexperimente betrachten, bei denen die Geschwindigkeit stets innerhalb eines Bezugssystems gemessen wird.

In unserem früheren Beispiel wurde die Geschwindigkeit der Fahrzeuge auf der Autobahn im Vergleich zum festen stationären Bezugssystem unserer Erde gemessen. Doch das trifft nicht für das Licht zu, das sich durch unser Universum bewegt; deshalb benötigt man für die Messung von Licht, das sich auf die gleiche Art und Weise verhält, eine universelle Standardbezugsgröße.

Seit vielen Jahren wurde ein alles durchdringender Äther vorgeschlagen, und zwar nicht nur, um als unbewegliche Bezugsgröße zu dienen, sondern auch um ein damit verbundenes Rätsel zu lösen: Durch welches Medium bewegt sich das Licht im offensichtlichen Vakuum des Weltalls? Trotz zahlreicher Versuche ist es den Wissenschaftlern zu Einsteins Zeit (und auch seitdem) nicht gelungen, das Rätsel zu lösen.

Zunächst wollen wir uns das einfachere der beiden Rätsel anschauen: Durch welches Medium bewegt sich das Licht im Weltall?

Bis Einstein – und noch ohne Ahnung von Maxwell – hatten Physiker angenommen, Licht benötige irgendeine Art von Medium, durch das es sich ausbreiten könne. Als mechanische Welle benötigt der Schall irgendein Medium, wie beispielsweise Luft oder Wasser, um sich auszubreiten; entsprechend lautet der berühmte Spruch aus dem Film *Alien:* »Im Weltraum hört dich niemand schreien.«

Die Durchlässigkeit für sichtbares Licht (und alle anderen Wellenlängen) von elektromagnetischen Feldern benötigt keins dieser Medien, weil Licht, wie Einstein erkannt hat, eine Schwingung des elektromagnetischen Feldes ist und das elektromagnetische Feld selbst das Medium *ist,* allgegenwärtig durch die Raum-Zeit.

Die größere Herausforderung und dementsprechend die wesentlich aufschlussreichere Entdeckung entspringt Einsteins Versuch, das andere Rätsel zu lösen: Was ist die universelle Bezugsgröße für Licht? Als Einstein in seinem Gedankenexperiment einem Lichtstrahl folgte, erkannte er zu seinem Erstaunen, dass dessen konstante Geschwindigkeit bedeutete, dass sie für *jede Art von* Bezugssystem konstant ist, ganz gleich, wie man sie wählt. Im Grunde genommen wird die Geschwindigkeit immer gleich sein, egal wo und wie sie gemessen wird.

Wenn man diese Tatsache unserer alltäglichen Erfahrung gegenüberstellt, ist das außergewöhnlich.

Um uns klarzumachen, wie unerwartet diese Entdeckung war, wollen wir ein weiteres Alltagsexperiment betrachten. Stellen Sie sich vor, wir reisen in einer dunklen Nacht mit einem Zug, und ein anderer Zug fährt an uns vorbei. Da wir die Landschaft um uns herum nicht sehen und damit als Bezugssystem nehmen können, während die zwei Züge aneinander vorbeifahren, sind wir auch nicht in der Lage zu bestimmen, ob ein Zug still steht – oder eventuell sogar beide. Wir könnten auch die absolute Geschwindigkeit der beiden Züge ohne einen stationären Bezugspunkt nicht einschätzen. Alles, was wir messen könnten, wäre die *relative* Geschwindigkeit der beiden Züge.

Wenn an der Spitze jedes Zuges ein Spiegel montiert wäre, könnten wir von unserem Zug eine Serie von Lichtsignalen aussenden und die schrittweise verkürzten Zeitabstände messen, die sie benötigen, um den Spiegel des anderen Zuges zu erreichen, daran abzuprallen und zurückzukehren.

Nehmen wir an, dass der entgegenkommende Zug mit einer Geschwindigkeit von 65 Kilometern pro Stunde fährt und unser Zug (ohne dass wir es wissen) still steht, dann würden wir 65 Stundenkilometer als Geschwindigkeit des entgegenkommenden Zuges messen. Wenn unser Zug jedoch mit einer Geschwindigkeit von 40 Kilometern pro Stunde fährt (wiederum ohne dass wir es wissen), würden wir berechnen, dass sich der andere Zug mit einer Geschwindigkeit von 105 Kilometern pro Stunde nähert. Und dennoch bleibt in beiden Fällen die Geschwindigkeit des entgegenkommenden Zuges die gleiche.

Wenn unsere beiden Züge auf parallel verlaufenden Gleisen in dieselbe Richtung führen (wobei am Ende des anderen Zuges ebenfalls ein Spiegel angebracht ist), könnten wir zwar wiederum die Relativgeschwindigkeit von 25 Kilometern pro Stunde messen, allerdings keine Aussage darüber treffen, mit welcher absoluten Geschwindigkeit die beiden Züge unterwegs sind.

Nun stellen Sie sich anstatt eines Zuges einen Lichtstrahl vor, der sich auf uns zubewegt, natürlich wesentlich schneller. Wenn wir unsere eigene Geschwindigkeit außen vor lassen, werden wir im Gegensatz zu einem herannahenden Zug oder irgendeinem anderen materiellen Objekt die Geschwindigkeit des Lichts als einen konstanten Betrag messen. Das Gleiche gilt, wenn sich der Lichtstrahl von uns wegbewegt: Unsere Messungen werden ebenfalls exakt dieselbe Geschwindigkeit ergeben, ohne Rücksicht darauf, wie schnell wir selbst uns bewegen.

Wenn sich Licht durch ein Medium wie beispielsweise Luft ausbreitet, ist es langsamer als im Vakuum unterwegs; trotzdem werden die Messungen immer ergeben, dass es sich mit konstanter Geschwindigkeit bewegt. Im Vakuum des Weltraums werden wir die Lichtgeschwindigkeit (abgekürzt c für *konstant* und neuerdings auch für *celeritas,* das lateinische Wort für »Schnelligkeit«) immer an ihrer (universell gültigen) Obergrenze von annähernd 300 000 Kilometern pro Sekunde messen.

Einsteins Schlussfolgerung, dass es im Universum keinen bevorzugten Ort und keine bevorzugte Richtung im Raum gibt und dass alle Inertialsysteme (darunter versteht man diejenigen, die sich mit konstanter Geschwindigkeit relativ zueinander bewegen) einander vollkommen äquivalent sind, zeigt auch, dass die Gesetze der Physik im gesamten Universum dieselben sind.

Das sind gute Neuigkeiten. Ohne die Auswirkungen der konstanten Lichtgeschwindigkeit, beschrieben durch die Relativität von Raum und Zeit, könnten wir keine kosmologischen Theorien entwickeln, die sich auf unser Universum in seiner Gesamtheit beziehen. Licht und seine Konstanz, wie Einstein auch auf tieferen Realitätsebenen entdeckte, versetzen unser Universum in die Lage, als zusammenhängende, einheitliche Entität zu existieren und sich zu entwickeln.

Diese Universalität physikalischer Gesetze hat allerdings noch eine tiefere und unvermeidbare Auswirkung. Einsteins Genie war nötig, um zu erfassen, was die konstante Lichtgeschwindigkeit, die von allen Beobachtern gemessen wurde, bedeutet, nämlich, dass die Geschwindigkeit der Beobachter ihre Beobachtungen und Messungen von Raum und Zeit selbst beeinflusst.

Die Schnelligkeit eines Objekts wird gemessen als die Entfernung, die es zurücklegt, dividiert durch die Zeit, die es dafür benötigt, zum Beispiel 65 Kilometer pro Stunde. Während ein Objekt beschleunigt, stellte Einsteins Spezielle Relativitätstheorie fest, dass die Zeit (beispielsweise gemessen durch eine Uhr) langsamer wird oder dilatiert und dass die Entfernung (beispielsweise eine gemessene Länge) in Richtung der Bewegung sich in perfekter Übereinstimmung verkleinert. Daher bleibt jede Messung der Lichtgeschwindigkeit genau gleich und identisch zu derjenigen irgendeines anderen Beobachters, ohne auf dessen unterschiedliche Vergleichsgeschwindigkeit Bezug zu nehmen.

Diese einander exakt ausgleichenden Beziehungen werden mathematisch durch die elegante Lorentz-Transformation beschrieben, eine Gleichung, die nach dem holländischen Physiker Hendrik Lorentz benannt ist und die ebenfalls auf die Beziehung zwischen Masse und Energie anzuwenden ist. Sie zeigt, dass, wenn ein massereiches Objekt auf Lichtgeschwindigkeit beschleunigt werden könnte, die Zeit stillstehen, seine Länge auf null schrumpfen und seine Masse auf ein unendliches Niveau anwachsen würde. Die Energie, um die Geschwindigkeit des Objekts auf Lichtgeschwindigkeit zu erhöhen, würde ebenfalls unerreichbar endlos, denn kein Objekt irgendeiner Masse kann dies innerhalb der Raum-Zeit erfüllen, und das Licht selbst kann sich nur mit der universellen Höchstgeschwindigkeit c fortbewegen, denn es hat keine Masse.

RAUM-ZEIT

Aufgrund der Relativität von Raum und Zeit messen verschiedene Beobachter dasselbe Ereignis aus unterschiedlichen Perspektiven. Ihre Relativität erhält jedoch die Lichtgeschwindigkeit konstant und ermöglicht es, dass physikalische Gesetze universell gültig sind. Diese endliche und unveränderbare Lichtgeschwindigkeit stellt einen universellen Umrechnungsfaktor dar, der Zeiteinheiten in Raumeinheiten und umgedreht verwandelt. Im wahrsten Sinne des Wortes webt er Raum und Zeit zusammen zu einer vierdimensionalen und unveränderlichen Entität namens Raum-Zeit – eine weitere Enthüllung, dass unser Universum von Natur aus vernetzt ist und als vollkommene Einheit existiert und sich weiterentwickelt.

Um das Konzept einer unveränderlichen Raum-Zeit besser zu verstehen, müssen wir uns zunächst anschauen, wie Entfernungen in der Raum-Zeit gemessen werden. Obwohl sich die meisten von uns für gewöhnlich in ihrem Alltag nicht gerade mit solchen Raum-Zeit-Entfernungen beschäftigen, sind wir dennoch mit einem Begriff vertraut, der genau dies macht: Ein Lichtjahr ist genau die Entfernung, die das Licht in einem Jahr in einem Vakuum zurücklegt.

Wenn man die Lichtgeschwindigkeit mit der Zeit multipliziert, erhält man die Entfernung. Dementsprechend ist unser nächster Stern, die Sonne, acht Lichtminuten entfernt, wohingegen Andromeda, die nächstgelegene Nachbargalaxis unserer Milchstraße, bereits mehr als 2,5 Millionen Lichtjahre weit weg ist.

Da innerhalb der Raum-Zeit nichts die Lichtgeschwindigkeit überschreiten kann, sehen wir, wenn wir Sonnenlicht betrachten, im Grunde genommen die Sonne, wie sie vor acht Minuten war; wenn wir durch ein Teleskop schauen, um die beeindruckende Andromeda-Galaxie zu betrachten, sehen wir sie, wie sie vor mehr als 2,5 Millionen Jahren aussah.

URSACHE UND WIRKUNG

Aufgrund der sehr speziellen flachen Geometrie des Raumes in unserem Universum können wir die Grundsätze der Geometrie, die wir in der Schule gelernt haben, nicht nur zur Ableitung von Entfernungen innerhalb der Raum-Zeit heranziehen, sondern damit auch eine mathematische Basis finden, wie die Natur der unveränderlichen Raum-Zeit sicherstellt, dass alle Ereignisse innerhalb unseres Universums immer in einem ursächlichen Zusammenhang stehen.

Aufgrund der Relativität von Raum und Zeit können sich verschiedene Beobachter jeweils korrekt aus ihrer eigenen Perspektive heraus streiten, ob zwei Ereignisse an verschiedenen Orten gleichzeitig stattfinden oder nicht. Wenn sie jedoch als Ereignisse in der kombinierten Raum-Zeit angesehen werden, löst sich jede Unstimmigkeit auf, da jeder Beobachter mit seinen Messungen zum selben Ergebnis kommt.

Ein alternativer Ansatz für das Verständnis, warum die Kausalität in unserem Universum unantastbar ist, besteht darin, einen tieferen Blick auf die Natur der Zeit selbst zu werfen, was wir als Nächstes tun werden.

WAS IST EIGENTLICH ZEIT?

Wir haben vor Kurzem festgestellt, dass die Entropie unseres Universums auf ihrer niedrigsten Stufe begann – im Hinblick auf die

Information: auf der einfachsten, die möglich war. Da die Entropie seit dieser Zeit zwangsläufig angewachsen ist, wird der Zeitbegriff zum sogenannten Zeitpfeil, das heißt, die Zeit erhält eine
Richtung.

Wir haben außerdem begonnen zu erforschen, wie Kosmologen
die Raum-Zeit immer mehr als Pixelierung auf der Planck-Skala ansehen und wie der Raum, im Gegensatz zu unserer offensichtlichen
Erfahrung von drei Dimensionen, stattdessen auf der Ebene der
Information als integrierte Raum-Zeit und als zweidimensionale holografische Grenze dargestellt werden kann, wo jeder Bereich der
Planck-Skala eine Informationseinheit verkörpert. Wir haben gesehen, dass die Kombination aus der unvermeidbaren Zunahme der
Informationsentropie und einer derartigen holografischen Annäherung an die Raum-Zeit erfordert, dass sich der Raum selbst ausdehnt.

Die damit zusammenhängende Schlussfolgerung im Hinblick
auf die Zeit bringt uns auf einer anderen Route als der, die Einstein
zur Speziellen Relativitätstheorie genommen hat, wieder zurück zur
natürlichen Erhaltung der Kausalität. In Begriffen der Information
ausgedrückt: Ein ursächliches Ereignis enthält stets weniger Information als die Wirkung, die von ihm erzielt wird, weil die Wirkung
sowohl ihre Ursache als auch ihre Folgen berücksichtigen muss. Darüber hinaus bedeutet der unvermeidliche Fluss von Entropie, dass
unser Universum für alles, was auf die Planck-Zeit von 10^{-44} Sekunden folgt, mehr Information umsetzt, da die Vergangenheit die
Gegenwart informiert, die ihrerseits wiederum die Zukunft informiert. Deshalb ist die Kausalität zu allen Zeiten innerhalb der
Raum-Zeit von Bedeutung, vom Beginn bis zum Ende unseres Universums.

Tatsächlich können wir jetzt die Natur der Zeit, so wie sie im Reich der Physik erfahren wird, im Grunde genommen als den Informationsfluss von Entropie ansehen.

NICHTLOKALITÄT

Trotz immer raffinierterer Ansätze haben es die meisten Wissenschaftler weitestgehend aufgegeben zu versuchen, die Lichtgeschwindigkeit innerhalb der Raum-Zeit zu übertreffen und dadurch Einsteins Erkenntnis zu widerlegen, dass sie eine universelle Geschwindigkeitsbegrenzung für die Übertragung von Information in unserem Universum darstellt.

Dennoch haben Quantenphysiker in den letzten Jahren einen Aspekt des Phänomens der Nichtlokalität herangezogen, um Quantencomputer zu entwickeln, die möglicherweise dazu in der Lage sind, gewaltige Datenmengen wesentlich schneller zu verarbeiten, als es unsere heutige Technologie erlaubt.

Nichtlokalität, die Einstein bekannterweise als »spukhafte Fernwirkung« verspottete, war eine offensichtliche Konsequenz der Quantentheorie, die er niemals akzeptierte. Im Jahr 1964 jedoch konnte der nordirische Physiker John Stewart Bell durch einen präzisen, nach ihm benannten mathematischen Beweis zeigen, dass Nichtlokalität erforderlich ist, um alle physikalischen Eigenschaften der Quantentheorie abzubilden.

In den 1970er-Jahren dann begann man mit Experimenten, die zum Ziel hatten, Nichtlokalität zu bestätigen, und 1982, fast dreißig Jahre nach Einsteins Tod, gelang es Alain Aspect und seinen Mitarbeitern an der Université d'Orsay, ihre Existenz schlüssig zu beweisen.[19]

Nichtlokale Verbindung wird häufig anhand von Paaren von Zwillingsteilchen auf Quantenebene dargestellt, die sich wie eine singuläre Entität verhalten – ein Effekt, der als Verschränkung bezeichnet wird. Wenn man die beiden trennt und anschließend den Zustand eines Teilchens des verschränkten Quantenpaares ändert, wird das andere *unmittelbar* seinen eigenen Zustand ebenfalls so ändern, dass es den seines Zwillings spiegelt, unabhängig davon, wie weit die beiden in Raum und Zeit entfernt sind.

Wenn man eines oder beide Teilchen des Quantenpaars beobachtet und dadurch Informationen über sie gewinnt, verändert oder zerstört man ihren Zustand der Verschränkung. Im Jahr 2014 gelang einem Team von Physikern der Universität Genf im sogenannten Quantenteleportations-Experiment eine bemerkenswerte Leistung, die zusätzlich die Bedeutung des quantenphysikalischen Phänomens der Verschränkung in Bezug auf die Information hervorhob.

Als Erstes schufen sie ein verschränktes Photonenpaar. Ein Teilchen wurde über ein Glasfaserkabel circa 25 Kilometer vorangetrieben, während das zweite in einem Kristall am Ursprungsort verblieb. Ein drittes, nichtverschränktes Photon wurde anschließend losgeschickt, um mit dem ersten zu kollidieren, wodurch beide ausgelöscht wurden.

In diesem Augenblick tritt die Quantenteleportation auf den Plan. Die *Information,* die in diesem dritten, nichtverschränkten Photon enthalten ist, wurde nicht zerstört, sondern auf den Kristall übertragen, in dem sich das übrig gebliebene zweite Photon des ursprünglich verschränkten Paares befand.

Félix Bussières, der Hauptautor des wissenschaftlichen Berichts, in dem dieses Experiment beschrieben wird, erklärte dazu, dass »der Quantenzustand der beiden Elemente des Lichts, dieser zwei verschränkten Photonen, die wie zwei siamesische Zwillinge sind, ein Kanal ist, der die Teleportation von Licht in Materie ermöglicht«.[20] Durch dieses Experiment konnte gezeigt werden, dass die *Information* über den Zustand der Photonen den Vorrang besitzt und von grundlegenderer Bedeutung ist als ihre physikalische Umsetzung.

Weitere Experimente bewiesen Schritt für Schritt, dass das Phänomen der Verschränkung auch über die Größenordnung der Planck-Skala hinausgeht. Im Jahr 2011 schaffte es ein Team der Universität Oxford unter der Leitung von Ka Chung Lee und Michael Sprague, das die Versuche zunächst mit verschränkten Photonenpaaren und Photonentriplets begann und später sogar auf Elektronen und große Moleküle ausweitete, den Quantenzustand von kleinen Diamanten, die jeweils die Größe eines Ohrsteckers hatten, bei Raumtemperatur zu verschränken.[21] In einem milliardenfach größeren Bereich als dem der Planck-Skala und bei einer Temperatur, die in unserem Alltag vorherrscht, zeigt eine solche Verbindung, dass sie in der Makrowelt und in den Größenbereichen, in denen die Relativitätstheorie ebenfalls gilt, Realität ist.

Auf jeden Fall konnten diese Experimente zeigen, dass sowohl die Quantenmechanik als auch die Relativitätstheorie insofern zutreffen, als dass, obwohl solche nichtlokalen Verbindungen real sind und die Beschränkungen von Raum und Zeit überwinden, tatsächlich keine Information *innerhalb* der Raum-Zeit übertragen wird und die universelle Höchstgeschwindigkeit des Lichts davon unberührt bleibt.

Wie komplizierte technische Untersuchungen jedoch gezeigt haben, ist Verschränkung lediglich ein Vorläufer der universellen Nichtlokalität, die, wie Bells Theorem von der Nichtlokalität kausaler Systeme verdeutlicht, grundlegend für *alle* Phänomene ist, die von der Quantentheorie vorhergesagt und mittlerweile auf überwältigende Weise durch Experimente bestätigt wurden.

INTEGRATION

In Kombination mit der unveränderlichen Natur der Raum-Zeit bietet uns die universelle Nichtlokalität einen fundierten Nachweis, dass unser Universum grundsätzlich eine einheitliche Entität bildet, gestützt und durchdrungen von Information. Die universelle Höchstgeschwindigkeit des Lichts stellt sicher, dass Information innerhalb der Raum-Zeit bis zu einer konstanten und endlichen Grenze übertragen wird, sodass die Kausalität weiterhin gilt und unser Universum in der Lage ist, Erfahrungen zu machen und sich zu entwickeln.

Dennoch sorgt die natürliche Anwesenheit von Nichtlokalität dafür, dass die holografische Grenze, die im Wesentlichen die Informationsgrundlage bildet, die das Erscheinungsbild der physischen Welt bestimmt, vollständig integriert ist. Diese neue Sichtweise bietet außerdem einen alternativen Ansatz, um die sehr spezielle und dennoch wesentliche Natur der flachen Geometrie der Raum-Zeit und das unglaubliche Niveau von Homogenität in unserem Universum zu verstehen.

Anstatt »ein Problem« zu sein, von dem man im Allgemeinen angenommen hatte, es würde durch die frühe inflationäre Phase gelöst – obwohl es keine überzeugende Erklärung gibt, wie ein solcher Mechanismus auftreten konnte, wie er enden wird, wie er sich scheinbar unaufhaltsam auf unendliche andere Universen auswirkt, die dauerhaft daraus hervorgehen, und, ganz entscheidend, obwohl es keinen Nachweis für solche Vorgänge gibt –, wurde die Prämisse der Inflation ein Standbein der Kosmologie.

Die neue Sichtweise des Universums als Hologramm bietet jedoch noch eine weitere Annäherung an die Realität universeller Flachheit und Homogenität, die keinen inflationären Prozess erforderlich macht. Wenn wir in Betracht ziehen, dass alles, was wir als physische Realität unseres Universums bezeichnen, von einer integrierten holografischen Grenze ausgeht, dann ist eine flache Geometrie als Informationsbasis für das Auftauchen der Raum-Zeit codiert, und universelle Nichtlokalität stellt das erforderliche Niveau an Homogenität sicher, von dem aus evolutionäre Prozesse entstehen können. Solch fein abgestimmte Information hat im wahrsten Sinn des Wortes unser ideales Universum von seinem Anfang an gebildet, und sie wird bis zu seinem Ende so weiter verfahren.

Für den Moment haben wir gesehen, dass die unantastbare Raum-Zeit, verbunden mit universeller Nichtlokalität, die natürliche Simplizität, Invarianz und Kausalität erschafft, welche die grundlegenden Bedingungen darstellen, damit unser ideales Universum immer höhere Stufen der Komplexität erklimmen und Selbstwahrnehmung entstehen kann.

4

Zutaten

Dinge, die miteinander kombiniert werden, um etwas
Größeres zu schaffen ...

Der Ehrgeiz eines hervorragenden Kochs muss darin bestehen,
etwas sehr Gutes mit so wenigen Zutaten wie möglich zu schaf-
fen.

URBAIN DUBOIS

Es gibt nur eine einzige Zutat, aus der unser ideales Universum geformt wurde: Information, ausgedrückt als Energie, die in entropischen und nichtentropischen Prozessen wirkt.

Wie wir gesehen haben, nimmt die Informationsentropie während der Lebensdauer unseres Universums zu. Die als Energie zum
Ausdruck gebrachte Information wird jedoch nicht nur universell
erhalten, während sie kontinuierlich ihre Formen wechselt, sondern
die flache Geometrie des Raumes bringt es mit sich, dass innerhalb
der Entität der Raum-Zeit der kombinierte Gesamtbetrag aus positi-

ven oder abstoßenden und negativen oder anziehenden Energien immer genau null ist.

Wir werden als Nächstes die wirklich fantastischen Wechselwirkungen untersuchen, mit deren Hilfe sich die verschiedenen Energieformen unseres Universums in unzähligen Möglichkeiten vereinen, um die sichtbare Welt auf der Basis von Information zu bilden und zu entwickeln. Auf diesem Weg werden wir mehr über das Gleichgewicht zwischen Energie und Materie sowie den Begriff der Masse und der Gravitation herausfinden und wie sie mit der Raum-Zeit zusammenwirken; und wir werden mehr über die geheimnisvolle dunkle Materie und dunkle Energie erfahren.

Im Wesentlichen werden wir erörtern, wie verschiedene neu aufgekommene Theorien versuchen, Quantenmechanik und Relativitätstheorie zu vereinen, indem sie anscheinend alle fordern, die Zahl der räumlichen Dimensionen von den drei, mit denen wir vertraut sind, auf eine einzige Dimension zu reduzieren, die mit der Zeit kombiniert werden soll, um eine grundlegende zweidimensionale Raum-Zeit zu bilden – ein weiteres Anzeichen für die holografischen Grundlagen der physischen Realität.

WAS IST ENERGIE?

Obwohl die Energie in unserem idealen Universum viele Formen annehmen kann, lassen sich all diese Formen ineinander überführen, gehorchen alle der universellen Erhaltung in der Raum-Zeit und gleichen sich alle auf null aus. Außerdem nimmt jeglicher Energiefluss den Weg des geringsten Widerstands.

Ein Beispiel: Die elektromagnetische Strahlungsenergie der Sonne, die hauptsächlich im Frequenzbereich des Spektrums des sichtbaren Lichts liegt, wird auf der Erde von Pflanzen in chemische Energie umgewandelt und in Verbindungen wie Zucker und Stärke gespeichert. Wenn wir pflanzliche Nahrung zu uns nehmen, zerlegt unser Verdauungsapparat diese größeren Molekülverbindungen und wandelt die enthaltene chemische Energie in andere Formen um, beispielsweise in elektrische Energie, die unser Nervensystem steuert, und mechanische Energie, die es uns ermöglicht, dass wir uns bewegen können.

Mitunter werden auch Wärme und Arbeit (die Anwendung von Kraft, um etwas in Bewegung zu versetzen, beispielsweise eine Keule zu schwingen oder einen Ball zu treffen) fälschlicherweise als Energieformen angesehen. Stattdessen handelt es sich in Wirklichkeit um Prozesse, bei denen die Energie eines Systems übertragen oder auf irgendeine Weise verändert wird; dabei spielt der zeitliche Ablauf eine Rolle, und es handelt sich genau genommen um den Fluss von Entropie.

Auch wenn diese Unterscheidung etwas geheimnisvoll erscheint, ist sie dennoch sehr wichtig für unser Verständnis, und zwar nicht nur, was Energie ist, sondern auch, wie sie das Konzept der Entropie ergänzt. Wie wir gesehen haben, können die Eigenschaften von Energie und Entropie in Begriffen des Ersten und Zweiten Hauptsatzes der Information, die zusammen die grundlegenden Anweisungen für die Bildung der physischen Welt liefern, verstanden und neu definiert werden.

Wo auch immer Information durch die unzähligen Formen, die Energie einnehmen kann, ausgedrückt wird, wird sie universell erhalten; wohingegen Information durch entropische Prozesse ausgedrückt wird, nimmt sie mit der Lebensdauer des Universums ständig zu.

GLEICHWERTIGKEIT ZWISCHEN ENERGIE UND MATERIE

Als wohl berühmteste Gleichung der Welt gilt die von Einstein auf-
gestellte Formel, in der er das Verhältnis von Energie und Materie
beschreibt: $E = mc^2$; dabei steht E für Energie, m für Masse und c^2
für die Lichtgeschwindigkeit im Quadrat.

Nehmen wir an, dass die Größe von c^2 gewaltig ist, dann zeigt die
Gleichung, welch unglaubliche Menge an Energie in der Materie
steckt. Ein Beispiel: Die Energie in einem halben Kilogramm Materie könnte, wenn sie vollständig freigesetzt wird, ein Jahr lang den für
eine mittelgroße Stadt wie Nottingham in Großbritannien oder Aus-
tin in Texas notwendigen Strombedarf liefern.

Obwohl Einstein auf die Gleichwertigkeit von Energie und Materie gekommen ist, als er die Relativität von Raum und Zeit erkannte und sie zu einer unantastbaren Raum-Zeit zusammenschloss, ist
sie ebenso eine unvermeidliche Konsequenz aus der universellen Erhaltung von Energie und Impuls und der flachen Geometrie des
Weltraums. Wie wir gesehen haben, erkannten die ersten Quantenphysiker, dass als Konsequenz der ihnen innewohnenden Wellen-
form-Natur und Gleichwertigkeit *jegliche* Energie und *jegliche* Materie
eine Schwingungsfrequenz besitzen; je höher die Frequenz, desto
größer die Energie. Deshalb sind Röntgenstrahlen mit kleineren
Wellenlängen und hohen Frequenzen viel energiereicher als Radiowellen mit größeren Wellenlängen und niedrigeren Frequenzen. Und
das Gleiche gilt für Materie: Wenn wir voraussetzen, dass Materie
und Energie gleichwertig sind, dann kann sie ebenfalls hinsichtlich
ihrer Frequenz beschrieben werden.

Die Gleichung, die das definiert, lautet: $E = hv$. E steht für die
Energie eines Teilchens (oder eines physikalischen Systems) und er-

gibt sich aus der Multiplikation von h, der sogenannten Planck-Konstanten (auch als Planck'sches Wirkungsquantum bezeichnet) – einer Naturkonstanten, die die Dimension der Wirkung repräsentiert, das heißt, wie Energiepakete im Lauf der Zeit im Bereich der Planck-Skala agieren –, und v, seiner Frequenz. Deshalb kann *alle* Energie, ganz gleich, ob man sie eine Form von Energie oder abgeleitete Materie nennt, mit dieser universellen Gleichung beschrieben werden, die im wahrsten Sinn des Wortes so einfach wie möglich ist.

Und schließlich, da Materie jederzeit in energetischen Begriffen und Energie noch grundlegender in Begriffen der Information neu definiert und beschrieben werden können, liefert zwangsläufig auch Materie Information in der Natur.

WARUM IST MATERIE VON BEDEUTUNG?

Ohne Masse würde sich alles innerhalb der Raum-Zeit mit der kosmischen Höchstgeschwindigkeit c bewegen, wie es beispielsweise masselose Lichtphotonen tun. Die Lorentz-Transformationen beschreiben, dass sich die Zeit verlangsamt, sobald sie sich der Lichtgeschwindigkeit nähert, sodass die Zeit bei dieser universellen Höchstgeschwindigkeit im wahrsten Sinne des Wortes stillsteht.

Dieselben Lorentz-Transformationen zeigen auch, dass die Masse eines Objekts, wenn es beschleunigt wird, bei Erreichen der Lichtgeschwindigkeit unendlich groß wird: eine Unmöglichkeit, die sicherstellt, dass sich größere Körper innerhalb der Raum-Zeit niemals mit Lichtgeschwindigkeit fortbewegen können.

Der Große Hadronenspeicherring (Large Hadron Collider oder LHC) am CERN, dem Europäischen Kernforschungszentrum, startete im Frühjahr 2015 wieder, nachdem er zwei Jahre lang abgeschal-

tet und überholt worden war. Er widmet sich routinemäßig solchen
relativistischen Effekten. Dank seiner gewaltigen Kraft werden Elementarteilchen so beschleunigt, dass sie nur ein paar Meter pro Sekunde unter der Lichtgeschwindigkeit bleiben; dabei wird sowohl
ihre Masse um ein Vielfaches erhöht als auch ihre Lebensdauer – für
normalerweise äußerst kurzlebige Teilchen – um ein Vieltausendfa-
ches verlängert.

Äußerst wichtig dabei ist, dass die Erhaltung von Masse Dinge
verlangsamt und zusammen mit der Gleichwertigkeit von Masse und
Energie im Wesentlichen den Entropiefluss von Information ermöglicht – und damit die Erfahrung der Zeit selbst innerhalb unseres Universums. Dennoch war viele Jahre lang die Art und Weise, wie
Elementarteilchen Masse erlangen, ein Rätsel, da es in der Quantentheorie keine Anzeichen dafür gab, warum und wie sie so etwas tun
sollten.

Im Jahr 1964 war der britische Physiker Peter Higgs einer von
sechs Theoretikern, die versuchten, eine Antwort auf diese grundlegende Frage zu finden. Er schlug die Existenz eines universellen
Feldes von konstanter Energie vor, das den gesamten Raum durchzieht, Wechselwirkungen mit bestimmten Elementarteilchen eingeht
und diese so mit Masse versieht. Das Feld und sein Mechanismus,
etwas mit Masse zu versehen, wird heute nach Higgs benannt:
Higgs-Mechanismus.

Man schätzt, dass bei den extrem hohen Temperaturen unseres
Universums, die weniger als eine Billionstelsekunde nach dem Beginn der Raum-Zeit herrschten, alle Elementarteilchen masselos waren. Als die Temperatur jedoch sank, durchlief die sinkende Energie
des Higgs-Feldes an einem bestimmten Punkt die sogenannte Phase
der Transition. (Ähnliches passiert, wenn Wasser zu Eis gefriert.)

Dabei fiel das Feld auf seine niedrigste Energiestufe und »fror« von da an diese Energiestufe ein und ebenso das Erzeugen des damit verbundenen Mechanismus, der Materie im Raum-Zeit-Gewebe mit Masse versieht.

Im Jahr 1993 setzte der britische Wissenschaftsminister einen Preis aus (eine Flasche exzellenten Champagners) für die beste nicht-wissenschaftliche Erklärung des Higgs-Mechanismus, der von David Miller vom University College London gewonnen wurde. Er erklärte ihn mit dem Cocktailparty-Effekt. Seither wurde diese Vorlage auch auf andere ähnliche Szenarien übertragen, in die Politiker oder Hollywoodstars involviert sind. Stellen Sie sich ein Zimmer voller Wissenschaftler vor, die eine Party feiern. Wenn eine berühmte Wissenschaftlerin das Zimmer betritt, löst sie einen kleinen Wirbel aus und zieht Bewunderer an mit dem Ergebnis, dass sich ihr Fortschreiten verlangsamt. Sie zieht Masse an aufgrund des Higgs-Feldes aus Schwärmern, die sich um sie scharen. Wenn jedoch eine weniger bekannte Person das Zimmer betritt, wird sie auch weniger Leute anziehen; deshalb ist ihre Wechselwirkung mit dem Energiefeld geringer, und sie wird weniger Masse aufnehmen.

Das Higgs-Feld und der Higgs-Mechanismus sind wesentliche Bestandteile unseres Universums. Sie liefern nicht nur die notwendige Masse, damit sich die Zeit entfalten kann, sondern ohne sie würden Atome sofort auseinanderfallen. Dennoch bedeutet die elektrische Ladungsneutralität des Feldes auch, dass es nicht direkt mit dem universellen elektromagnetischen Feld interagiert, das den gesamten Raum durchzieht. Deshalb bleiben Photonen masselos, was, wie wir bereits gesehen haben, wichtig ist, damit die Eigenschaften des Lichts in der Lage sind, die Raum-Zeit im wahrsten Sinn des Wortes zu verflechten.

Sowohl das theoretische Feld als auch der Mechanismus, bei dem Masse übertragen wird, wurden nach Peter Higgs benannt; trotzdem blieben sie viele Jahre lang lediglich eine theoretische Möglichkeit, da man das Higgs-Feld nur schwer nachweisen kann. Das einzige Mittel dafür, zumindest für die absehbare Technologie, besteht darin, innerhalb des Feldes Anregungen zu kreieren, die laut Voraussage als nachweisbares Elementarteilchen erscheinen: das sogenannte Higgs-Boson. Dieses fungiert als Mediator, der andere Elementarteilchen mit Masse versieht.

Allerdings erfordert die Suche nach dem Higgs-Boson sehr hohe Energien, vergleichbar jenen, die in der frühesten Epoche unseres Universums herrschten, um das Higgs-Feld anzuregen und zu ermöglichen, dass das unglaublich instabile und kurzlebige Teilchen in Erscheinung tritt. Selbst wenn das gelingen sollte, kann man das Higgs-Boson nur indirekt nachweisen anhand des Auftretens von Elementarteilchen mit niedrigerer Masse, die laut Vorhersage bei seinem Zerfall auftreten sollen.

Der einzige Ort auf der Erde, an dem die erforderlichen Bedingungen hoher Energie aktuell erreicht werden können, ist der Teilchenbeschleuniger LHC am CERN. Hier wurde das Higgs-Boson 2012 erstmals entdeckt, indem man hochenergetische Protonenstrahlen aufeinanderschießt und die dabei anfallenden Zerfallspartikel untersucht. Mit einer Masse, die circa 130-mal größer ist als die eines Protons, lag das gefundene Higgs-Boson genau im Bereich der theoretischen Vorhersagen, und seine Entdeckung führte 2013 dazu, dass Peter Higgs und sein Kollege François Englert fast fünfzig Jahre nach ihren bahnbrechenden Erkenntnissen den Nobelpreis für Physik erhielten.

BAUSTEINE

Die Bausteine der hellen Materie sind die Elementarteilchen, die das sogenannte Standardmodell der Quantenphysik aufbauen. Dieses Modell, das in mehr als achtzig Jahren entwickelt wurde, beschreibt sehr genau das Verhalten von Quantensystemen. Signifikant ist, dass es in erster Linie auf empirischen Erfahrungen beruht, die sich aus einer enorm großen Palette von experimentellen Befunden zusammensetzen, und weniger das Ergebnis theoretischer Überlegungen darstellt. Dementsprechend enthält es viele Faktoren, die spezifischen Input in Form von experimentellen Messergebnissen liefern, anstatt aus einem theoretischen Zusammenhang zu entstehen. Daher ist das Standardmodell kaum dazu in der Lage, Vorhersagen zu treffen, die zu künftigen Entdeckungen und tiefer gehenden Einblicken führen könnten. Eingeschränkt durch das Fehlen eines theoretischen Unterbaus und durch mangelnde Vorhersagekraft, ist das Standardmodell unfähig, dunkle Materie zu erklären oder darzulegen, warum die elementaren Bausteine der hellen Materie so sind, wie sie sind.

Als echte Elementarteilchen werden diejenigen bezeichnet, von denen man glaubt, dass sie keine weitergehende innere Struktur aufweisen. Dazu zählen Elektronen und Neutrinos (zusammen werden sie aufgrund ihrer geringen Masse als Leptonen beschrieben) sowie Quarks, aus denen sich die Protonen und Neutronen des Atomkerns zusammensetzen. Dank immer leistungsstärkerer Teilchenbeschleuniger, wie beispielsweise dem Großen Hadronenspeicherring am CERN, die Elektronen und Protonen mit hohen Energien zur Kollision bringen und die dabei entstandenen Partikel untersuchen, ist es gelungen, eine regelrechte Schwemme von mehr als zweihundert

Teilchen zu entdecken. Die große Mehrheit dieser Teilchen besteht allerdings aus zusammengesetzten oder extrem kurzlebigen Entitäten und repräsentiert in Wirklichkeit die höheren Energiezustände oder Kombinationen der grundlegenderen Quarks und Leptonen.

Das Standardmodell kennt zwölf solcher wahrhaft fundamentalen Materieteilchen, die wiederum in drei Familiengruppen mit ähnlichen Eigenschaften eingeteilt werden, wobei jede von zwei Typen von Quarks, Elektronen und Neutrinos gebildet wird.

Vorausgesetzt, dass eine unserer Leitlinien für die Erforschung des idealen Universums die Einhaltung des Grundsatzes ist, dass es so einfach wie möglich sein sollte, aber nicht einfacher, könnten wir uns fragen, warum es zwölf dieser fundamentalen Elementarteilchen gibt.

Die Antwort lautet, dass es bis jetzt niemand wirklich weiß. Es gibt jedoch einige Anhaltspunkte, die sich aus der Betrachtung ihrer individuellen Eigenschaften ergeben. Zwei der zwölf Elementarteilchen sind die sogenannten Up- und Down-Quarks, die dieselbe Masse, aber unterschiedliche elektrische Ladungen aufweisen. Das Up-Quark hat eine positive elektrische Ladung von zwei Dritteln, das Down-Quark eine negative elektrische Ladung von einem Drittel der Elementarladung. Zusammen bilden zwei Up- und ein Down-Quark das positiv geladene Proton. In ähnlicher Weise ergibt die Kombination aus einem Up- und zwei Down-Quarks das ungeladene Neutron (ein ungewöhnlicher Name, der tatsächlich das »auf der Packung angibt, was drin ist«, und auch für Nichtphysiker sinnvoll ist). Ein weiteres Elementarteilchen ist das negativ geladene Elektron, dessen negative Ladung exakt die positive Ladung eines Protons ausgleicht.

Diese drei grundlegenden Elementarteilchen, die Up- und Down-Quarks und das Elektron, repräsentieren den niedrigsten Masse-Energie-Zustand. Wie wir beim Higgs-Feld gesehen haben –

und das ist tatsächlich für alle physikalischen Prinzipien der Fall –, sind solche Erscheinungsformen niedriger Energie mit Abstand am stabilsten und bilden die große Mehrheit der hellen Energie und der hellen Materie in unserem Universum.

Wenn wir eine Analogie aus der Musik verwenden, dann können diese drei Elementarteilchen als die grundlegenden »Noten« der Materie angesehen werden. Zu jedem Teilchen gibt es zwei weitere höher quantifizierte Teilchengenerationen (die sogenannten Charm- und Strange-Quarks, Top- und Bottom-Quarks sowie das Myon und das Tauon), die analog als wesentlich höhere Oktaven derselben Basisnoten verstanden werden können und zusammen neun der zwölf grundlegenden Elementarteilchen bilden.

Die letzten drei fehlenden Elementarteilchen sind drei Arten von Neutrinos. Diese repräsentieren allerdings keine grundlegenden und energetisch höheren Oktaven desselben Teilchens, sondern sie schwingen kontinuierlich und harmonisch zwischen den verschiedenen Zuständen. Um nochmals eine Analogie aus der Musik zu verwenden, sie können als drei Variationen derselben Note gesehen werden: natürlich, erhöht und vermindert.

Jetzt können wir erkennen, dass die zwölf Elementarteilchen des Standardmodells aus einem grundlegenden Elektron und zwei grundlegenden Quarks (und ihren sechs Obertönen) und drei harmonischen Neutrinos bestehen – so einfach wie möglich, aber nicht einfacher.

Wir sind noch nicht ganz fertig mit den Bausteinen von Energie und Materie, denn wir müssen noch die Grundkräfte unseres Universums und die vermittelnden Teilchen betrachten, mit deren Hilfe sie interagieren.

Physiker kennen vier solche Grundkräfte, die auch als fundamentale Wechselwirkungen bezeichnet werden. Die erste ist die
elektromagnetische Wechselwirkung (EM); sie bildet die Grundlage,
dass das Licht überall die Raum-Zeit durchdringt, und ihre Eigenschaften sind entscheidend für den Mechanismus des kosmischen
Hologramms. Die zweite und die dritte sind über extrem kurze Stre-
cken wirkende Kräfte, die für atomare und subatomare Größenordnungen gelten. Die starke Wechselwirkung (starke Kernkraft), die
Protonen und Neutronen in Atomkernen zusammenhält, und die
schwache Wechselwirkung (schwache Kernkraft), die Kernspaltung
und Radioaktivität regelt. In der ersten Epoche des Universums mit
extrem hohen Temperaturen bildeten elektromagnetische und
schwache Wechselwirkung eine Kombination, die man als elektroschwache Wechselwirkung bezeichnete, bis die Energie unter einen
bestimmten Schwellenwert fiel, ihre Symmetrie aufgebrochen und
die beiden Kräfte getrennt wurden.

Die elektromagnetische Wechselwirkung wird, wie wir gesehen
haben, durch das Photon vermittelt. Die starke Wechselwirkung
wird durch Austauschteilchen vertreten, die als Gluonen (ein guter
Name für eine stark anziehende Kraft) bezeichnet werden, die
schwache Wechselwirkung wird durch W- und Z-Teilchen (meiner
Ansicht nach nichtssagende Bezeichnungen) vermittelt.

Nebenbei bemerkt, obwohl das Higgs-Feld, wie wir gesehen haben, Elementarteilchen wie Elektronen und Quarks ihre Masse verleiht, gilt für die zusammengesetzten Teilchen wie Protonen und
Neutronen: Der Großteil ihrer Masse (und damit der Hauptteil der
sichtbaren Materie unseres Universums) stammt tatsächlich aus der
Bindungsenergie der Gluonen, die ihre verbundenen Quarks zusammenhalten.

Um jetzt die Unterschiede zwischen Materie- und Kraftteilchen zu verstehen, müssen wir zuerst eine Komponente betrachten, die allen grundlegenden Materie- und Kraftteilchen innewohnt: Spin. Spin ist das Quantenäquivalent des Eigendrehimpulses, die Rotation, die etwas aufweist, beispielsweise die Erde, die sich um ihre eigene Achse dreht.

Anders als Objekte in einem größeren Skalenbereich, die den Drehimpuls übertragen können (allerdings nur so lang, wie seine Gesamtheit innerhalb eines Systems erhalten bleibt), ist der den Quantenteilchen innewohnende Spin für jedes Teilchen von diesem Typ genau gleich und unveränderbar, ungeachtet dessen, was mit ihm passiert. Jedem Typus von Elementarteilchen ist ein Spin mit einer bestimmten Quantenzahl zugeordnet. Die grundlegenden Materieteilchen (Fermionen) weisen für einen solchen Spin eine Halbzahl auf: $1/2$, $3/2$ und so weiter, während die Kraftteilchen (Bosonen) einen ganzzahligen Spin haben.

Es stellt sich heraus, dass es, wenn die Relativität der Raum-Zeit und die Quantisierung von Energie und Materie mit berücksichtigt werden, tatsächlich nur zwei solche Typen von Elementarteilchen geben kann. Alle Teilchen mit halbzahligem Spin, die die Materie bilden, werden insgesamt als Fermionen (nach dem italienischen Physiker Enrico Fermi) bezeichnet, während die Teilchen mit ganzzahligem Spin Bosonen (nach dem indischen Universalgelehrten Satyendranath Bose) heißen. Der grundsätzliche Unterschied, was den Spin von Fermionen und Bosonen betrifft, liegt darin, dass sich Materie- und Kraftteilchen äußerst verschieden verhalten – und das ist auch gut so, denn anderenfalls würde unser ideales Universum nicht existieren.

Wir haben bereits das Pauli-Prinzip erwähnt, das zwei Fermionen, also Materieteilchen, daran hindert, denselben Quantenzustand einzunehmen. Eine solche Forderung, dass einander ergänzende Nukleonen und Elektronen voneinander getrennt bleiben müssen, hat das gesamte Periodensystem der Elemente hervorgerufen. In der Tat ist es die unterschiedliche Anzahl von Elektronen in den äußeren Orbitalen der Atome, die auf diesem Ausschlussprinzip beruht; dadurch werden die mannigfaltigen Charakteristika und das unterschiedliche Verhalten der verschiedenen Elemente manifestiert.

Jede Zahl von Bosonen desselben Typs kann denselben Zustand einnehmen – beispielsweise, wenn riesige Zahlen von bosonischen Photonen generiert werden, um einen Laserstrahl zu kreieren, in dem der Quantenzustand jedes einzelnen Photons derselbe ist. Das Verhalten von Bosonen ist perfekt für die Kräfte, die unser Universum zusammenhalten: Licht kann beispielsweise gewaltige Mengen an Information einlagern – eine der wichtigsten Eigenschaften eines Hologramms.

Lassen Sie uns noch einmal Analogien aus der Musik und damit verbundene Begriffe wie »Harmonie«, »Resonanz« und »Kohärenz« heranziehen, um das Verständnis zu erweitern, warum es nicht willkürlich ist, dass Elementarteilchen ihre spezifischen Eigenschaften haben – denn, wie wir noch sehen werden, die Entstehung des kosmischen Hologramms und seine holografischen Charakteristika, die überall und in allen Größenmaßstäben die Raum-Zeit durchdringen, verkörpern diese Eigenschaften. Die Analogie mit bestimmten Noten liefert außerdem eine weitere Begründung für die Quantisierung von Energie und Materie, indem sie dafür sorgt, dass sich die unglaubliche Vielfalt, die die kosmische Sinfonie unseres idealen Universums bildet, selbst ausdrücken und entwickeln kann.

DUNKLE DINGE

Nachdem das Higgs-Boson entdeckt worden war, eröffnete man als Nächstes die Jagd, um den Aufbau von dunkler Materie und dunkler Energie zu ermitteln. Wie wir bereits gesehen haben, machen diese beiden zusammen anscheinend erstaunliche 95 Prozent der gesamten Energie und Materie unseres Universums aus.

Dunkle Materie ist nicht nur wichtig, damit sich Galaxien bilden und strukturell stabil bleiben können, sondern sie scheint auch die Hauptrolle für die sogenannte großräumige Struktur des Universums zu spielen. Diese wurde seit Mitte der 1980er-Jahre Schritt für Schritt von Astronomen bei der Beobachtung von Galaxien entdeckt, die im gesamten Weltraum in einem kosmischen Netz aus Filamenten und großen Haufen rund um gewaltige Leerräume angeordnet sind.

Ende 2014 enthüllten Beobachtungen eines europäischen Teams am Very Large Telescope (VLT) in Chile noch mehr erstaunliche Ausrichtungen bei Stichproben einer großen Anzahl von Quasaren, das sind Galaxien mit unglaublich aktiven supermassereichen Schwarzen Löchern in ihrem Zentrum. Man glaubt, dass solche gewaltigen Schwarzen Löcher, die häufig Hunderte Millionen Mal und in manchen extremen Fällen sogar viele Milliarden Mal die Masse unserer Sonne aufweisen, im Zentrum der meisten, wenn nicht aller Galaxien liegen.

Das Team entdeckte nicht nur die Ausrichtung im filigranen kosmischen Netz, in das die Galaxien eingebettet sind, sondern auch, dass die Rotationsachsen der zentralen Schwarzen Löcher erstaunlicherweise parallel zueinander ausgerichtet sind wie eine riesige Perlenkette, und zwar über Milliarden von Lichtjahren hinweg.[22]

Wie wir kürzlich festgestellt haben, sind die heißesten Anwärter, die als Bestandteile der dunklen Materie infrage kommen, die sogenannten schwach wechselwirkenden massereichen Teilchen (WIMPs oder *weakly interacting massive particles*), und Astronomen versuchen, ihre Anwesenheit anhand von Gravitationseffekten nachzuweisen, die sie auf sichtbare Energie und Materie ausüben. Eine Möglichkeit für diesen Nachweis besteht darin, das kosmische Äquivalent eines Zusammenstoßes von Autos zu analysieren, nämlich, wenn Galaxienhaufen – einige der größten Gruppierungen in unserem Universum – ineinanderstürzen. Wie Beobachtungen von sichtbarem Licht und Röntgenstrahlung ergeben haben, scheint ein solcher Zusammenstoß, in den der passenderweise »Bullet Cluster« genannte Galaxienhaufen involviert ist, ihre schattenhafte Anwesenheit zu bestätigen.

Da dunkle Materie vermutlich das Material ist, dessen Gravitationseffekte Galaxien zusammenhalten, nehmen Astronomen bei solchen Zusammenstößen an, dass das sichtbare Material der Galaxien von der dunklen Materie nachgezogen wird. Im Gegensatz dazu verlangsamt sich die sichtbare Materie, wenn interstellare Gaswolken zusammenstoßen, und hinkt deren unsichtbaren Komponenten aus dunkler Materie hinterher.

Während der Bullet Cluster – unter anderen, die bis jetzt überprüft wurden – diesen Vorhersagen entsprach, sorgte eine weitere Kollision von Galaxienhaufen im Jahr 2007 dafür, dass die Astronomen ihre Vorstellungen überprüfen mussten. Die Ergebnisse für Abell 520, einen riesigen Galaxienhaufen im Sternbild Orion, circa 2,4 Milliarden Lichtjahre entfernt, wurden bei ihrer ersten Analyse angezweifelt, denn sie deuteten darauf hin, dass der Kern des Systems reichlich von heißem Gas und dunkler Materie erfüllt ist. Dies wurde anhand von Beobachtungen eines Phänomens erschlossen, das als Gravitationslinseneffekt bekannt ist. Dabei wird das Licht durch die Gravitation großer Massen abgelenkt, ähnlich wie es auch bei einer Linse der Fall ist. Allerdings war es rätselhaft, dass es im Zentrum aus dunkler Materie keine der hell leuchtenden Galaxien gab, die von den Beobachtern an diesem Ort ebenfalls erwartet wurden.

Das Forscherteam schlug einige mögliche Gründe für diese offensichtliche Unregelmäßigkeit vor, einschließlich einer komplexeren Natur der dunklen Materie. Eine spätere, tiefer gehende Analyse mithilfe des Hubble-Weltraumteleskops konnte jedoch zeigen, dass Abell 520 eine Reihe komplizierterer Interaktionen als die bisher erforschten Galaxienhaufen durchlief, und zwar in einem Maß, dass er nun allgemein als »Zugunglück-Galaxienhaufen« bezeichnet wird. Die sorgfältige Untersuchung hat das einheitliche Verhalten von dunkler Materie bestätigt, das anscheinend auch damit übereinstimmt, dass sie aus einer Art von WIMPs in der einfachsten Form besteht, die so ein Teilchen einnehmen kann.

Das Higgs-Boson ist allerdings definitiv kein Kandidat für solch ein schwach wechselwirkendes massereiches Teilchen (WIMP), und das aus einem einfachen Grund: Es ist viel zu instabil. Dunkle Materie fungiert als Materialgrundlage für die Struktur des Universums und muss als solche äußerst stabil sein. Da sie von der frühesten Epoche an existiert, als das Higgs-Feld auf dem niedrigsten Energieniveau »eingefroren« wurde, könnte es jedoch sein, dass die schwach wechselwirkenden massereichen Teilchen der dunklen Materie eventuell Folgeprodukte des Higgs-Bosons aus einem Zerfallsprozess des gesamten Feldes sind.

Eine weitere Möglichkeit, die Anwesenheit von dunkler Materie nachzuweisen, besteht darin, nach der energiereichen Gammastrahlung Ausschau zu halten, die entsteht, wenn zwei dunkle Materieteilchen miteinander kollidieren und sich gegenseitig auslöschen; dabei setzen sie diese energiereichen Photonen frei. Man nimmt an, dass es drei Wege gibt, wie sie produziert werden können, und Ende 2014 gelang es einem Team der University of California Irvine, bei der Beobachtung des Zentrums unserer Milchstraße den Nachweis für alle drei zu führen.[23] Diese und andere Forschungsarbeiten behaupten, dass es dort und tatsächlich auch in den Zentren anderer Galaxien eine hohe Konzentration dunkler Materie gibt.

Zu Beginn des Jahres 2015 legte eine Forschergruppe vom Harvard-Smithsonian-Zentrum für Astrophysik ihre Ergebnisse vor: Bei der Überprüfung einer elliptischen Galaxis fanden sie einen direkten Zusammenhang zwischen der Menge der dunklen Materie in einer Galaxie und der Größe des supermassereichen Schwarzen Lochs in ihrem Zentrum.[24] Dies liefert nicht nur ein weiteres Beweisstück dafür, dass die dunkle Materie die galaktische Struktur formt, sondern deutet meiner Ansicht nach auch auf etwas viel Entscheidenderes hin. Obwohl umstritten, führt es zu der Frage: Was ist, wenn diese zentralen Schwarzen Löcher, anstatt durch Zerfall von Millionen von stellaren Schwarzen Löchern, die aus sichtbarer Materie gebildet wurden, in Wirklichkeit aus Konzentrationen von dunkler Materie entstanden sind?

Was auch immer die Natur von dunkler Materie sein mag, die Suche danach läuft auf Hochtouren. Eine Fülle von an die Erde gebundenen Experimenten mit Bezeichnungen wie CRESST, CoGENT, DAMA/LIBRA, LUX, XENON oder das LHC am CERN, auf Satelliten gestützte Studien wie DAMPE und PAMELA und sogar die Verbindung eines Netzwerks aus dreißig GPS-Atomuhren suchen nach potenziellen Unregelmäßigkeiten dunkler Materie im

Netzwerk der Raum-Zeit selbst. Alle arbeiten mit Höchstgeschwindigkeit, um diesen Hauptbestandteil unseres Universums zu identifizieren, was immer auch dabei herauskommen mag.

Ab Sommer 2015 berichtete die Internetseite der NASA über den Konsens in Bezug auf die dunkle Energie, als man darüber vermerkte: »Es ist mehr unbekannt als bekannt.« Was auch immer die dunkle Energie ist, aufgrund ihrer Energiedichte und ihrer Wechselwirkung mit anderen Energie-Materie-Formen spielt sie eine enorm wichtige Rolle im evolutionären Lebenszyklus unseres Universums.

Ohne sie gäbe es keine Ausdehnungsenergie, um die Anziehungskräfte auszugleichen, die Materie, und zwar sowohl sichtbare als auch dunkle, in die Strukturen des Universums einbinden. Darüber hinaus ist die dunkle Energie notwendig, damit sich der Raum selbst ausdehnen kann – was, wie wir gesehen haben, die Voraussetzung für das kosmische Hologramm bildet, damit es über die Raum-Zeit immer mehr informationelle und somit evolutionäre Komplexität zum Ausdruck bringen kann.

Ein interessanter Anhaltspunkt für die Natur von dunkler Materie und auch dunkler Energie wurde Ende 2014 bei der Untersuchung früherer Beobachtungen anhand von Daten über die kosmische Mikrowellenhintergrundstrahlung des Planck-Satelliten gewonnen, die anscheinend zeigen konnten, dass sich die Bildungsrate großräumiger Strukturen in unserem Universum verlangsamt. Ein Grund dafür könnte sein, dass die dunkle Materie selbst auf irgendeine Weise letztendlich schrittweise in etwas anderes zerfällt. Obwohl jeglicher Zerfall in sichtbare Materie und Energie aus verschiedenen Gründen problematisch ist, präsentierte ein kombiniertes Team aus Mitgliedern der Universitäten von Rom und Portsmouth eine mögliche Lösung: dass dunkle Materie langsam zu dunkler Energie zerfällt.[25] Diese Analyse hat etwas Verlockendes, denn sie zeigt, dass der Zeitrahmen für die zunehmende Geschwindigkeit eines solchen Zerfalls mit dem Zeitpunkt korreliert, als die dunkle Energie ihre Vorherrschaft antrat und die Expansion unseres Universums begann, sich zu beschleunigen.

Ein entscheidender Punkt, um zu ermitteln, ob eine solche Umwandlung von dunkler Materie in dunkle Energie möglich ist, liegt in dem Verständnis, wie die gravitativ anziehend wirkende dunkle Materie sich auf irgendeine Weise in die gravitativ abstoßend wirkende dunkle Energie verwandeln kann. Und da beide mit sichtbarer Energie und Materie nur aufgrund der Gravitation in Wechselwirkung treten, könnte ein Verständnis der Natur der Gravitation auf einer tieferen Ebene sehr wohl zu logischen Einblicken in Bezug auf diese beiden Schattenseiten der Realität unseres Universums führen.

VIRTUELLE TEILCHEN?

Bevor wir uns der Gravitation widmen, müssen wir uns mit einer Behauptung beschäftigen, die zu den umstrittensten in der gesamten Physik zählt: der energetischen Natur des Weltraumvakuums. Ich hätte dieses Thema gern vermieden, aber es steht unter Physikern und Kosmologen nach wie vor unausgesprochen im Raum. Deshalb müssen wir, wenn wir es verstehen wollen, wie alle wahren Wissenschaftler dorthin gehen, wohin uns der Nachweis führt – wo auch immer das sein mag und welche theoretischen Denkgebäude auch immer wir dafür einreißen müssen.

Grundsätzlich liegt das Problem darin, dass die Quantenfeldtheorie anscheinend eine Vakuumenergiedichte vorhersagt, die den gesamten Weltraum durchzieht (manchmal auch als Nullpunktenergie oder ZPE für *zero point energy* bezeichnet) und die nicht mit den tatsächlich gemessenen Werten in Größenordnungen von 10^{120} (ja, Sie lesen richtig!) übereinstimmt. Diese gigantische Differenz, die manchmal »die Vakuumkatastrophe« genannt wird, wurde auch als die schlechteste theoretische Voraussage in der Geschichte der Physik angesehen.

Das Problem ist jedoch, dass dies nicht nur eine ernsthafte und bis jetzt ungelöste Peinlichkeit für Physiker darstellt, sondern dass die unangebrachte Prämisse eines äußerst energiereichen Vakuums durch massive Spekulationen vorangetrieben wird, sowohl hinsichtlich der unbekannten Energie, die unser Universum durchdringt, als auch was die Suche nach den sogenannten Freie-Energie-Technologien betrifft, die den Ersten und den Zweiten Hauptsatz der Information verletzen.

Unter einem anderen Namen ist die wirkliche Nullpunktenergie die dunkle Energie in ihrer wahrscheinlichsten Form einer kosmologischen Konstanten, die für die beschleunigte Expansion des Universums verantwortlich ist und die sich, wie wir bereits gesehen haben, wenn sie alle anderen Formen von Energie und Materie in unserem Universum, das heißt sichtbare und dunkle, einschließt, über ihre Lebensdauer hinweg zu null aufaddiert.

Deshalb ergibt das gigantische Ausmaß der Nullpunktenergie, das von der Quantenfeldtheorie behauptet wird, in Wirklichkeit überhaupt keinen Sinn. Wenn nämlich die Nullpunktenergie viel energiereicher wäre, als sie tatsächlich ist, dann wäre unser Universum bereits in dem Moment seiner Entstehung auseinandergerissen worden. Kehren wir deshalb in den Bereich der Wissenschaft zurück, um zusätzliche Klarheit zu bekommen. Denn die Quantenfeldtheorie »sagt« eine solch gewaltige Vakuumenergie nur »voraus«, wenn zwei Grundvoraussetzungen zutreffen, die jedoch, wie sich gezeigt hat, immer unwahrscheinlicher werden.

Die erste Vermutung ist, dass sich die Quantisierung von Energie und Materie nur für Bereiche von der Größenordnung der Planck-Skala eignet. Dennoch entwickelt sich die Ansicht, dass es eher die Pixelierung der Raum-Zeit im Bereich dieser Skala ist, die die holografische Natur und den Informationsgehalt unseres Universums zum Vorschein bringt.

Die zweite Vermutung ist, dass Vakuumenergie in irgendeiner Weise Auswirkungen auf die Gravitation hat. Immerhin könnte man überprüfen, ob dieser Fall zutrifft, denn der enorm hohe vermutete Wert für die Nullpunktenergie würde dazu führen, dass sie mit den anderen Energie-Materie-Formen unseres Universums in ähnlich hoher Weise interagiert, was bis jetzt nicht durch Beobachtungen gestützt wird.

Als eine Möglichkeit, um die zugrunde liegenden Wechselwirkungen zu erklären, vermutet die Quantenfeldtheorie die universelle, allgegenwärtige Existenz von sogenannten virtuellen Teilchen, die kontinuierlich gebildet und wieder zerstört werden als Teilchen-Antiteilchen-Paare, deren Wechselwirkungen mit »realen« Teilchen zu dem unsinnigen 10^{120}-Wert für die Nullpunktenergie beitragen. Obwohl ihre Beteiligung an vielen subatomaren Prozessen gut dokumentiert ist, erzeugt die Beschreibung solch vermeintlicher Störungen als virtuelle Teilchen bei vielen Physikern eine Gänsehaut, denn ihre vorübergehende Existenz ist viel differenzierter.

Die Vakuumkatastrophe entsteht demnach, weil die Quantenfeldtheorie, wie bereits erwähnt, Quanteneffekte im Bereich der

Planck-Skala vermutet und auch die Anwesenheit von virtuellen Teilchen über ihre Beteiligung an subatomaren Wechselwirkungen hinaus in der Form ausweitet, dass sie den gesamten Weltraum durchdringen und ihre allgegenwärtige Energieverteilung im Vakuum dramatisch erhöhen.

Wir haben gesehen, dass die erste Vermutung falsch ist; und die Physiker sind dabei, die zweite zu überdenken. Die vermutete universelle Präsenz solch virtueller Teilchen, die zu dem astronomisch (buchstäblich!) hohen und falschen Wert für die Nullpunktenergie geführt hat, beruhte auch darauf, dass man unterstellte, sie sei für eine Reihe von Phänomenen verantwortlich, für die jedoch auch andere Erklärungen zutreffen können.

Eines, das häufig angeführt wird, ist der Casimir-Effekt. Er tritt auf, wenn auf zwei parallel und sehr eng zueinander platzierte leitfähige Metallplatten im Vakuum eine Kraft einwirkt, die sie noch weiter zusammendrückt. Anstatt die Nullpunktenergie als Ursache anzunehmen, könnte eine alternative Ursache, wie sie der Teilchenphysiker Robert Jaffe vom Massachusetts Institute of Technology 2005 vorgeschlagen hat, in den relativistischen Wechselwirkungen von elektrostatischen Kräften mit kurzer Reichweite zwischen elektrischen Ladungen und Strömen liegen, die als Van-der-Waals-Kräfte bezeichnet werden.[26]

Im Jahr 2010 schlugen Stanley Brodsky und sein Team vom SLAC National Accelerator Laboratory in Kalifornien vor, das gesamte Konzept einer universellen Verbreitung virtueller Teilchen zu überarbeiten, indem man einen Zweig der Quantenfeldtheorie, die Quantenchromodynamik (QCD), überprüft.[27] Die Quantenchromodynamik postuliert in der Theorie, dass ein See aus Quarks und Gluonen, also den Teilchen, aus denen Protonen und Neutronen bestehen, den gesamten Weltraum durchzieht, die ständig und virtuell auseinander hervorgehen.

Stattdessen vertraten Brodsky und seine Kollegen, dass ein solches Verhalten auf die inneren Strukturen subatomarer Teilchen beschränkt ist, was – wenn es sich als richtig erweisen würde – die Vakuumkatastrophe um eine hilfreiche Größenordnung von 10^{45} reduzieren würde. Es liegt noch ein weiter Weg vor uns, bevor die »schlechteste Vorhersage der Wissenschaft« endgültig aussortiert werden kann. Doch wenn dies passiert, dann ist es sehr wahrscheinlich, dass das neue Verständnis des kosmischen Hologramms einen wichtigen Wegweiser zu einer entsprechenden Lösung darstellen wird.

UNIVERSELLES GESETZ DER ANZIEHUNG

Wir haben jetzt drei der vier fundamentalen Naturkräfte unseres idealen Universums besprochen, und es ist an der Zeit, dass wir uns mit der vielleicht geheimnisvollsten unter ihnen beschäftigen: der Gravitation.

Wie wir gesehen haben, betrachtete Einsteins Spezielle Relativitätstheorie von 1905, obwohl sie eine grundlegend neue Auffassung von Raum-Zeit und der Gleichwertigkeit von Energie und Materie vorstellte, lediglich das Verhalten von Objekten, die sich im Ruhezustand befanden oder mit einer konstanten Geschwindigkeit bewegten. Nach zehn Jahren intensiver Forschung stand Einstein am 2. Juni 1915 am Rednerpult im weiträumigen Hörsaal des Treptow-Observatoriums in Berlin. Fast ein Jahrhundert später stehe ich an derselben Stelle und kann beinahe seine Stimme hören, wie er zum allerersten Mal in der Öffentlichkeit seine Spezielle Relativitätstheorie verkündet. Einstein verallgemeinerte relativistische Ansichten, um sich beschleunigende Objekte einzubeziehen, erkannte, dass Beschleunigung und Gravitationseffekte identisch sind, und leitete eine weitreichende Revolution ein, indem er zeigte, wie Energie und Materie auf dynamische Weise eine Verkrümmung der Raum-Zeit selbst verursachen.

Am Tag nach seinem Vortrag berichtete die lokale Zeitung, dass seine Zuhörerschaft »relativ groß« war – wahrscheinlich sollte dies kein Wortspiel sein. Wenn wir davon ausgehen, dass seine allgemeine Theorie zu diesem Zeitpunkt noch nicht vollständig abgeschlossen war, ist es bemerkenswert, dass er sich entschied, seine Ansichten zuerst in einem öffentlichen Vortrag vor einem Laienpublikum zu äußern, anstatt – wie er es einige Zeit später getan hat – sie mit seinen wissenschaftlichen Kollegen zu erörtern.

Als beliebter Vergleich, wie ein massiver Körper die Raum-Zeit krümmt, wird häufig die Betrachtung eines großen Trampolins herangezogen. Wenn ein Kind darauf hüpft, wird die Matte nur in geringem Maße gedehnt; wenn es sich dagegen um einen schweren Erwachsenen handelt, ist der Druck viel größer. Daher kann in der sogenannten Gravitationswelle unseres Sonnensystems ein ankommendes Objekt wie beispielsweise ein Komet eingefangen werden, normalerweise durch die gewaltige Massenanziehung unserer Sonne, aber gelegentlich auch durch die eines der Planeten. Dies passierte dem Kometen Shoemaker-Levy 9, als er von den Gravitationskräften des Jupiters eingefangen wurde, in mehrere Stücke zerbrach und im Juli 1994 auf dem Planeten aufschlug.

Die Konsequenz solch einer Krümmung aufgrund von Gravitationskräften ist das Phänomen des freien Falls; das heißt, ein Objekt fällt buchstäblich »frei«, ohne dass eine Kraft auf es einwirkt, entlang eines Weges, der die lokale Krümmung der Raum-Zeit reflektiert. Deshalb folgt ein Objekt, das sich in den Tiefen des flachen Weltraums bewegt, einer geraden Linie. Umgekehrt fällt ein Astronaut, der sich auf einer festen Umlaufbahn um die Erde befindet, tatsächlich in einer stetigen Kreisbahn gemäß der Krümmung der Raum-Zeit aufgrund der Erdgravitation. Und jemand, der auf der Erdoberfläche steht, würde in Richtung Erdmittelpunkt fallen, wenn er nicht von den viel stärkeren Abstoßungskräften zwischen seinen Fußsohlen und dem Erdboden davon abgehalten würde – eine Folge des Pauli'schen Ausschlussprinzips.

Das heißt, die Allgemeine Relativitätstheorie sieht die Gravitation weniger als eine fundamentale Naturkraft an, sondern eher als eine Konsequenz aus der Tatsache, dass Energie und Materie die Geometrie der Raum-Zeit krümmen: Diese Ansicht unterscheidet sich sehr von derjenigen, wie sich die elektromagnetische, die starke und die schwache Wechselwirkung manifestieren und wie sie durch ihre quantifizierten Bosonen vermittelt werden.

Es ist dieser Unterschied, der die seismische Spannungslinie zwischen der Relativitätstheorie und der Quantentheorie bildet. Viele Jahre lang versuchte die Wissenschaft ohne Erfolg, eine Lösung aus dieser ausweglosen Situation zu finden, indem sie das hypothetische Eichboson einer Quantentheorie der Gravitation namens »Graviton« postulierte. Von ihrer Seite sagt die Relativitätstheorie voraus, dass Ereignisse mit enorm hohen Gravitationskräften, wie beispielsweise die Explosion einer Supernova, Gravitationswellen auslösen, die Rippen im Netz der Raum-Zeit bilden.

Dennoch erwies sich das Aufspüren von Gravitationswellen als unheimlich schwierig, obwohl das Studium des Hulse-Taylor-Pul-

sars, bei dem zwei Neutronensterne einen gemeinsamen Massen-
schwerpunkt umkreisen, Veränderungen der Umlaufdauer zusammen mit einem Energieverlust durch Gravitationswellen zeigen
konnte, wie es von der Allgemeinen Relativitätstheorie vorhergesagt
worden war. Diese Wellen zu entdecken blieb bis Februar 2016 eine
Herausforderung, als Wissenschaftler einen historischen Durchbruch verkünden konnten: Dies gelang mithilfe von Messungen an
den LIGO (LIGO = *Laser Inferometer Gravitational-Wave Observatory)*,
die Daten aus zwei parallelen Anordnungen vergleichen, die sich annähernd 3000 Kilometer voneinander entfernt in Louisiana und Washington befinden.

Die Wissenschaftler waren in der Lage, die Erzeugung von Gravitationswellen aus der gewaltigen energetischen Verschmelzung
zweier riesiger Schwarzer Löcher in circa 1,3 Milliarden Lichtjahren
Entfernung aufzuzeichnen, die im Lauf der Zeit, bis sie die Erde
erreichten, stark abgeschwächt wurden.[28] Obwohl diese außerordentliche technologische Leistung letztendlich Einsteins Vorhersage
über die Natur der Raum-Zeit bestätigt, bietet sie dennoch keinen
Einblick in das mögliche Vorhandensein oder Nichtvorhandensein
eines assoziierten Quantenteilchens, nämlich des Gravitons, das von
Quantenphysikern postuliert wird.

In den kommenden Jahren werden fortschrittlichere Experimente auf der Erde und im Weltraum durchgeführt werden, wie beispielsweise mit dem Erprobungssatelliten LISA (Laser Interferometer Space Antenna) Pathfinder, dessen Messgeräte ausreichend
empfindlich sind, um auch sehr schwache Signale zu empfangen.
Während die Einschränkungen durch die elektromagnetische Strahlung verhindern, dass' wir die Raum-Zeit jenseits der Grenze von
380 000 Jahren nach dem Urknall überprüfen, als das Weltall durch-

sichtig und für Strahlung durchlässig wurde, können wir das Potenzial der noch vorhandenen Gravitationswellen nutzen, um noch weiter zurückzuschauen bis in die früheste Epoche unseres Universums. Wie aufregend!

HOLOGRAFISCHE UND ENTROPISCHE GRAVITATION

Eine der faszinierendsten Auswirkungen des kosmischen Hologramms sind Überlegungen, wie es mit der Gravitation in Zusammenhang steht. Wenn man die Gravitation als eine neue Konsequenz der informationellen und holografischen Struktur der Raum-Zeit behandelt, scheint es, dass man damit eine wörtlichere Darstellung der Allgemeinen Relativitätstheorie anbietet, als wenn man sie als eine der vier Naturkräfte betrachtet und zu erklären versucht, weshalb es den Physikern bis jetzt noch nicht gelungen ist, die Gravitonen zu entdecken, die hypothetischen Eichbosonen der Gravitation. Obwohl hier viele Untersuchungen noch nicht abgeschlossen sind, könnte ein solches Konzept vielleicht auch erklären, warum die Gravitation um so vieles schwächer ist als die anderen drei fundamentalen Naturkräfte.

Diese Sichtweise, dass sowohl Gravitation als auch Beschleunigung im Allgemeinen eine Folge der informationellen und entropischen Natur der Raum-Zeit sein könnten, geht zurück auf die frühen Arbeiten aus den 1970er-Jahren über die Informationsentropie Schwarzer Löcher. Im Jahr 1995 konnte Ted Jacobson in den USA mathematisch zeigen, dass die Kombination aus Überlegungen zur Entropie und der Äquivalenz von Gravitation und Beschleunigung zu Einsteins Feldgleichungen führt.[29] Später entdeckte der indische Kosmologe Thanu Padmanabhan ebenfalls die zunehmend klare

Verbindung zwischen Gravitation und Entropie. Gravitation als ein neu auftauchendes entropisches Phänomen wurde jedoch erst ein ernsthaftes Diskussionsthema unter den Physikern um das Jahr 2010, als der holländische theoretische Physiker Erik Verlinde darüber eine Studie veröffentlichte.[30] Darin beschreibt er Gravitation auf einer universellen Skala als entropische Kraft, als eine Konsequenz aus der Information, die mit den Positionen materieller Körper in der Raum-Zeit assoziiert ist.

Nach einer Reihe von Modifikationen, die Verlinde selbst und andere an seiner Idee vorgenommen hatten, gelang es 2012 Tower Wang, einem Physiker an der East China University in Shanghai, eine Zahl solcher modifizierter Ansätze zu vereinheitlichen und zu zeigen, dass sie, obwohl er bestimmte Aspekte einschränken musste, mit Einsteins Feldgleichungen im Einklang stehen.[31]

Aus einem anderen Blickwinkel stimmen einige offensichtlich unterschiedliche Theorien zur Quantengravitation darin überein, dass sich auf dem Niveau der Planck-Skala alle quantifizierten Felder und Teilchen anscheinend so verhalten, als sei der Raum eindimensional, und dass sie, wenn er mit der Zeit kombiniert ist, eine zweidimensionale holografische Raum-Zeit bilden.

Die Reduktion der Dimension gemäß diesem Konzept tauchte erstmals 2005 auf, als Renate Loll und ihre Kollegen an der Universität von Utrecht einige Computersimulationen durchführten, um ihre Vorstellungen von sogenannten kausalen dynamischen Triangulationen (CDT oder *causal dynamic triangulation)* zu überprüfen, die beschreiben, wie sich Teilchen voneinander wegbewegen. Im Bereich der Planck-Skala konnten die Simulationen zeigen, dass sich die Teilchen so verhalten, als würden sie sich in einer solchen zweidimensionalen Raum-Zeit bewegen.[32]

Andere Theorien zur Quantengravitation wie die Schleifenquantengravitation (auch als »Loop-Quantengravitation« [LQG] bezeichnet) und die sogenannte Hořava-Quantengravitation, die 2009 von dem tschechischen theoretischen Physiker Petr Hořava vorgestellt wurde, kommen ebenfalls zu dem Ergebnis, dass sich Teilchen in einer zweidimensionalen Raum-Zeit bewegen.[33] Auch für die Stringtheorie gilt bei hohen Temperaturen im Bereich der Planck-Skala, dass sie sich entropisch verhält, als ob die Raum-Zeit zwei Dimensionen hätte.

Sie scheinen alle in dieselbe Richtung zu führen: zu einer holografischen Natur der Raum-Zeit und der Gravitation als ein neu auftauchendes entropisches Phänomen.

Obwohl wir noch ziemlich am Anfang stehen, kommen mehr und mehr auch Versuche in Gang, die anderen fundamentalen Naturkräfte auf der Basis der Entropie neu zu etablieren. Im Jahr 2010 weitete Peter Freund an der Universität Chicago Verlindes Hypothese einer entropischen Gravitation aus und schlug vor, dass alle Energie- und Materiekraftfelder entropisch beschrieben werden können.[34] Und ein Jahr später, 2012, erreichten Zhe Chang, Ming-Hua Li und Xin Li von der chinesischen Akademie der Wissenschaften eine offensichtlich gute Anpassung, als sie anhand von Beobachtungsdaten eine mögliche Vereinheitlichung von dunkler Materie und dunkler Energie innerhalb eines modifizierten entropischen Kräftemodells vermuteten.[35]

In den nächsten Jahren wird sich zeigen, ob sich eine dieser Theorien als richtig erweist, doch das Auftreten dieser unerwarteten Übereinstimmungen deutet stark darauf hin, dass die Physiker kurz vor dem Ziel stehen, etwas Grundlegendes und äußerst Signifikantes über die informationelle und holografische Natur unseres Universums herauszufinden.

Rezept

Eine Möglichkeit, Dinge zu kombinieren, sodass etwas Besonderes daraus entsteht …

Das Rezept für immerwährende Ignoranz lautet: Sei zufrieden mit deinen Meinungen und deinem Wissen.

ELBERT HUBBARD

Wenn wir den Anweisungen folgen, die vom ersten Augenblick der Raum-Zeit an codiert sind, und die grundlegenden Bedingungen und kosmischen Zutaten berücksichtigen, die wir bereits kennengelernt haben, so fehlt uns immer noch ein genaues Rezept, um diese informationellen Komponenten zu kombinieren, damit unser Universum in der Weise existieren und sich entwickeln konnte, wie es das getan hat.

Der beste Beweis, den wir bisher haben, legt deutlich nahe, dass unser Universum in einem idealen Gleichgewicht entstanden ist. Die kontinuierliche Erhaltung einiger seiner ursprünglichen Symmetrien ist, wie wir noch sehen werden, unerlässlich dafür, dass die Gesetze der Physik unveränderbar sind und bestimmte grundlegende Eigenschaften bewahrt werden.

Etliche andere ursprüngliche Symmetrien waren allerdings von Natur aus instabil und wurden sehr rasch gebrochen. Dennoch sind auch solche Symmetriebrechungen grundlegende Voraussetzungen für die Bildung und die Evolution unseres idealen Universums, da sich daraus die energieeffizienteste und somit stabile Nichtsymmetrie ergibt.

Der präzise Aufbau von Symmetrien und die Asymmetrien, die sich aus ihren Brechungen ergeben, sind wesentliche Komponenten des Rezepts für unser ideales Universum; dennoch gibt es noch weitere wichtige Anforderungen, wie wir im Folgenden sehen werden: die außerordentlich spezifische Feinabstimmung zwischen Energie und Materie sowie Wechselwirkungen, die die Raum-Zeit durchdringen.

SYMMETRIE

Im alltäglichen Sprachgebrauch schließt der Begriff der Symmetrie ein Gefühl für Harmonie und Gleichgewicht mit ein. Wir schätzen Symmetrie beispielsweise in der »zu Stein gewordenen Musik« gotischer Architektur, in der Schönheit von Blüten und in den feinen Variationen von Schneeflocken. Wenn menschliche Gesichtszüge ein Übermaß an Symmetrie aufweisen, so haben Meinungsumfragen gezeigt, steht das für Offenheit und Freundlichkeit.

In mathematischen Begriffen jedoch wird Symmetrie zwar auf eine ähnliche, aber viel spezifischere Art und Weise betrachtet, und in der Physik nutzt man das Konzept, um die Invarianz bestimmter

Komponenten von etwas zu beschreiben – zum Beispiel eine linear-oder rotationssymmetrische Bewegung (physikalisch gesprochen eine Translationssymmetrie) im Raum oder durch die Zeit.

Wenn man beispielsweise zwei identische Experimente aufbaut, eines auf der Erde und ein zweites auf einem Planeten auf der entfernten Seite unserer Milchstraße, müssten die Ergebnisse beider Experimente identisch sein. Mit anderen Worten: Es gelten die gleichen physikalischen Gesetze, denn sie sind unveränderlich.

Und tatsächlich, wenn man die beiden Experimente wiederholte, sobald die Erde oder der weit entfernte Planet teilweise um ihre Achse rotiert wären und die Experimente damit wirklich eine Rotationstranslation durchlaufen hätten, würden die Ergebnisse immer noch die gleichen sein. Und schließlich, wenn die beiden Experimente, anstatt räumlich getrennt, zu unterschiedlichen Zeiten ausgeführt würden – ganz gleich, ob das eine auf irgendeine Weise unter den extremen Bedingungen in den ersten Momenten unseres Universums und das andere in der heutigen Zeit auf der Erde oder sogar auf einem entfernten Planeten irgendwann in der Zukunft umgesetzt würde –, dann würden trotzdem immer noch die gleichen physikalischen Gesetze gültig sein, und auch die Ergebnisse würden gleich sein.

Die Invarianz der Raum-Zeit und daraus resultierend der Gesetze der Physik unter solch linearen, rotationsmäßigen und zeitlichen Umsetzungen stellt eine wesentliche Symmetrie für die Existenz unseres Universums dar – unberührt und ungebrochen vom ersten bis zum letzten Moment.

Vielleicht kommt Ihnen folgende Antwort auf diese Erkenntnis in den Sinn: »Ja, und? Natürlich sind sie unveränderlich.« Doch Physiker neigen dazu, ein misstrauischer Haufen zu sein; sie wollen Be-

weise und theoretische Absicherungen, warum dies der Fall sein
sollte. Einer deutschen Mathematikerin, Amalie »Emmy« Noether,
gelang es, die Antwort zu finden und der Physik eines ihrer mäch-
tigsten Konzepte und Werkzeuge an die Hand zu geben, um die
grundlegende Ordnung und Balance der physischen Welt zu erkennen.

Emmy Noether zählt, obwohl sie kaum bekannt ist, zu den bedeutendsten mathematischen Genies des 20. Jahrhunderts. Sie wurde 1882 geboren, zu einer Zeit, als eine akademische Karriere für
Frauen noch weitgehend ausgeschlossen war. Nachdem sie 1903
zum Studium zugelassen worden war, promovierte sie 1907 in Mathematik. Anschließend konnte sie acht Jahre lang nur unbezahlte
Stellen als Forscherin bekommen. Im Jahr 1915 deutete Einsteins
gerade veröffentlichte Allgemeine Relativitätstheorie auf tiefgreifende Symmetrien in der Beziehung zwischen Raum, Zeit und Gravitation hin, doch es waren weitere Arbeiten notwendig, um diese Erkenntnisse bekannt zu machen.

Die beiden angesehenen Mathematiker David Hilbert und Felix
Klein, die Noethers Fähigkeiten erkannt hatten, luden sie ein, sich
ihrem Team an der Universität Göttingen anzuschließen. Selbst
dann mussten verschiedene Regelungen zurechtgebogen werden,
um ihren Eintritt in die Universität zu ermöglichen, und sie musste
die erste Zeit wiederum auf einer honorarfreien Stelle arbeiten.
Letztendlich wurden die Vorschriften ein wenig gelockert, sodass sie
ein kleines Stipendium bekam, das aber immer noch ein Almosen
war im Vergleich zu dem, was sie in Wirklichkeit leistete.

Hilbert schrieb später in seinen Memoiren, dass er versucht
habe, eine bessere Stelle für sie zu bekommen, weil er sich schämte,
»solch eine bevorzugte Position neben ihr einzunehmen, wo er

durchaus wusste, dass sie ihm in vielerlei Hinsicht als Mathematikerin überlegen war«.

Noethers enormer Beitrag bestand darin, dass sie als Erste einen
Zusammenhang zwischen Symmetrie und Invarianz mathematisch
beweisen konnte. Dabei entdeckte sie eine noch bedeutendere Verbindung, als ihr der Nachweis gelang, dass es für jede universelle
Symmetrie eine universelle Menge gibt, die erhalten wird – eine
Schlussfolgerung, die in dem Theorem mündet, das heute nach ihr
benannt ist.

Der mathematische Beweis ist gründlich und ausgefeilt und
kommt zu folgendem Ergebnis: Die Translationsinvarianz des Raumes auf linearer Basis führt zur Impulserhaltung und auf Rotations-
basis zur Drehimpulserhaltung. Die Translationsinvarianz der Zeit
führt zur Energieerhaltung.

Ihre Übereinstimmungen, die durch das Noether-Theorem of-
fengelegt wurden, zeigen außerdem, wie es zu einer der bekanntesten Auswirkungen der Komplementarität des Welle-Teilchen-Phänomens kommt: der Heisenberg'schen Unschärferelation. Wie wir
bereits gesehen haben, stellt diese Aussage, mit der die Möglichkeit
beschrieben wird, verbundene Paare mit physikalischen Eigenschaften zu messen – je exakter die Messung des einen Teils ist, desto
weniger exakt wird sie für den komplementären Partner –, eine
Grenze dar, die uns das Universum selbst im Bereich der Planck-Skala auferlegt.

Noether gelang es, mathematisch darzulegen, dass es die grundlegende Verbindung zwischen Symmetrie und Translationsinvarianz
der Raum-Zeit und die daraus resultierende Erhaltung von Energie
und Impuls sind, worauf sich die Heisenberg'sche Unschärferelation
gründet. Das heißt, der Impuls einer Entität und ihre Position im

Raum, ihr Drehimpuls und ihre Rotationsposition im Raum sowie
ihre Energie und die Zeit ihrer Messung hängen alle, wie Noether
zeigen konnte, auf der tiefsten Ebene physischer Realität zusammen.

Es ist diese ursprüngliche Verbindung, die dafür sorgt, dass die
Information des kosmischen Hologramms als Energie und Materie
der Raum-Zeit ausgedrückt wird. Dabei zeigt sich auf subtile, aber
dennoch bedeutsame Weise, dass die Information selbst erhalten
wird, wenn sie in solchen Erhaltungsgrößen eingebettet ist.

Noethers Werk konzentrierte sich auf sogenannte kontinuierliche Symmetrien, bei denen die Symmetrie bei ununterbrochen anhaltender Translation aufrechterhalten wird. So könnten wir beispielsweise, wenn wir die entsprechende Technologie hätten, unsere
Experimente durch Raum und Zeit in einer Reihe von kontinuierlichen Bewegungen verlagern, und die Symmetrien, Invarianzen und
Erhaltungen, die Noether aufgedeckt hat, würden weiterhin bestehen. Obwohl eine kontinuierliche Symmetrie für die Invarianz
der physikalischen Gesetze über die Raum-Zeit hinweg unerlässlich
ist, verwendet unser Universum auch einen zweiten Typus von Symmetrie, die sogenannten diskreten Symmetrien, die ein Entweder-oder-Gleichgewicht in Bezug auf bestimmte Eigenschaften physikalischer Systeme verkörpern.

Diese Eigenschaften, wie beispielsweise elektrische Ladungen,
die entweder positiv oder negativ sein können, sind wichtige Bestandteile von Energie und Materie und bestimmen, wie sie sich verhalten und interagieren. Zum Beispiel bedeutet die diskrete Symmetrie solcher Ladungen, dass für jede Wechselwirkung zwischen
Teilchen und für jeden energetischen Prozess positive und negative
Ladungen in einem idealen Gleichgewicht kreiert und zerstört wer-

den müssen. Dies spielt sich auf jeder Ebene ab, von der Mikrowelt bis zur Gesamtheit unseres Universums, das elektrisch neutral sein muss, um überhaupt existieren zu können.

Unser Universum ist voll von solchen diskreten Symmetrien, wo Eigenschaften gewechselt werden oder die Symmetriepartner einander exakt spiegeln. Eigentlich führen sie An-aus-Spiegelungen durch, deren einfachste Darstellungen die digitalen Informationsbits sind, die die physische Welt durchdringen und manifestieren. Dabei verkörpern sie, genau wie die Bits, das einfachste Mittel, um eine grundlegende Dualität zu symbolisieren, die sich vom Ganzen unterscheiden lässt. Dennoch kann aus ihnen, und das gilt wiederum für Informationsbits, eine riesige Palette an Mannigfaltigkeit entstehen und ausgedrückt werden.

Das Studium der Teilchenphysik hat noch weitere Symmetrien zusätzlich zu den universellen (oder globalen, um bei einem physikalischen Begriff zu bleiben) aufgedeckt, die wir bereits besprochen haben. Diese Symmetrien agieren auf lokaler Ebene (sogenannte Eichsymmetrien). Das ganze 20. Jahrhundert hindurch gingen die Entwicklungen in der Physik schrittweise dahin, physikalische Theorien mit Begriffen aus dem Bereich »Wirkungsfelder« zu beschreiben. Da wir mit den Vorstellungen von elektromagnetischen und Gravitationsfeldern so weit vertraut sind, werden nun alle Quantenphänomene und relativistischen Effekte allgemein mit diesen Begriffen beschrieben.

Ein Hauptaspekt solcher Feldtheorien ist, dass die Felder selbst nicht direkt gemessen werden können, sondern dass wir nur bestimmte ihrer Eigenschaften, die für uns beobachtbar sind, messen können, wie beispielsweise ihre Energie oder ihre Ladungen. Felder können demnach in Begriffen solcher beobachtbaren Größen verstanden werden, deren Wechselwirkungen durch lokale Eichsymmetrien begrenzt werden. Dabei unterscheiden sich die Transformationen von Punkt zu Punkt innerhalb der Raum-Zeit, obwohl das zugrunde liegende Feld in die universelle Symmetrie eingebettet ist.

Stellen Sie sich folgende Analogie zu einer solchen Eichsymmetrie vor: ein Rezept, um einen Kuchen zu backen. Das Rezept selbst repräsentiert das zugrunde liegende Feld, und das benötigte Mehl steht für eine beobachtbare Größe. In Großbritannien wird die Menge an Mehl, die für einen Kuchen benötigt wird, in Unzen gemessen. Wir wollen mal unterstellen, dass diese Einheit universell als Messgröße gilt (ich weiß, ich bin befangen). Für dasselbe (universelle) Rezept würde in Deutschland die gleiche Menge Mehl in Gramm gemessen, und in den USA würde man das Mehl in Tassen abwiegen. Alle drei Messungen gelten für das gleiche Gewicht an Mehl innerhalb desselben universellen Rezepts, aber was die Eichsymmetrie betrifft, so weisen die deutschen und die US-amerikanischen Messgrößen eine von der universellen Einheit (für die in unserem Beispiel die in Großbritannien verwendete Unze steht) verschiedene Umrechnungsrate auf.

Wo auch immer gemessen wird, es wird die gleiche Menge an Mehl gewogen; sie ist unveränderlich und steht für die universelle Symmetrie innerhalb des Rezepts. Allerdings variieren die beobachtbaren Komponenten dieser Symmetrie von Land zu Land aufgrund der Einheiten und des Verhältnisses der Normierung von universellem zu lokalem Niveau.

Indem man solche Eichsymmetrien in Zusammenhang mit tieferen universellen Symmetrien setzte, hatte man ein enorm leistungsfähiges Werkzeug, um profunde Wahrheiten über die grundlegenden physikalischen Kräfte herauszufinden. Beispielsweise beschreibt die Quantenfeldtheorie, wie wir gesehen haben, die Interaktionen von Kräften mithilfe von vermittelnden Elementarteilchen, die als Bosonen (dazu zählen Photonen und Gluonen) bezeichnet werden. Wir können jetzt verstehen, dass ihr Verhalten durch die spezifische Form lokaler Eichtransformationen bestimmt wird, die sie in ihren Wechselwirkungen durchlaufen; deshalb werden sie üblicherweise auch »Eichbosonen« genannt.

Ende der 1940er-Jahre führte das Verständnis der Eichsymmetrien dazu, Spezielle Relativitätstheorie und Elektromagnetismus zu etwas zusammenzuführen, das – die typische Verkürzung durch Physiker – als Quantenelektrodynamik bezeichnet wurde oder noch schicker: QED. Vorausgesetzt, dass die Menschen meiner Generation noch wissen, was dieses Akronym ursprünglich bedeutet – es ist das lateinische *Quod erat demonstrandum* (»Was zu beweisen war«) –, dann ist es letztendlich gar kein so schlecht gewählter Name für den Nachweis einer solch fundamentalen Zutat im Rezept für unser ideales Universum.

Seit ihrer Entdeckung war die Quantenelektrodynamik, die der amerikanische theoretische Physiker Richard Feynman als »das Juwel der Physik« bezeichnete, das Modell für alle bis heute folgenden Feldtheorien. Mit ihrer Basis, die sich auf der Einfachheit der tiefen Symmetrien gründet, hat die QED die Suche nach diesen ausgelöst und war gewissermaßen der Magnet für weitere bahnbrechende Entdeckungen.

SYMMETRIEBRECHUNG

Obwohl die fundamentalen Symmetrien unseres Universums seine gesamte Existenz hindurch unveränderlich bleiben, bauen einige von ihnen direkt auf einer kontinuierlichen Basis auf, während andere als Folge seiner Entwicklung »gebrochen« werden. Wie die Physiker Schritt für Schritt erkannt haben, muss man die zugrunde liegenden Symmetrien von ihren offensichtlich »gebrochenen« Erscheinungen her auffassen, um einen tieferen Einblick in das zu bekommen, was wirklich vor sich geht.

Alle drei fundamentalen Naturkräfte unseres Universums, die starke, die schwache und die elektromagnetische Wechselwirkung, verkörpern Eichsymmetrien, aber sie haben verschiedene Stärken oder Kopplungskonstanten und verhalten sich dementsprechend ziemlich unterschiedlich. Eine zentrale Aufgabe der Physik war der Versuch, sie in einer Großen Vereinheitlichten Theorie (*Grand Unified Theory* oder GUT) zu integrieren. Die Suche fokussierte sich darauf, ihre individuellen Eichsymmetrien in eine einzige größere Symmetrie zu überführen, und zwar auf einem extrem hohen Energieniveau und mit einer einzigen Kopplungskonstante.

Ein großartiger Durchbruch bei der Suche nach einer Großen Vereinheitlichten Theorie gelang 1968, als die theoretischen Physiker Sheldon Glasho, Abdus Salam und Steven Weinberg zeigen konnten, dass Elektromagnetismus und die schwache Wechselwirkung zwei unterschiedliche Aspekte einer kombinierten elektroschwachen Kraft darstellen. Zehn Jahre später wurde diese Theorie experimentell bestätigt unter hohen Energien, die für diese beiden offensichtlich getrennten Kräfte aufgebracht werden mussten, um ihre zugrunde liegende Einheitlichkeit darzustellen.

Um die elektroschwache Kraft eventuell mit der starken Wechselwirkung zu kombinieren, sind jedoch sehr viel höhere Energien erforderlich. Es gibt nur eine einzige Zeit, in der die Energiedichte hoch genug war für eine solche Vereinheitlichung, und zwar sind das die frühesten Momente der Raum-Zeit. Als unser Universum anschließend expandierte und die Temperatur abnahm, führte ein Prozess von Symmetriebrechung und Phasenübergängen zum Auftreten dieser drei unterschiedlichen Zustände derselben größeren Symmetrie, ähnlich wie gasförmige Wassermoleküle sich erst zu Wasserdampf abkühlen, sich dann zu Wasser verflüssigen und schließlich zu festem Eis erstarren.

Das letzte wissenschaftliche Wort ist noch nicht gesprochen hinsichtlich der Frage, wie eine solche Vereinheitlichung tatsächlich funktionieren könnte und welche fundamentale Symmetrie dafür herrschen müsste. Laufende Experimente auf der Erde bleiben weit hinter den Energien zurück, die notwendig sind, um einen direkten Nachweis für die Begründung irgendeiner Großen Vereinheitlichten Theorie oder Einblicke in ihre Funktionsweise zu liefern. Und Versuche, mögliche Auswirkungen einer Großen Vereinheitlichten Theorie direkt zu beobachten, sind ebenfalls fehlgeschlagen.

Immer getreu dem Grundsatz »so einfach wie möglich, aber nicht einfacher« ist es ein weiteres Anliegen, bei dem theoretische Erklärungsversuche die Komplikationen, was das Hinzufügen von zusätzlichen Feldern und Elementarteilchen betrifft, eher verstärken als vermindern. Als Beispiel sei einer der führenden aktuellen Anwärter genannt: Supersymmetrie (SUSY). Dieses theoretische Denkmodell verdoppelt die Zahl der Elementarteilchen, indem es eine Supersymmetrie und wesentlich mehr Materieteilchen als Partner für jedes bekannte Fermion und Boson fordert. Wenn man Supersymmetrie-Teilchen entdeckt und zu den Elementarteilchen des Standardmodells hinzufügt, könnten die drei Kräfte dieselbe Stärke bei Energien der Großen Vereinheitlichten Theorie haben, die Verbindung zwischen den beiden Typen von Elementarteilchen wäre gefunden, und das leichteste vorgeschlagene Supersymmetrie-Teilchen könnte ein ernsthafter Kandidat für das schwach wechselwirkende massereiche Teilchen (WIMP) der dunklen Materie sein.

Die Supersymmetrie könnte dennoch als ein erklärendes Rahmenwerk nach dem Prinzip »so einfach wie möglich« präsentiert werden, und bei solchen Zielsetzungen ist es auch nicht verwunderlich, dass ihre Befürworter daran festhalten, obwohl es problematisch ist, da man bis heute keinen Beweis für solche Supersymmetrie-Teilchen vorlegen konnte, weder durch direkte noch durch indirekte Beobachtung. Und auch das für sie vorhergesagte Energiefenster wurde schrittweise durch Experimente geschlossen.

Ein weiterer führender Anwärter ist die sogenannte SO(10) GUT, deren Bezeichnung sich auf eine spezielle Art von mathematischer Gruppensymmetrie bezieht und die einen äußerst massereichen, aber bis jetzt noch nicht beobachteten Typus von Neutrino vorhersagt – ebenfalls ein ernsthafter Kandidat für das schwach wechselwirkende massereiche Teilchen (WIMP) der dunklen Materie.

Wie auch immer, wir sind gespannt auf die weitere Entwicklung.

Im Gegensatz zu der kontinuierlichen Suche nach einer überzeugenden großen vereinheitlichenden Theorie, die bis heute mehr als vierzig Jahre in Anspruch genommen hat, wurde die ähnlich lange Jagd nach einer weiteren tiefen Symmetrie und ihrer Brechung wenigstens teilweise abgeschlossen, als im Jahr 2012 der Higgs-Mechanismus, wie wir oben bereits gesehen haben, mit der Entdeckung des Higgs-Bosons als seinem Austauschteilchen endgültig bestätigt wurde.

Das Higgs-Feld durchlief nach dem ersten Moment des Uratemzugs spontane Symmetriebrechungen, als die Temperatur der Raum-
Zeit auf eine kritische Schwelle fiel, entsprechend dem niedrigsten
Energieniveau des Feldes; dadurch wurde der Mechanismus ausgelöst, der die Elementarteilchen mit ihrer Masse versah. Dies kann
sehr gut mit einem Phasenübergang verglichen werden, beispielsweise der Umwandlung von Wasser zu Eis.

Die Untersuchung jedes einzelnen Beispiels einer Symmetriebrechung im Verlauf der Raum-Zeit hat bis heute gezeigt, dass alle wesentlich sind. Keine ist überflüssig, und jeder kann eine entscheidende Eigenschaft zugeschrieben werden, die unser ideales Universum
in die Lage versetzt, nicht nur zu existieren, sondern auch seine wundervolle Komplexität aus dem einfachsten aller Rezepte zu entwickeln.

UND NOCH EINMAL DIE ZEIT

Mittlerweile hoffe ich, dass Sie zu derselben Schlussfolgerung gekommen sind wie Nobelpreisträger Phil Anderson: Seiner Meinung nach
ist die Behauptung, dass die gesamte Physik nur aus dem Studium der
Symmetrie bestehe, ein bisschen überbewertet. Doch bevor wir fortfahren, wobei wir nun das Hinweisschild der Symmetrie neben dem
der Simplizität auf unserer weiteren Suche nach Verständnis im Gedächtnis behalten, müssen wir noch etwas anderes näher betrachten:
Es ist Zeit, ein weiteres Mal über die Zeit zu sprechen.

Quantenphysiker sprechen nicht gern über die Zeit, weil die Gesetze der Physik im mikroskopischen Niveau ihr gegenüber indiffe-
rent sind; ein Prozess im Bereich der Planck-Skala, der zeitlich voranschreitet, verhält sich (fast immer) genau so, als ob die Zeit

rückwärtsläuft. Dennoch ist der Fluss der Zeit im makroskopischen Bereich, wie wir alle wissen und erfahren haben, ein Pfeil, der in eine Richtung weist.

Wir wollen versuchen zu verstehen, was da vor sich geht, und diesen offensichtlichen Widerspruch auflösen, der an die Quadratur des Kreises erinnert. Dafür wollen wir uns zuerst mit einer anderen fundamentalen Symmetrie beschäftigen, deren Bestandteile teilweise gebrochen werden müssen, damit überhaupt bestimmte wesentliche physikalische Prozesse ablaufen konnten. Es handelt sich um die sogenannte CPT-Symmetrie, eine wichtige Stütze der Quantenfeldtheorie. Nach der CPT-Symmetrie lässt sich unser aktuelles Universum nicht von einem Universum unterscheiden, in dem drei eigenständige symmetrische Eigenschaften eines Teilchens – C, P und T – gleichzeitig in ihre symmetrischen Gegenspieler umgewandelt sind.

Das C in CPT steht für den Austausch eines Teilchens mit seinem Antiteilchen – wobei der einzige Unterschied darin besteht, ob seine Ladung positiv oder negativ ist, wie beispielsweise das Antielektron oder Positron, das eine positive elektrische Ladung besitzt, im Gegensatz zu dem negativ geladenen Elektron. Entsprechend steht das P in CPT für eine Spiegelung des Raumes, das heißt, die Dinge sehen aus wie ihre Reflexion in einem Spiegel. Schließlich kennzeichnet das T in CPT die Umkehr der Zeit.

Experimentell konnten Verletzungen aller drei Symmetrien – C, P und erst vor Kurzem T – beobachtet werden. Tatsächlich enthüllte ein Prozess, in dem die kombinierte CP-Symmetrie gebrochen wurde, wobei die schwache Wechselwirkung einbezogen war, ein geringfügiges, aber entscheidendes Ungleichgewicht. Dadurch konnte gezeigt werden, dass Materie- und Antimaterieteilchen mit unterschiedlichen Geschwindigkeiten zerfallen. Obwohl, wie wir gesehen haben, bei ihrer Entstehung ein perfektes Gleichgewicht herrschte, könnte diese Tausendstel-Abweichung in der Zerfallsrate einen wichtigen Hinweis darauf enthalten, wie sich in den allerersten Momenten unseres Universums ein leichtes Übergewicht an Materie durchsetzte und auf diese Weise das Überleben des Universums ermöglichte.

Wenn wir allerdings die Zeit, das heißt den T-Aspekt, in die kombinierte CPT-Symmetrie mit aufnehmen, so wurde niemals eine Verletzung der Symmetrie beobachtet. Mit anderen Worten: Wenn wir einen gleichzeitigen dreifachen Austausch eines Teilchens gegen sein Antiteilchen vornehmen, es in einem Spiegel reflektieren und den Fluss der Zeit umdrehen – dann könnten wir beispielsweise nicht unterscheiden zwischen einem Elektron, das sich in der Zeit vorwärts-, und einem Positron, das sich in der Zeit rückwärtsbewegt.

Und tatsächlich hat sich mathematisch herausgestellt, dass der dreifache Gleichschritt der CPT-Symmetrie unerlässlich dafür ist, dass die Gesetze der Physik im Verlauf der Raum-Zeit unseres Universums unveränderlich sind.

Lassen Sie uns jetzt klären, was mit der Zeit im Mikro- und im Makrobereich passiert und ob wir den offensichtlichen Widerspruch lösen können.

Als Erstes gelang es im Rahmen des BaBar-Experiments (ja, das Logo ist tatsächlich ein Elefant) am Stanford Linear Accelerator Center in der Nähe der Stanford University in Kalifornien, eine seltene Verletzung der T-Symmetrie direkt zu messen, basierend auf unterschiedlichen Transformationsraten zwischen Teilchen bei Zeitumkehrszenarien.[36] Obwohl ihre ideale Symmetrie verletzt wurde,

bedeutet das noch nicht, dass die Zeit in diesen subatomaren Bereichen nicht reversibel ist. Es bedeutet lediglich, dass dieser spezifische Prozess mit verschiedenen Geschwindigkeiten abläuft, wenn er
in der Zeit vorwärts- oder rückwärtsgerichtet ist.

Man kann signifikant nachweisen, dass die Energie – und damit
auch die Information, die als Energie ausgedrückt wird – während
des Prozesses vollständig erhalten wird, ganz gleich, in welcher Richtung die Zeit läuft: ein Beispiel für den Ersten Hauptsatz der Information. Mit anderen Worten: Der Prozess ist auch auf der Ebene der
Information *nicht* entropisch, somit wird auch der Zweite Hauptsatz
der Information nicht verletzt. Deshalb ist die Zeitumkehr auf der
subatomaren Ebene von entscheidender Bedeutung für die Erhaltung von Energie und Materie, auch wenn es gelegentlich bei Quan-
tenprozessen zu Abweichungen der Transformationsraten kommt.

Der makroskopische Zeitpfeil ist, wie der theoretische Physiker
Sean Carroll vom CalTech (California Institute of Technology) feststellte, demnach keine Konsequenz aus den Gesetzen der Physik, die
im mikroskopischen Bereich gelten. Er ist vielmehr die Folge der
äußerst speziellen *Anfangsbedingungen,* die im ersten Moment des Uratemzugs herrschten: Und zwar ist hier im Besonderen das unglaublich niedrige Niveau an Informationsentropie im ersten Augenblick
unseres Universums zu nennen.

Aus diesem Grund regelt der Zweite Hauptsatz der Information,
dass der Zeitpfeil im makroskopischen Bereich nur in eine Richtung
weist; dabei stellen Entropie und auch Information, die an solchen
entropischen Prozessen beteiligt sind, keine Mengen dar, die erhalten werden, sondern sie nehmen zwangsläufig im Verlauf der gesamten Lebensdauer unseres Universums zu. Damit unser ideales
Universum existieren und die codierte Information umsetzen kann,

sind die beiden einander ergänzenden Eigenschaften notwendig: einerseits die mikroskopische Symmetrie der Zeit und andererseits die makroskopische Asymmetrie des Zeitpfeils.

FEINABSTIMMUNG

Meine Mutter backt wundervolle Schokoladenkuchen. Glücklicherweise macht sie das in so regelmäßigen Abständen, dass sie die Menge der Zutaten sehr gut abschätzen kann, auch ohne ständig ins Rezept zu schauen und ohne eine Waage zu benutzen. Wenn ich nach den immer wieder köstlich schmeckenden Ergebnissen urteile, würde ich annehmen, dass mögliche Abweichungen nicht mehr als ein Prozent oder einen Teil von hundert (10^2) ausmachen.

Unser ideales Universum ist noch um einiges genauer. Vor einiger Zeit schätzte Lee Smolin, aktuell Fakultätsmitglied am Perimeter Institute for Theoretical Physics in Ontario, Kanada, dass unser ideales Universum nicht hätte existieren können, wenn sich die Stärken seiner fundamentalen Naturkräfte zu Beginn auch nur um den unglaublich niedrigen Faktor von einem 10^{27}stel – das ist der nahezu unvorstellbare quadrilliardste Teil einer Minute – unterschieden hätten.

Die Messungen physikalischer Konstanten oder Beziehungen zwischen Kräften muss *exakt* dem entsprechen, anderenfalls wäre unser Universum ausgelöscht worden, bevor es überhaupt begonnen hätte – zugrunde gegangen an seiner ersten Herausforderung, ein Gleichgewicht zwischen Energie und Materie zu schaffen, noch bevor sich die ersten Sterne bilden konnten.

War es zunächst von der universellen Erhaltung der Nullpunktenergie bestimmt, so herrschten in den folgenden Zeitaltern verschiedene fein abgestimmte Eigenschaften von sichtbarer und dunkler Energie und Materie vor. Während des Uratemzugs der gesamten Lebensdauer unseres Universums ermöglichte das präzise dynamische Gleichgewicht zwischen diesen energetischen Kräften, dass sich immer höhere Stufen von Komplexität und sich selbst erkennender Information entwickeln konnten.

In meinem Buch *The Wave* beschreibe ich, wie sechs fundamentale Zahlen wesentlich für diese feine Harmonie unseres Universums sind. Eine Erörterung dieser sechs Zahlen ist außerdem das Thema eines Buches des britischen Kosmologen Sir Martin Rees mit dem Titel *Just Six Numbers.*[37]

Lassen Sie uns nun einen Blick auf jede dieser grundlegenden Zahlen werfen, und zwar der Reihe nach, damit wir verstehen, warum sie so unglaublich exakt sein müssen.

Starke Kernkraft

Die erste Zahl, bezeichnet mit dem griechischen Buchstaben Epsilon (ε), ist die Größe der starken Kernkraft, die, wie wir gesehen haben, im Atomkern Protonen und Neutronen aneinanderbindet. Da sie die Effizienz der Wechselwirkungen im Kern bestimmt, ist Epsilon gleichzeitig die Grundlage für die chemische Ordnung und legt fest, wie alle 98 natürlichen Elemente, vom leichtesten (Wasserstoff) bis zum schwersten (Californium) miteinander verbunden sind.

Wir können sehen, wie unentbehrlich Epsilon ist, wenn wir zu den ersten Minuten nach dem Uratemzug zurückkehren, das heißt in die Zeit, in der die Kerne der leichtesten Elemente – Wasserstoff, Helium und Lithium – gebildet wurden. Wenn Wasserstoffatome zu Helium fusionieren, wird ein winziger Anteil ihrer Masse in Form von Energie freigesetzt, wobei der Zahlenwert 0,007 entspricht; genau die Effizienz dieser Energiefreisetzung wird durch Epsilon gekennzeichnet. Dank Epsilon konnte diese ursprüngliche Nukleo-synthese leichter Elemente die Bildung der notwendigen Kennzahlen aktivieren und im Weiteren die Grundlage für die erste Generation von Sternen und Galaxien im embryonalen Zustand schaffen.

Im Anschluss vereinigten sich Sterne, heizten sich auf und entzündeten ihren eigenen Umwandlungsprozess von Wasserstoff in Helium; dabei kontrolliert die Effizienz, mit der sich dieser Prozess entwickelt und die durch Epsilon gemessen wird, seine Geschwindigkeit und bestimmt dadurch die Lebensdauer der Sterne. Ist das Alter der Sterne vorangeschritten und ihr Wasserstoffvorrat aufgebraucht, kontrolliert der Wert von Epsilon die anschließende Syntheserate all der schwereren Elemente, die notwendig sind, um Planetensysteme zu bilden und biologisches Leben entstehen zu lassen.

Wenn der numerische Wert jemals geringer als 0,006 oder größer als 0,008 gewesen wäre, hätten sich unsere Sonne, unsere Erde und wir selbst niemals entwickeln können.

Das Verhältnis von elektrischen Kräften und Gravitationskraft

Die zweite Zahl, N, bestimmt das Verhältnis zwischen den elektrischen Kräften und der weitaus schwächeren Gravitationskraft; sie ist mit 10^{36} ungeheuer groß.

Während elektrische Kräfte ganz entscheidend sind, um Atome und Moleküle zusammenzuhalten, überwiegt die Gravitationskraft im makroskopischen Bereich. Der Grund dafür liegt darin, dass sich die große Mehrheit positiver und negativer elektrischer Ladungen in Atomen und Molekülen im Gleichgewicht befindet, und wie wir gesehen haben, ist unser Universum überall elektrisch neutral. Wenn das Gleichgewicht der elektrischen Kräfte beispielsweise durch die Freisetzung von Elektronen zur Bildung von elektrischem Strom gestört wird, legt das Missverhältnis im Allgemeinen nur über einen winzigen Prozentsatz der überall präsenten elektrischen Ladungen Rechenschaft ab, wohingegen die Gravitation zu jeder Zeit in Bezug auf jegliche Form von Energie und Materie gilt.

Im mikroskopischen Bereich der Atome und Moleküle jedoch, deren Massen winzig klein sind, ist die Auswirkung der Gravitation vernachlässigbar, und die elektrischen Kräfte haben die Oberhand. Wenn der Wert von N nur geringfügig kleiner oder größer wäre, wäre das Gleichgewicht zwischen den Kräften im makroskopischen und mikroskopischen Bereich unseres Universums nicht in der Lage, die Entwicklung von Komplexität zu unterstützen; wiederum mit der gleichen Folge, dass wir heute nicht hier wären.

Während wir unsere Reise zur Erforschung unseres idealen Universums fortsetzen und herauszufinden versuchen, was es letztendlich heißt, ein Mensch zu sein, stellt die Zahl N auch sicher, dass wir größenmäßig zwischen einem Molekül und einem Stern eingeordnet sind: gehalten vom wohlwollenden Gleichgewicht der kosmischen Kräfte, die uns geformt haben.

Dimensionen

Die dritte Zahl ist gekennzeichnet durch D für »Dimension«. Wenn wir die universelle Erfahrung, dass Raum genau dreidimensional ist, als Voraussetzung nehmen, so mag diese Offensichtlichkeit bei Ihnen womöglich zuerst ein »Was sie nicht sagt …« auslösen, aber haben Sie bitte ein wenig Geduld.

Die Wahl der Dreidimensionalität ist nicht nur wesentlich für die Existenz unseres idealen Universums und folgt wiederum den Prinzipien der Symmetrie und Einfachheit, sondern sie enthüllt uns auch tiefe Wahrheiten über die holografische und informationelle Natur der Realität.

Das neue Verständnis des kosmischen Hologramms, um das wir uns weiterhin bemühen, geht von einer vierdimensionalen Raum-Zeit aus, wobei der dreidimensionale Raum mit der Zeit kombiniert wird, die aus der tieferen Realität einer zweidimensionalen holografischen Grenze zwischen einer räumlichen und einer zeitlichen Dimension hervorgeht. Wenn wir die Zeit abzweigen, ist das Auftreten eines dreidimensionalen Raumes aus seiner eindimensionalen holografischen Basis der einfachste Weg, um die Existenz unseres Universums zu ermöglichen.

Im Jahr 2013 näherten sich zwei Teams aus Theoretikern der Frage nach einem dreidimensionalen Raum aus der Perspektive der Information. Die Ersten waren Markus Mueller vom Canada's Perimeter Institute und Lluis Masanes von der Bristol University in Großbritannien, die den Austausch von im Quantenzustand codierter Information untersuchten.[38] Sie starteten lediglich mit der Grundannahme einer Dimension der Zeit, einer bestimmten Anzahl von räumlichen Dimensionen und irgendeinem möglichen Weg für den Informationsfluss durch sie hindurch. Anschließend gaben sie die Summen von Wahrscheinlichkeiten und Korrelationen auf Quantenebene ein, die in der Natur beobachtet wurden.

Was dabei herauskam (natürlich nicht sofort, sondern als Ergebnis eines langen und komplexen mathematischen Beweises): Die Quantenfeldtheorie ist tatsächlich die einzige Theorie, welche die reale Bilanz von Wahrscheinlichkeit und Korrelation liefert, aber sie vermag dies im Wesentlichen nur dann, wenn der Raum dreidimensional ist.

Mueller glaubt, dass dies nicht nur eine untrennbare Verbindung zwischen der Dreidimensionalität des Raumes und der Stufe der Wahrscheinlichkeit offenbart, die zur Quantentheorie gehört, sondern dass die Wurzeln sowohl der Relativitätstheorie als auch der Quantentheorie in der Art und Weise eingebettet sind, wie Information in der Raum-Zeit ausgetauscht wird.

Ende 2013 untersuchten Borivoje Dakic, Tomasz Paterek und Caslav Brukner an den Universitäten von Wien und Singapur ebenfalls Raumdimensionen von einem tieferen Informationsniveau aus.[39] Sie konnten zeigen, dass die Quantentheorie in einem Universum, in dem Quanteneinheiten als Paare interagieren, so wie es unsere tun, nur in einem dreidimensionalen Raum funktionieren kann. Dies bestätigt erneut die Regel der Einfachheit in unserem idealen Universum, da die Erhöhung der Komplexität die Wechselwirkungen von Quantensystemen theoretisch auch die Existenz höher dimensionierter Universen in der einen oder anderen Form erlauben würde.

Zusätzlich zu der Erkenntnis, dass die einfachste und am stärksten symmetrische Realisation der Quantentheorie einen dreidimensionalen Raum voraussetzt, besteht der vielleicht wichtigste Grund für drei Dimensionen in der Natur des elektromagnetischen Feldes. Da es den Raum durchzieht, erfordert es genau drei rechtwinklige Dimensionen, um sich so zu verhalten, wie es der Fall ist. Die elektrischen und die magnetischen Komponenten des Feldes stehen im rechten Winkel zueinander, wobei die daraus resultierende elektromagnetische Strahlung mit beiden rechte Winkel bildet. Die unzähligen Phänomene, die sich daraus ergeben, könnten nicht ohne diese einfache und symmetrische Geometrie auftreten. Zwei räumliche Dimensionen wären unzureichend, und vier wären komplizierter als erforderlich.

Letztendlich ist es umso besser, dass D genau die Zahl ist, die geometrisch und mathematisch das quadratische Abstandsgesetz der Gravitation gewährleistet, das es uns ermöglicht, unsere menschliche Erfahrung auf der Erde so perfekt zu genießen. Mit zwei oder vier erweiterten Dimensionen des Raumes würde entweder ein lineares oder ein kubistisches Abstandsgesetz Anwendung finden. In einem solchen Szenario hätte sich unser wundervoll stabiles Planetensystem niemals herausbilden können.

Glattheit des Raumes

Die nächste Zahl, verkörpert durch den Buchstaben Q, ist das Maß für den glatten Raum: das Niveau winziger Wellen, deren gefrorene Muster sich in der kosmischen Mikrowellenhintergrundstrahlung offenbaren und deren Wert, wie wir bereits gesehen haben, weniger als ein Hunderttausendstel ausmacht.

Dennoch war der Umfang dieser Schwankungsbreite ideal geeignet, um sicherzustellen, dass sie, als diese ursprünglichen Wirbel aus sichtbarer und dunkler Materie durch unser frühes Universum wogten, ausreichend stark waren, um Bereiche größerer Dichte zu kreieren. Diese lieferten die Ausgangspunkte, die unter dem Einfluss der Gravitation gerade ausreichten, um anschließend die Bildung von Sternen, Galaxien und Galaxiehaufen zu ermöglichen, und zwar ohne Turbulenzen zu verursachen, die, als unser Universum expandierte, die dafür notwendigen stabilen Bedingungen verhindert hätten.

Diese ursprünglichen Schallwellen, welche die Geburt künftiger Sterne ermöglichten, entstanden in einer sehr frühen Epoche unseres Universums, in der es sich aus unheimlich heißem Plasma zusammensetzte; dieses Plasma wiederum bestand hauptsächlich aus Protonen, Neutronen und Photonen, die wie eine Flüssigkeit agierten.

Ihre widerstreitenden Kräfte aus nach innen gerichteter Gravitation und nach außen gerichtetem Strahlungsdruck riefen akustische Oszillationen in Form einer Reihe harmonischer Noten hervor.

Unser ideales Universum wurde buchstäblich in seine Existenz »gesungen«.

Dies bildet auch für mich eine wunderschöne Übereinstimmung mit den alten indischen Überlieferungen, die uns lehren, dass ganzheitliches Bewusstsein die Form der ursprünglichen Vibrationen unseres Universums annahm durch den kreativen Klang von AUM, das die Dreieinigkeit erlebter Realität symbolisiert.

Energie- und Materiedichte

Nicht nur seine Existenz, sondern auch das künftige Schicksal unseres idealen Universums hängt von der exakt abgestimmten Genauigkeit der fünften und sechsten Zahl ab, die mit seiner ureigensten Dichte und seiner Ausdehnungsrate in Beziehung stehen.

Die fünfte Zahl, symbolisiert durch den griechischen Buchstaben Omega (Ω), bezieht sich auf die Gesamtdichte aller Energie- und Materieformen innerhalb unseres Universums – sichtbar und dunkel – und drückt das Verhältnis zwischen der tatsächlichen und der kritischen Dichte aus.

Vor Kurzem gelang es Kosmologen, Omega zu messen, und sie stießen auf den äußerst seltenen Fall, dass es genau 1 beträgt. Der Wert 1 für den Dichteparameter Omega ist wesentlich für die Annahme, dass die räumliche Geometrie des Universums flach ist; daraus ergibt sich, wie wir gesehen haben, dass sich die anziehenden und abstoßenden Energie- und Materieformen für die Lebensdauer unseres Universums auf null summieren. Und wiederum sind Symmetrie und Einfachheit vorherrschend.

Kosmologische Konstante

Damit kommen wir zur sechsten und letzten Zahl, der kosmologischen Konstanten, die wiederum durch einen griechischen Buchstaben gekennzeichnet wird, das Lambda (Λ). Die kosmologische Konstante ist höchstwahrscheinlich für die Expansion der Raum-Zeit verantwortlich und steht für den Anteil an dunkler Energie.

Der Wert von Lambda ist entscheidend für das künftige Schicksal unseres Universums, da es einen wesentlichen Bestandteil seiner Gesamtenergie- und -materiedichte bildet. Man hat herausgefunden, dass es exakt der richtigen Stärke entspricht, die es ermöglicht, dass der Wert der Gesamtdichte Omega eins beträgt.

Für unsere Zukunft kann der positive Wert von Lambda auch mathematisch dargestellt werden als endliche maximale Informationsentropie und somit als endliche Lebensdauer für unser Universum – unter der Voraussetzung der Komplementarität des Ersten und Zweiten Hauptsatzes der Information. Der Wert von Lambda ist sogar noch erstaunlicher: Wenn man ihn nämlich mit der ausgleichenden Kraft der Gravitation vergleicht, so hat das fein entwickelte Gleichgewicht zwischen ihnen bei der Expansion des Raumes seine eigene wichtige Rolle gespielt, um die Entwicklung von Komplexität zu ermöglichen.

Bis ungefähr vor fünf Milliarden Jahren gestattete seine Unterordnung unter die Gravitation die Bildung von galaktischen und planetarischen Strukturen. Dann allerdings, als die Expansion des Raumes zu Gravitationseffekten führte, übernahm es die Führung, und die Expansion beschleunigte, bis sie sich wieder verlangsamte – was bei den Kosmologen, die es 1998 entdeckten, einen Schock auslöste.

Deshalb bedeutete die beschleunigte Ausdehnung der Raum-Zeit seit der Geburt unseres eigenen Sonnensystems, die zur gleichen Zeit stattfand, dass der ständig zunehmende Informationsgehalt unseres Universums ebenfalls tüchtig in Bewegung geraten ist.

Das Rezept für unser ideales Universum vermischt Symmetrie und Einfachheit in einem außerordentlich fein abgestimmten Verhältnis. Dabei hat es ständig ermöglicht – und wird dies auch weiterhin tun –, dass immer höhere Niveaus an Komplexität codiert und über seine Lebensdauer hinweg verkörpert werden.

Nachdem wir die Anweisungen gelesen, die Bedingungen verstanden, die Zutaten zusammengestellt und für das Rezept vermengt haben, ist es nun an der Zeit, das ideale Behältnis zu prüfen, damit unser ideales Universum entstehen kann.

6

Behältnis

In der Sprache der Informatik jeder Bestandteil der
Benutzeroberfläche, der weitere (untergeordnete)
Komponenten enthalten kann …

*Alle Materie entsteht und besteht nur durch eine Kraft … so
müssen wir hinter dieser Kraft einen bewussten, intelligenten
Geist annehmen. Dieser Geist ist der Urgrund aller Materie.*

MAX PLANCK

Wir haben bisher den Aufbau unseres idealen Universums im Hinblick auf die Information betrachtet, doch nach Einschätzung vieler
Forscher, die wissenschaftliche Pionierarbeitet geleistet haben, können wir ein Phänomen an sich nicht völlig verstehen, sondern nur
beobachten, wie es sich in einem größeren Zusammenhang verhält.
Im Fall der Ganzheitlichkeit der »physikalischen« Welt haben Kosmologen und Mathematiker schon lange erkannt, dass für seine vollständige Beschreibung etwas notwendig ist, das jenseits der vierdi-

mensionalen Erscheinung der Raum-Zeit liegt und von dem es ausgeht und sich manifestiert.

Die Einbeziehung von physischen und metaphysischen, das heißt darüber hinausgehenden Bereichen in den Versuch, die Realität zu beschreiben, wird im Allgemeinen oftmals mit der Bezeichnung »multidimensional« versehen. Dieser Begriff impliziert jedoch verschiedene, aber, wie wir noch weiter untersuchen werden, einander ergänzende Bedeutungen in der Physik und Metaphysik des Bewusstseins. Wir kommen später auf seine metaphysische Bedeutung zurück, die darin liegt, dass er verschiedene Bewusstseinsgrade und andere Bereiche der Wahrnehmung repräsentiert, doch zunächst wollen wir uns darauf konzentrieren, wie die Physik und die Mathematik diese Bereiche sehen.

Erst einmal werden wir einen weiteren Blick darauf werfen, wie das zunehmende Verständnis des kosmischen Hologramms das »Behältnis« für unser Universum beschreibt, wie es durch die holografische Grenze festgelegt wird, von der die Erscheinung der Raum-Zeit ausgeht. Dabei werden wir entdecken, wie perfekt die Eigenschaften eines Hologramms und die Natur des Lichts für die Rollen sind, die sie in der gemeinsamen Schöpfung physischer Realität spielen.

Weiterhin werden wir untersuchen, wie die Weisen seit frühester Zeit erkannt haben, dass geometrische Beziehungen die grundlegenden Muster der physischen Realität bilden, und wie das Aufkommen von Computern aufgezeigt hat, dass holografische fraktale Geometrien tatsächlich das Universum in seiner Gesamtheit untermauern und durchziehen. Anschließend werden wir sehen, wie die gesamte Geometrie seiner Krümmung und seiner Form ebenso entscheidend dafür ist, dass es sich für uns ideal entwickelt hat.

Mit unserem bis jetzt angehäuften Verständnis ist es an der Zeit, dass wir uns in metaphysische Bereiche begeben. Wir beginnen damit, die tiefere Stufe der Wirklichkeit zu erforschen, wo die Muster und die informationellen Vorlagen für ihre physische Realisation liegen. Ohne (beziehungsweise fast ohne) dass irgendwelche Gleichungen in Sicht wären, werden wir trotzdem entdecken, wie die kosmische Sprache der Mathematik es ermöglicht, dass sich alles in Wellenformen und in die sogenannte imaginäre Gauß'sche Zahlenebene transformieren lässt. Dabei werden wir auch unverhüllt die informationellen und dynamischen Grundlagen des »Behältnisses« sehen, von dem aus holografisch all unsere Vorstellungen der vierdimensionalen Raum-Zeit und unsere Erfahrungen der physischen Welt ausgehen.

ES WERDE LICHT

Wie wir gesehen haben, ist eine der Haupteigenschaften des kosmischen Hologramms, dass *alle* Energieformen in Bezug auf ihre Schwingungsfrequenzen (oder umgekehrt ihre Wellenlängen) ausgedrückt werden können. Wenn man voraussetzt, dass ein Gleichgewicht zwischen Energie und Materie besteht, dann gilt das entsprechend auch für Teilchen. Während Energien im Wesentlichen als Wellenbewegung angesehen werden, kann man sich Teilchen tatsächlich als eine Art stehende Welle vorstellen.

Je höher die Frequenz (beziehungsweise je kürzer die Wellenlänge), desto größer ist die Energie, die von einer spezifischen Welle transportiert wird; deshalb enthalten beispielsweise hochfrequente (mit kurzer Wellenlänge) Röntgenstrahlen, wie gesagt, mehr Energie als niederfrequente (mit langer Wellenlänge) Radiowellen.

Letztendlich liegt es an den lokalisierten und universellen wellenförmigen Energiefeldern und ihren Wechselwirkungen, dass es zu der Erscheinung der physischen Welt kommt.

Die Interaktion von Wellen – ein einfaches Beispiel ist die Bildung vieler kleiner Wellen auf der Oberfläche eines Sees – ist als Interferenz bekannt. Die kombinierte Energie von Wellen, deren Spitzen und Täler jeweils zusammenfallen, wenn sie phasengleich sind, addiert sich, und ihre Interferenz wird als positiv beschrieben. Wenn Spitzen jedoch mit Tälern zusammenfallen, heben sich ihre Energien gegenseitig auf, und ihre Interferenz wird als negativ erachtet.

Ein spezieller Typ von positiver Interferenz liegt vor, wenn Lichtwellen mit identischer Frequenz und exakter Phasenüberlagerung kombiniert werden. Diese Erscheinung wird als Kohärenz bezeichnet; sie stellt bekanntlich das zugrunde liegende Prinzip dar, mit dem der hochgradig fokussierte Strahl eines Lasers erzeugt wird.

Die Auswirkungen einer solchen kohärenten Fokussierung sind dramatisch. Eine Allzweckglühbirne mit einer Stärke von 100 Watt kann einen Raum erhellen. Ihr weißes Licht besteht aus mehreren unterschiedlichen Wellenlängen innerhalb des sichtbaren Spektrums, und das Licht strahlt nicht in eine bestimmte Richtung, sondern in den gesamten Raum aus. Ein Laser dagegen, der dieselbe Stärke aufweist, jedoch kohärentes Licht einer bestimmten Frequenz verwendet und zu einem dichten Strahl gebündelt wird, kann durch Stahl schneiden.

Gegen Ende des 19. Jahrhunderts – also über hundert Jahre bevor Quanten und ihre wellenartigen Eigenschaften entdeckt wurden – bereitete allerdings eine weitreichende Erkenntnis den Weg für eine umfassende Beschreibung aller physikalischen Phänomene.

Während der turbulenten Zeiten der Französischen Revolution und in der Folgezeit entwickelte der französische Mathematiker und Physiker Jean Baptiste Joseph Fourier die mathematischen Grundlagen, mit deren Hilfe man jedes Objekt und jedes Energiesignal, wie kompliziert es auch immer sein mochte, zerlegen und als Kombination einfacher Wellenformen neu definieren konnte. Wenn man den gleichen mathematischen Ansatz verwendet, kann *jedes* derartige Wellenmuster wieder zusammengesetzt werden, um das ursprüngliche Objekt oder Signal zu konstruieren.

Die Eigenschaften der Interferenz und Kohärenz, wie sie von Licht verkörpert werden, und die Fähigkeit der Fourier-Transformationen, Muster zu codieren und zu decodieren, waren der Schlüssel für die Konstruktion des ersten künstlichen Hologramms und für das holografische Prinzip. Während Dennis Gábor diese Eigenschaften schon früher genutzt hatte, um den Prinzipien der Holografie auf den Grund zu gehen, dauerte es noch bis 1964, ehe im Anschluss an die Erfindung des Lasers das erste Hologramm konstruiert wurde.

Solche ersten Hologramme entstanden, wenn sich ein einzelner kohärenter Laserstrahl, der sich aus Licht derselben Frequenz und Phase zusammensetzte, in zwei Strahlen aufspaltete. Der eine Strahl ist so gerichtet, dass er auf einen lichtempfindlichen Film trifft, während der zweite Strahl von einem Objekt abprallt, beispielsweise einem Apfel, es wirksam in ein Lichtfeld taucht und dadurch informatorisch seine gesamte dreidimensionale Erscheinung erfasst. Das vom Objekt reflektierte Licht wird daraufhin ebenfalls auf dem Film erscheinen, wo die überlappenden Strahlen ein Interferenzmuster erzeugen. Wenn anschließend ein weiterer Laser durch den Film strahlt, wird eine dreidimensionale holografische Projektion des ursprünglichen Objekts erzeugt.

Bezeichnenderweise ist ein Aspekt, der Fouriers Ausdruck der Wellenformen und dem Verhalten von Licht innewohnt, dass die Ganzheit des ursprünglichen Objekts in jedem Teil der noch so winzigsten Pixelierung seines dreidimensionalen Hologramms wiedererschaffen wird. Daher kann der holografische Film in immer kleinere Teile geschnitten werden bis zur Grenze der Pixelierung, und jedes Teilchen wird immer noch die Information enthalten, die sich auf das Ganze bezieht.

Die Information wird aus der Gesamtheit des dreidimensionalen Objekts gewonnen. Wenn das Hologramm aus verschiedenen Winkeln betrachtet wird, repliziert es auch alle dreidimensionalen Besonderheiten des Originals.

Obwohl Gábor erkannt hatte, dass man für eine hochauflösende Holografie auf so viel Information wie möglich, die sich auf die sichtbare Erscheinung eines Objekts bezieht, zurückgreifen müsste, waren die technologischen Möglichkeiten dieser Zeit nicht geeignet, um dies effizient auszuführen. Seitdem haben jedoch die Entwicklungen in der Holografie große Fortschritte erzielt. Vor einiger Zeit hatte ein Team von Doktoranden der Universität Tel Aviv die Idee, das Phasenverhältnis zwischen Lichtwellen dynamisch zu verändern, um ein sich bewegendes Hologramm zu kreieren. Im Jahr 2014 fertigten sie den Prototyp einer Antenne, um solch eine Phasenabbildung im Nanobereich von 10^{-12} Metern zu ermitteln.[40] Zum ersten Mal wird man dadurch in der Lage sein, hochauflösende Hologramme zu produzieren, die in jede beliebige Richtung projiziert werden können und das Potenzial haben, eine wahrhaft dynamische holografische Bildsprache zu ermöglichen.

Andere Teams auf der ganzen Welt schlossen zu ihnen auf, und zu Beginn des Jahres 2015 erzielten Xuewu Xu und seine Mitarbeiter am Data Storage Institute in Singapur weitere Fortschritte.[41] Sie verwendeten eine Reihe von Flächenlichtmodulatoren (SLM oder *spatial light modulators*), um Lichtwellen zu modifizieren und dreidimensionale Projektionen zu generieren; dadurch konnten sie den Maßstab der Pixelierung reduzieren und die Gesamtzahl der Datenpixel erhöhen, was die Hochauflösung holografischer Videos verbessert. Allerdings benötigt man bessere SLM-Geräte mit noch geringerer Pixelgröße, einer noch besser entwickelten Auflösung und schnelleren Bildfrequenzen, bevor holografische Videos auch im Makrobereich realisiert werden können.

Schließlich entwickelte ein Team unter Leitung von Sriram Subramanian an der Universität von Bristol, Großbritannien, Ende 2014 das erste haptische Hologramm.[42] Die Technologie verwendet Ultraschallprojektionen, mit denen solch starke holografische Bilder erzeugt werden, dass sie auf taktile Berührungen reagieren; dadurch können die Anwender das Hologramm sowohl sehen als auch berühren.

Obwohl begehbare, sich bewegende und interaktive holografische Szenarien, wie beispielsweise das Holodeck aus den *Star-Trek*-Filmen, bald Realität sein könnten, sind wir bis heute lediglich dazu in der Lage, einen flüchtigen Blick auf die vorzüglich einfachen, eleganten und tiefgreifenden Mittel zu werfen, mit denen das kosmische Hologramm unser ideales Universum verwirklicht. Schließlich können Hologramme selbst im Nanobereich der Pixelierung Information nur mit einer um hundert Trilliarden geringeren Rate als die holografische Grenze der Raum-Zeit codieren, die Information im Bereich der Planck-Skala pixeliert und codiert.

Was wir jedoch mithilfe holografischer Technologien noch entdecken können, sind weitere Enthüllungen über die unglaublich spezifischen Eigenschaften des Lichts. Wir haben bereits gesehen, dass

Bosonen wie beispielsweise Lichtphotonen im Gegensatz zu Fermionen wie Quarks oder Elektronen zur gleichen Zeit denselben Quantenstatus einnehmen können. Dadurch wird es möglich, den Informationsgehalt, der in Form von Licht verkörpert wird, effizient zu maximieren. Wenn man ihn mit drei weiteren Charakteristika des gesamten Spektrums elektromagnetischer Strahlung – Frequenz, Fluss, Richtung – kombiniert, können gewaltige Mengen an Information fließen, gespeichert und verarbeitet werden, und zwar auf die einfachste und effizienteste Art und Weise.

Wir haben bereits gesehen: Je höher die Frequenz ist, desto größer ist auch die enthaltene Energie beziehungsweise noch grundsätzlicher die Information. Dies gilt ebenso bei einer Erhöhung des Flusses, der mit der Fließrate oder Dichte von Energie-/Informationsübertragung und der Richtung zusammenhängt – das heißt in eine bestimmte Richtung konzentriert ist. Die Optimierung aller drei Eigenschaften liegt inmitten des künstlichen Hologramms, und die universellen Eigenschaften des Lichts bestätigen die Signatur des kosmischen Hologramms.

Viele Physiker sind der Meinung, es werde sich bald erweisen, dass die elektroschwache Wechselwirkung, die die elektromagnetische Kraft mit der schwachen Kernkraft kombiniert, in den frühesten Momenten unseres Universums noch vor der Symmetriebrechung auch mit der starken Kernkraft kombiniert war – das ist der Inhalt der Großen Vereinheitlichten Theorie (GUT). Eine solche Einbindung würde auch mit Sicherheit zeigen, dass das kosmische Hologramm ursprünglich die Gesamtheit der physischen Realität als Licht projizierte.

Es gibt immer mehr überzeugende Beweise aus allen wissenschaftlichen Disziplinen, die auf die Realität des kosmischen Hologramms hinweisen, wenn man einen überaus winzigen Skalenbereich voraussetzt. Aber wie könnte es möglich sein, die Signatur der holografischen Pixelierung der Raum-Zeit aufzuspüren? Da wir es mit unseren Mitteln in solchen extremen Mikrobereichen nicht direkt messen können, müssen Wissenschaftler unheimlich kreativ sein, um Wege zu finden, wie man die Raum-Zeit auf dem extremen Niveau der Planck-Skala erforschen kann.

Im Jahr 2011 allerdings schien es, dass die Möglichkeit einer solchen Pixelierung durch die Analyse von äußerst energiereichen Photonen aus einer der gewaltigsten Explosionen in unserem Universum, einem sogenannten Gammastrahlenblitz (GRB oder *gamma-ray burst*), der von einer Supernova ausging, widerlegt werden könnte. Die Analyse beruhte auf einer falschen Voraussetzung, aber da sie (zumindest in wissenschaftlichen Kreisen) große Aufmerksamkeit erzielte, muss sie entzaubert werden.

Wenn sich Photonen durch den Raum bewegen, wird ihre Polarisation entlang des Weges beeinflusst, und zwar nimmt sie mit der Entfernung, aus der sie kommen, und der Energie, die sie enthalten, zu. Das Argument, das die Experimentatoren ins Feld führen, die den Gammastrahlenblitz untersuchten, lautet: Wenn die Raum-Zeit glatt ist, sollte die Polarisation der Photonen keine bevorzugte Orientierung aufweisen; aber wenn sie körnig ist, wie es das holografische Prinzip behauptet, sollte sie es doch tun. Da keine Verzerrung gefunden wurde, schlossen sie daraus, dass es keinen Beweis für eine Pixelierung der Raum-Zeit gibt.

Wenn sie hingegen in der Lage gewesen wären, irgendeine Präferenz zu messen – zum ersten Mal überhaupt –, dann hätte man einen Beweis für die sogenannte Lorentz-Verletzung gefunden. Wie wir bereits gesehen haben, beschreibt die Lorentz-Gleichung genau, wie sich Masseteilchen verhalten, wenn sie beschleunigt werden und sich der Lichtgeschwindigkeit nähern, ohne sie jemals ganz zu erreichen. Da Photonen jedoch keine Masse haben, bewegen sie sich immer mit Lichtgeschwindigkeit und sollten deshalb keine Verletzung der Lorentz-Invarianz aufweisen. Wenn deshalb eine Verletzung beobachtet worden wäre, müssten wir uns von der Speziellen Relativitätstheorie verabschieden und im Wesentlichen von allem, was wir bis heute über die Natur der Raum-Zeit wissen.

Das primäre Problem liegt darin, dass die Forscher die Grundlage der holografischen Pixelierung der Raum-Zeit missverstanden haben: Sie basiert auf der *Position* und nicht auf einer einzigen oder bevorzugten Richtung, und trotzdem versuchten sie irrtümlicherweise, sie entlang einer bestimmten Richtungslinie zu messen.

Deshalb wollen wir uns jetzt einem unterschiedlichen Ansatz zuwenden und uns bemühen, die grundlegende Signatur des kosmischen Hologramms zu entdecken, indem wir ein holografisches Interferometer (auch kurz als »Holometer« bezeichnet) verwenden. In einem künstlichen Hologramm kann die ihm innewohnende Unschärfe der dreidimensionalen Projektion verbessert werden, indem man die Pixelgröße reduziert, was zu einer höheren Auflösung des Bildes führt.

Ganz ähnlich, aber in einem erheblich kleineren Maßstab sollte die Pixelierung der Raum-Zeit gemäß Astrophysiker Craig Hogan vom Fermi National Accelerator Laboratory (Fermilab) ebenfalls eine winzige Unschärfe hervorrufen, wo räumliche Positionen nicht *exakt* definiert sind, aber im endlichen Maßstab der Planck-Skala wiedergegeben werden. Extrem genaue Messungen der Position eines Objekts in zwei Richtungen zur selben Zeit sollten gemäß Hogan dann die leichte Unschärfe dieser grundlegenden Pixelierung zeigen. Genau darauf zielt das Holometer ab.

In dem Experiment, das ein Team am Fermi National Accelerator Laboratory in Illinois unter der Leitung von Hogan und dem Physiker Aaron Chou durchführte, wurden zwei L-förmige Laser-Interferometer verwendet; jeder hatte zwei senkrecht aufeinanderstehende 40 Meter lange Arme mit Detektoren am Ende. Wenn das durch Pixelierung im Bereich der Planck-Skala verursachte Zittern existiert, sobald zwei Laserstrahlen (aus einer einzigen Quelle aufgespalten) durch die beiden Arme geschickt werden, würden ihre Photonen nicht zur exakt gleichen Zeit auf die Detektoren treffen.

Die Analyse eines solchen Zitterns erfolgt in Form eines holografischen »Lärms«, der die Anlage verlangsamt und ein Audiosignal kreiert, das Chou in einem YouTube-Video so beschreibt, als würde man das »Lied des Universums« hören.[43]

Im Jahr 2009 begann das Team damit, Prototypen zu bauen; 2014 startete man das Experiment und sammelte ein Jahr lang Daten, und im Dezember 2015 wurden die ersten Resultate bekannt gegeben.[44] In diesem Bericht wurde letztendlich erklärt, dass man trotz der noch nie da gewesenen Empfindlichkeit und Gerätekonfiguration im Bereich der Planck-Skala nicht in der Lage war, irgendein behauptetes holografisches Zittern zu entdecken.

Als Antwort darauf räumte Hogan ein, dass, wenn das Zittern existiert und als Möglichkeit anerkannt wird, um die Pixelierung der Raum-Zeit zu testen, es (und das ist meiner Ansicht nach höchst unwahrscheinlich) entweder in einem noch wesentlich kleineren Bereich als dem der Planck-Skala stattfindet oder die aktuelle Installation, die keinen universellen Raumspin voraussetzt, falsch konfiguriert ist.

Dies könnte tatsächlich der Fall sein. Eine Hypothese für die Form unseres Universums ist ein dynamischer Ring mit einem asso-

ziierten Raumspin. Das Holometer neu zu konfigurieren, damit es
dies im Bereich der Planck-Skala entdecken kann, scheint deshalb
höchstwahrscheinlich der nächste Schritt zu sein.

Und auch andere fangen an, über innovative Möglichkeiten
nachzudenken, wie man die Natur der Raum-Zeit in diesen unglaublich winzigen Bereichen überprüfen könnte. Die Suche hat gerade
erst begonnen.

MUSTER DER REALITÄT

Vor über 2000 Jahren haben Gelehrte und Philosophen wie Thales
von Milet, Pythagoras, Platon, Archimedes und Euklid ihre Schüler
philosophisch, numerisch und geometrisch in die harmonische Natur
des Kosmos eingeweiht. Diese Eingeweihten wurden als *mathēmatikoi*
bezeichnet, und sie suchten, lediglich mit den einfachsten Hilfsmit-
teln ausgerüstet, nach dem Wesen der Realität und erkannten hinter
der offensichtlichen Vielfalt archetypische, geometrische Muster.

Platon, der Schüler des Sokrates und selbst wiederum Lehrer des
Aristoteles war, lehrte im 4. Jahrhundert v. Chr., dass der materiellen
Welt nichtphysische, abstrakte Formen zugrunde liegen – die metaphysischen Archetypen. In den fünf dreidimensionalen Körpern,
die nach ihm benannt sind, sollen solche idealisierten Muster ihren
physischen Ausdruck finden.

Die platonische Philosophie und vor allem seine Akademie entwickelten sich Jahrhunderte nach seinem Tod weiter. Sein Einfluss
hält bis heute an, auch wenn es darum geht, eine neue Sprache zu
finden und eine Stimme wiederzuentdecken.

Die fünf platonischen Körper – Tetraeder, Hexaeder, Oktaeder,
Dodekaeder und Ikosaeder – sind die *einzig möglichen* dreidimensiona-

len Körper, deren Seiten, Flächen und innere Winkel gleich sind. Beispielsweise sind die vier Flächen eines Tetraeders aus vier gleich großen gleichseitigen Dreiecken zusammengesetzt, und die sechs Flächen eines Hexaeders bestehen aus sechs gleich großen Vierecken und so weiter.

Alle fünf Körper können ineinander verschachtelt werden, sodass ihre Eckpunkte alle auf einer einzigen umschließenden Kugel (Umkugel) liegen. Wenn man sie um verschiedene Winkel rotieren lässt und aus unterschiedlichen Blickwinkeln betrachtet, erhält man eine weitere Fülle an Transformationen und erkennt die zusätzlichen harmonischen Beziehungen zwischen diesen grundlegenden Formen. Sie sind wirklich perfekt.

Jenseits des strengen Lehrgebäudes der griechischen Mathematiker sehen wir jedoch, wenn wir uns die »reale« Welt aus Wolken und Flüssen, Gebirgen und Küstenlinien anschauen, keine allgegenwärtige Präsenz solcher makellosen, gleichmäßigen und glatten Formen. Wir können keine derartige natürliche Regelmäßigkeit bei physischen Objekten und Phänomenen beobachten.

Oder etwa doch? Wenn wir hinter die Erscheinung der Vielfalt blicken, wie es die Anhänger Platons tatsächlich taten, können wir dann eine tiefere Gleichmäßigkeit und Ordnung in unserer offensichtlich grob strukturierten Realität erkennen? Wie wir bereits entdeckt haben, ist das neu gewonnene Verständnis des kosmischen Hologramms aus den späten 1990er-Jahren gerade dabei, unsere Vorstellung des dreidimensionalen Raums, den wir scheinbar bewohnen, zu verwandeln.

Über ein Jahrhundert früher hatten jedoch Mathematiker bereits damit begonnen, die Dimensionalität zu zerlegen – wenn auch auf einer Basis, von der sie annahmen, dass sie wenig Bezug zur »realen«

Welt habe. Zu Beginn des 20. Jahrhunderts beschäftigte sich einer der Begründer der modernen allgemeinen Topologie, Felix Haussdorff, mit kompliziert gebauten Objekten und wie sie den Raum ausfüllen, der sie umgibt. Dabei entwickelte er ein neues Verständnis, das unsere Erfahrung von augenscheinlich dreidimensionalem Raum allmählich erweiterte, und maß Objekte in Begriffen der sogenannten fraktalen (nicht ganzzahligen) Dimension, die sie besetzten. Anstelle der Eindimensionalität einer Linie, der Zweidimensionalität einer Fläche oder der Dreidimensionalität eines Volumens entdeckte Haussdorff Dimensionen, die dazwischen lagen.

Haussdorffs Arbeiten blieben theoretischer Natur, bis der in Warschau geborene Benoît Mandelbrot beschloss zu überprüfen, ob die fraktalen Dimensionen seines Vorgängers tatsächlich zu unserer physischen Welt passen. Sie können eine Vorstellung davon bekommen, wenn Sie sich beispielsweise auf einer Google-Landkarte die Küstenlinie einer kleinen Insel (irgendwo in der Welt) anschauen und diese eindimensionale Linie auf ein Blatt Papier übertragen. Zoomen Sie anschließend das Bild heran, dann wird die Küste immer verschwommener, je näher Sie herangehen. Wenn Sie ihren Umriss schrittweise im herangezoomten Maßstab nachführen, würden Sie immer kompliziertere Muster zeichnen. Obwohl Ihre Kopie immer noch eine Linie ist, füllt die zunehmende Kompliziertheit der herangezoomten Bilder im Wesentlichen mehr und mehr Raum auf dem Papier aus, als es eine gerade Linie täte.

Im Gegensatz zu vielen Mathematikern war Mandelbrot von solchen Formen der realen Welt fasziniert; außerdem besaß er die außerordentliche Fähigkeit, die geometrischen Beziehungen von Dingen zu erkennen, und einen ausgeprägten Sinn für die ihnen zugrunde liegende Ordnung und die entsprechenden Muster. In den

1960er- und 1970er-Jahren, als man die Stärke der ersten Generation von Computern nutzte und mit ihrer Hilfe die Analyse riesiger Datenmengen durchführte, bereitete er den Weg für die Erforschung von komplexen und scheinbar chaotischen Systemen, um herauszufinden, was sich dahinter verbirgt. Nach einem zehnjährigen Studium von offensichtlich unterschiedlichen Phänomenen wie den Formen von Küstenlinien und den Schwankungen von Aktienkursen war er in der Lage, das zu erkennen, was niemandem vor ihm gelungen war.

Wenn man voraussetzt, dass eine gerade Linie eine Dimension und zum Beispiel die Fläche eines Dreiecks zwei Dimensionen hat, dann weist jeder dazwischen liegende grobe Umriss von beliebiger Form eine fraktale, das heißt eine gebrochene Dimension irgendwo zwischen eins und zwei auf, die von seiner Komplexität abhängig ist und mit ihr zunimmt.

Das Verdienst von Mandelbrot ist es, dass er die Formen von Naturerscheinungen gemessen hat, wobei er entdeckte, dass die Küstenlinie Großbritanniens eine fraktale Dimension von ungefähr 1,26 aufweist und dass der Umriss einer zufälligen Wolke mit einer entsprechenden Dimension von 1,35 etwas komplexer ist. Außerdem entdeckte er, dass den Erscheinungsformen solcher komplexen Objekte einfache und selbstähnliche geometrische Muster zugrunde liegen, die sich selbst in kleineren und größeren Bereichen logarithmisch wiederholen. Im Jahr 1975 gab er diesen Mustern der Realität, die er gefunden hatte, einen Namen: Fraktale.

Die fraktale Geometrie umfasst und erweitert die klassischen Bereiche der Geometrie. Mandelbrots bahnbrechendes Werk konnte zeigen, dass es hinter dem offensichtlichen Chaos und der Mannigfaltigkeit komplexer Systeme eine tiefe und universelle harmonische Ordnung gibt, was die Gelehrten und Philosophen der Antike intuitiv erfasst hatten.

Die Analyse mithilfe immer leistungsstärkerer Computer zeigt, dass solche zugrunde liegenden Fraktale unser gesamtes Universum in allen Bereichen durchziehen und dass sie – und das ist entscheidend – ihre Anwesenheit nicht nur in »Naturerscheinungen«, sondern auch in künstlichen Systemen codieren. Ihre Selbstähnlichkeit und ihre Skalierung in einem logarithmischen Verhältnis sind Eigenschaften, die auch der Holografie innewohnen und die eine weitere Signatur des kosmischen Hologramms darstellen.

UNIVERSELLE GEOMETRIE

Die Geometrie unseres gesamten Universums spielt im Hinblick auf seine Raumkrümmung und seine alles durchdringende Topografie ebenfalls eine entscheidende Rolle dabei, dass es für uns ein ideales Universum ist.

Kosmologische Messungen haben ergeben, dass unser Universum räumlich flach ist oder dem zumindest extrem nahekommt. Die letzte Schätzung von der Planck-Satelliten-Mission, die im Februar 2015 bekannt gegeben wurde, ergibt eine exakte Flachheit mit einer Genauigkeit von einem halben Prozent.[45]

Wie wir auch gesehen haben, zeigte die im Jahr 2003 vom Satelliten Wilkinson Microwave Anisotropy Probe (WMAP) vorgenommene Analyse der kosmischen Mikrowellenhintergrundstrahlung, dass den winzigen Veränderungen in ihr ein kritischer Grenzwert zukommt, der sich auf die Wellenlänge bezieht. Dies ist ein wichtiger Anhaltspunkt dafür, dass unser Universum endlich ist, da ein unendliches Universum alle möglichen Wellenlängen enthielte.

Wenn wir also diese beiden Parameter »Flachheit« und »Endlichkeit« voraussetzen, welchen Nachweis – falls es einen gibt – können wir für eine Form unseres Universums erbringen, die diese beiden Forderungen erfüllt?

Im Jahr 1984 schlugen Alexei Starobinski und Jakow Seldowitsch vom Landau-Institut für Theoretische Physik in Moskau als Erste das Modell einer solchen Form vor, die Flachheit und Endlichkeit kombinierte – die Form eines Torus (oder eines Donuts für all diejenigen unter uns, die eine essbare und süße Analogie bevorzugen).[46] Entscheidend ist, dass ein Torus als eine aufgerollte ebene Fläche angesehen werden kann und Einsteins Gleichungen der Relativitätstheorie für beide gleich sind mit dem wichtigen Unterschied, dass ein Torus eine endliche Größe hat, die seinem Aufgerolltsein geschuldet ist, während sich eine ebene Fläche unendlich ausdehnen kann.

Im Jahr 1989 führten Messungen der kosmischen Mikrowellenhintergrundstrahlung durch den NASA-Satelliten Cosmic Background Explorer (COBE) dazu, dass Kosmologen von der University of California Berkeley erstmals vielfach verbundene Universen vorschlugen – und dass das Licht viele Wege durch sie hindurch nehmen kann. Die einfachste Geometrie für ein solches Szenario, die außerdem eine Flachheit des Raumes erlaubt, ist ein dreidimensionaler Torus.

Eine weitere Analyse der vom WMAP-Satelliten (die Mission im Anschluss an COBE) gewonnenen Daten, über die im Jahr 2003 die Kosmologen Max Tegmark, Angelica de Oliveira-Costa und Andrew Hamilton berichteten, enthüllte zu ihrer Überraschung eine höhere Energiekonzentration entlang einer Richtungsebene im Vergleich zu anderen.[47] Diese Ausrichtung, scherzhaft als die »Achse des Bösen« bezeichnet, liefert einen zusätzlichen Anhaltspunkt dafür, dass unser Universum sowohl kompakt als auch toroidal ist.

Eine zusätzliche theoretische Untermauerung der Möglichkeit, dass unser Universum eventuell wie ein Donut geformt sein könnte, lieferte eine im März 2013 veröffentlichte Arbeit, an der Forscher der Universitäten Southampton und Cambridge in Großbritannien, vom Nordic Institute for Theoretical Physics in Schweden und Kostas Skenderis mitwirkten.[48] Obwohl die Forschungsarbeiten noch andauern, zeigt die Abhandlung theoretische Verbindungen auf zwischen dem holografischen Prinzip, der flachen Raum-Zeit und einer toroidalen Form unseres Universums.

Eine der kosmologischen Vorhersagen eines toroidalen Universums kam auf, weil das Licht vielfache Wege durch das Universum nehmen kann. Sie besagt, dass Bilder von entfernten Objekten unendlich oft (wie von vielen Spiegeln in einem Raum) zurückgeworfen werden können. Allerdings wurde trotz einer Vielzahl von Untersuchungen bis heute kein solches wiederkehrendes Muster gefunden.

Trotzdem benutzte eine Analyse aus dem Jahr 2008, die der Physiker Frank Steiner und seine Mitarbeiter von der Universität Ulm durchführten, drei verschiedene Möglichkeiten, um zu vergleichen, ob die Temperaturschwankungen innerhalb der kosmischen Mikrowellenhintergrundstrahlung zu einem unendlichen oder einem endlichen toroidalen Universum passen; sie kamen zu dem Schluss, dass eine Donut-Form die beste Übereinstimmung bietet.[49]

In der Tat könnte es unter der Voraussetzung einer insgesamt zunehmenden Dimension des Raumes sein, dass entweder Licht, das sich auf verschiedenen Wegen ausbreitet, noch nicht die Zeit hatte, solche Mehrfachbilder zu kreieren, oder dass die grundlegende holografische Natur der Raum-Zeit ihre Erschaffung auf irgendeine Weise verhindert.

Ein letzter Gedanke, bis weitere Nachweise vorliegen, ist, dass die toroidale Form tatsächlich die Form der holografischen Grenze ist, wenn unser Universum wirklich eine solche Topologie aufweist. Sollte dies innerhalb der holografischen »Projektion« des dreidimensionalen Raumes so sein, obwohl die Grenze mehrfach verbunden ist, könnte sich das Licht nur auf Wegen ausbreiten, die einfach verbunden sind; damit wären alle Mehrfachbilder von strahlenden Objekten ausgeschlossen.

Obwohl sich die Beweise für die Möglichkeit häufen, dass die Geometrie unseres Universums ein sich dynamisch entwickelnder Torus ist, ist das letzte Wort noch nicht gesprochen. Wenn wir zusätzlich davon ausgehen, dass unser Universum anscheinend endlich ist, so bleibt die Frage nach der theoretischen Modellbildung offen, wann und wie es seinen Lebenszyklus beendet und wie dies mit einer möglichen toroidalen Geometrie in Einklang zu bringen ist. Vorausgesetzt, unser ideales Universum wurde auf eine solch unglaublich spezielle Art und Weise gebildet, so stehen wir letztendlich immer noch am Anfang mit der Frage – und erst recht mit der Antwort darauf –, wie Universen überhaupt entstehen und wie ihre Geburt mit dem Leben und dem Sterben früherer Generationen zusammenhängt.

Hier liegt eindeutig noch viel Arbeit vor uns!

WARUM *I?*

Wir haben uns bereits mit der sogenannten Gauß'schen Zahlenebene beschäftigt, die der Quantentheorie zugrunde liegt. Jetzt ist es für uns an der Zeit, unsere Reise jenseits der Raum-Zeit wirklich zu beginnen, indem wir diesem nichtphysischen Bereich gegenübertreten.

Und wir beschäftigen uns als Erstes mit dem, was der britische Mathematiker und Philosoph Roger Penrose die »magische Zahl i« nennt.

Als Kind war ich vom Konzept der Quadratzahlen und Quadratwurzeln fasziniert, besonders nachdem ich verstanden hatte, dass sie orthogonale (oder rechtwinklige) Dimensionsübergänge repräsentierten. Die arithmetischen Regeln, die wir in der Schule gelernt haben, besagen, dass das Quadrat einer Zahl immer positiv ist, ganz gleich, ob die Zahl selbst positiv oder negativ ist; mit anderen Worten: Multipliziert man zwei negative Zahlen, ist das Ergebnis immer positiv.

Leider gibt es dabei einen Wermutstropfen, wenn wir uns die einfache Gleichung anschauen: $x^2 + 1 = 0$. Wenn wir $x^2 = -1$ setzen, dann ergibt sich $x = \sqrt{-1}$. Aber wie kann eine negative Zahl dann eine Wurzel haben? Und was um Himmels willen bedeutet das?

Genau dieses Ergebnis, $\sqrt{-1}$, die Quadratwurzel von minus eins, ist heute als i bekannt. Obwohl i für »imaginär« steht, ist es keine imaginäre Zahl, und tatsächlich ergibt ein tieferer Einstieg in die Natur der Realität, dass es, wie Penrose erklärte, eine magische Zahl ist.

Der Term i kann mit reellen Zahlen verknüpft werden; dadurch entsteht, was man als komplexe Zahl bezeichnet, wie beispielsweise $a + ib$, wobei a und b beliebige reelle Zahlen sind. Innerhalb einer solchen komplexen Zahl werden die Terme a und ib als seine »realen« beziehungsweise »imaginären« Komponenten definiert.

Der früheste zaghafte Schritt, i zu verstehen, geht vermutlich auf den griechischen Mathematiker Heron von Alexandria zurück, der vor circa 2000 Jahren lebte. Aber erst im Jahr 1545 berichtete der italienische Universalgelehrte Gerolamo Cardano in seinem Werk *Ars Magna* über die erste richtige Begegnung mit i.

Im Jahr 1685 gelang dem Mathematiker John Wallis ein großer Schritt zum Verständnis von *i* und den komplexen Zahlen: Er konnte sie grafisch darstellen, indem er ein zweidimensionales, im Nullpunkt zentriertes Koordinatensystem kreierte. Die »realen« Komponenten von komplexen Zahlen sind entlang der horizontalen Achse aufgereiht, und zwar Minuszahlen links und positive Zahlen rechts vom Nullpunkt. Die »imaginären« Komponenten befinden sich entlang der vertikalen Achse, wobei negative Vielfache von *i* unterhalb und positive oberhalb des Nullpunkts liegen. Damit kann jede spezielle komplexe Zahl mit jeder möglichen Kombination aus positiven und negativen »reellen« und »imaginären« Komponenten als Einzelpunkt auf dieser sogenannten Gauß'schen Zahlenebene dargestellt werden. Verschiedene Rechenoperationen wie Addition und Multiplikation mit komplexen Zahlen können durch geometrische Transformationen von Translationen und Rotationen in der Gauß'schen Zahlenebene ausgeführt werden.

Die Verwendung der imaginären Einheit *i* und von komplexen Zahlen wurde allerdings nach wie vor lediglich als nützlicher mathematischer Trick angesehen, bis in der Mitte des 18. Jahrhunderts der bahnbrechende Schweizer Mathematiker Leonhard Euler eine Gleichung aufstellte, die nach ihm benannt ist: $e^{i\pi} + 1 = 0$.

Sie wurde von Lesern der Zeitschrift *Mathematical Intelligencer* (die es eigentlich wissen müssten) zur schönsten mathematischen Formel aller Zeiten gewählt. Die Formel verbindet die wichtigsten mathematischen Konstanten: die Euler'sche Zahl *e* als Basis natürlicher Logarithmen, die universell die natürliche Welt durchdringen, die imaginäre Einheit *i*, die Zahl Pi (π), die das Verhältnis von Kreisumfang zu Kreisdurchmesser ausdrückt, und die Zahlen 0 und 1, die erste echte ganze Zahl.

Eulers Formel kann neu formuliert und ihre Quadratwurzel ausgedrückt werden als: $\sqrt{e^{i\pi}} = i$. Das ist außergewöhnlich!

Wir haben bereits gesehen, dass in unserem Universum der Informationsgehalt eines Systems entropisch in Form von Logarithmen ausgedrückt wird (der Zweite Hauptsatz der Information) und
dass die grundlegendste geometrische Form ein Kreis ist. Wenn man
nun die imaginäre Einheit i in dieser Art und Weise eingebunden
sieht, weist das unmissverständlich darauf hin, dass die nichtphysikalische Gauß'sche Zahlenebene weit mehr ist als eine mathematische Feinheit.

Wirklich neuen Zündstoff für unser Verständnis der tiefen Bedeutung von i und der Gauß'schen Zahlenebene lieferten erst die Ergebnisse der wissenschaftlichen Revolutionen zu Beginn des 20. Jahrhunderts. Die Einführung der Quantentheorie brachte nicht nur die
Verwendung komplexer Zahlen als nützliches Hilfsmittel mit sich,
sondern sie *forderte* tatsächlich die Existenz der nichtphysikalischen
Gauß'schen Zahlenebene, die solche Zahlen beschreibt und grafisch
darstellt, damit die tiefere Natur der Realität einen Sinn ergibt.

Die Gauß'sche Zahlenebene ist nicht nur wesentlich für die
Schrödinger-Gleichung über das Welle-Teilchen-Verhalten, ihre
Existenz durchdringt sogar die gesamte Quantenfeldtheorie, und die
komplexen Zahlen sind in der Tat eine wesentliche Grundlage in der
Physik und in den Ingenieurswissenschaften.

Wie bereits erörtert, haben Fourier-Transformationen universelle Gültigkeit; außerdem sind sie der Schlüssel für die Konstruktion
von Hologrammen und liefern tiefe Einsichten in das kosmische
Hologramm – und auch sie erfordern die Gauß'sche Zahlenebene
für ihre Operationen. Wir können uns dem nicht entziehen, dass
eine nichtphysikalische Existenzebene all unsere Vorstellungen über

die Natur der Realität untermauert. Anstelle des »Imaginären« ist dies der Bereich, in dem die manifestierte sichtbare Welt »abgebildet« wird. Und es geht noch viel weiter.

FRAKTALE ATTRAKTOREN

Einige Jahre bevor Mandelbrot geboren wurde, versuchten zwei französische Mathematiker, Gaston Julia und Pierre Fatou, die Gauß'sche Zahlenebene zu beschreiben, indem sie eine Reihe von Iterationen durchführten – mathematische Prozesse mit allmählicher Veränderung.

Mitten in den Wirren und der Tragödie des Ersten Weltkriegs fanden die beiden Franzosen in ihrer Analyse die tiefe Ordnung von Attraktoren – natürliche Ausgangspunkte in der Gauß'schen Zahlenebene, die umgebende Punkte anziehen – und umgekehrt andere Punkte, die eine abstoßende Wirkung zeigten. Die Grenzen rund um die Einzugsflächen der Attraktoren wurden durch abstoßende Punkte markiert und erwiesen sich als äußerst kompliziert, und zwar so, dass Jahrzehnte bevor das Auftreten der Computer ermöglichte, die raffinierten Details aufzudecken, die beiden Männer niemals die unglaublich schönen fraktalen Formen sahen, die ihre anziehenden und abstoßenden Punkte zur Schau stellten und die heute unter dem Namen »Julia-Menge« bekannt sind. Was sie jedoch entdeckten, sollte für Mandelbrots nachfolgende Arbeiten förderlich werden, nämlich wie solche fraktalen Attraktoren auf offensichtlich chaotische und komplexe Systeme angewendet werden können.

Ein weiterer Wissenschaftler, der ebenfalls die Natur von Iterationen erforschte und wesentlich zu Mandelbrots Entdeckungen beitrug, war der amerikanische Mathematiker und Physiker Mitchell

Feigenbaum. Er interessierte sich besonders dafür, was passiert, wenn die Variablen innerhalb eines Systems bestimmte Grenzwerte überschreiten, ob es dann eine Bifurkation oder weitere Verzweigungen durchläuft.

Je empfindlicher ein System auf die Erhöhung einer Variablen antwortet, desto eher kommt es zu weiteren Bifurkationen; das heißt, jeder Arm splittet sich wiederum in weitere zwei Arme auf. Wenn das System nicht auf irgendeine Weise gestoppt wird, nähert sich die Rate der kontinuierlichen Verdopplung der Bifurkationen einem einzigen Punkt, der als Feigenbaum-Punkt bezeichnet wird, an dem das System in einen chaotischen Zustand übergeht.

Es ist jedoch wesentlich, dass es selbst innerhalb des Chaos noch Bereiche der Ordnung gibt, die zu Ausgangspunkten für Fraktale einer neuen Stabilität werden können.

Feigenbaum fand heraus, dass sich das Verhältnis zwischen sukzessiven Bifurkationen einer spezifischen Zahl annähert: 4,6692016…, unabhängig davon, welches System er untersuchte. Genau wie die Kreiszahl Pi ist die Feigenbaum-Zahl eine weitere unendliche und sich nicht wiederholende irrationale Zahl und eine allgemein gültige Konstante unseres Universums.

Sein Verständnis beruhte allerdings auf Studien, in denen reelle Zahlen gemessen wurden. Erst als Mandelbrot die Möglichkeiten der computergestützten Analyse nutzte, um die Vorstellungen von Attraktoren und Julia-Mengen mit Feigenbaums erweiterten Erkenntnissen der Gauß'schen Zahlenebene zu kombinieren, tauchte ein weitaus größeres und auch tieferes Bild auf.

Mandelbrot war sich bewusst, dass Julia und Fatou zwei Typen von fraktalen Julia-Mengen entdeckt hatten. Die eine besteht aus vollkommen verbundenen und die andere aus nichtverbundenen

Gruppen, und Mandelbrot wollte das zugrunde liegende Muster verstehen, das zu den beiden Typen führte. Deshalb wiederholte er die
einfachste Form von Transformation, die weitere komplexe Zahlen
generierte und die Gauß'sche Zahlenebene effizient auf sich selbst
abbildete.

Im Jahr 1980 entschloss er sich, in die Grafik farbige Punkte ein-
zutragen, von denen verbundene Julia-Mengen entspringen, und
diejenigen auszusparen, von denen nichtverbundene Mengen ausgehen. Auf diese Weise wurden alle verbundenen und nichtverbundenen Julia-Mengen gekennzeichnet und in eine einzige große Menge überführt, die schließlich nach Mandelbrot benannt wurde – denn
das, was da aus dem Computer kam, war vollkommen unerwartet
und ganz und gar wundervoll.

Innen- und Außenseite der geometrischen Mandelbrot-Menge
bildete die Grenze zwischen allen verbundenen (innen) und nichtverbundenen (außen) Julia-Mengen. Und es ist gleichwohl die Grenze der Mandelbrot-Menge, die wirklich außergewöhnlich ist und die
die eingebetteten Julia-Mengen exakt am Scheitelpunkt zwischen
Verbindung und Trennung markiert. Genau hier enthüllt das Zoomen in immer kleinere Bereiche immer kleinere integrierte Julia-Mengen; Mandelbrot hatte buchstäblich die fraktale Harmonik
der Schöpfung entdeckt.

Sie öffneten den Zugang zur Realisierung, dass alle komplexen
und chaotischen physikalischen Systeme auf zugrunde liegenden
nichtphysikalischen Attraktoren und fraktalen Mustern der Gauß'-
schen Zahlenebene basieren und wie die komplizierten und mannigfaltigen Erscheinungen der »realen« Welt aus der inneren Ordnung
und den Anweisungen einfacher Regeln, Prinzipien, Beziehungen
und geometrischer Muster in einem Bereich jenseits der Raum-Zeit

entstehen. Diese Harmonik der Schöpfung, deren Eigenschaften die gleichen wie die des kosmischen Hologramms sind, untermauern die Ganzheitlichkeit unseres Universums in allen Bereichen seiner Existenz.

Wenn wir den Informationsgehalt solcher Attraktoren verstehen, werden wir einen tieferen Einblick in die Grundannahme gewinnen, dass, obwohl wahrscheinlich, letztendlich kein Phänomen zufällig ist.

Im Verlauf der holografischen Prozesse, die auf unzählig vielen Niveaus überall auf der gesamten Welt ablaufen, entstehen individuelle Wahrscheinlichkeiten, die kollektiven Determinismus bilden. So variieren beispielsweise die Körpergrößen einzelner Menschen, dennoch sind sie nicht »zufällig«, sondern wahrscheinlich. Das Biofeld-Muster eines Menschen enthält Informationen, die eine statistische Reichweite ergeben, die vom Niveau eines neugeborenen Babys bis zum größten Menschen der Welt reichen. Insgesamt ist die Reichweite deterministisch. Wenn man daher die Größen aller lebenden Menschen in einer Grafik über ihre Häufigkeit, das heißt die Zahl der Menschen mit dieser Größe, darstellt, würde die Gesamtverteilung die Form einer Glocke annehmen, deren Spitze dem Gesamtdurchschnitt entspricht. Wie es für Körpergrößen zutrifft, beschreibt die sogenannte Gauß-Kurve die normale Verteilung von Eigenschaften vieler Bevölkerungsgruppen.

Tatsächlich stellt sich heraus, dass die Gauß'sche Normalverteilung, die aus einer Familie stabiler fraktaler Attraktoren entsteht, innerhalb jeder Population die maximale Menge an Informationsentropie für einen Durchschnittsbereich und eine Variantenauswahl der spezifisch untersuchten Eigenschaften enthält.

NOCH TIEFERE DIMENSIONEN

Das Studium der tieferen Natur der Gauß'schen Zahlenebene, ihrer Fähigkeit, Information zu codieren, und was sich dahinter verbirgt, gehört zu den neuesten wissenschaftlichen Forschungen. Ähnlich wie die Gauß'sche Zahlenebene zu Beginn des 20. Jahrhunderts sich von einem mathematischen Hilfsmittel in die Erkenntnis tiefer gehender nichtphysikalischer Realitäten wandelte, so könnte am Anfang des 21. Jahrhunderts die Erforschung anderer nichtphysikalischer »Räume«, wie beispielsweise Phasen- oder Impulsraum, die bisher lediglich als mathematisch erachtet wurden, neue revolutionäre Entdeckungen und erweiterte Perspektiven der tiefgründigen Natur der Realität ans Licht bringen.

Dies könnte auch die Entdeckung der Existenz höherer Dimensionen einschließen – die entweder glatt und gekrümmt sind, wie von der M-Theorie vorgeschlagen, oder die großräumig sind und eventuell bisher unbekannte Eigenschaften des Lichts integrieren.

Wenn man die ureigenste informationelle Natur der physischen Realität voraussetzt, ist es unerlässlich zu verstehen, wie die Möglichkeiten von Information in solchen höheren Dimensionen entstehen und dann auch »zweckgebunden« zum Ausdruck gebracht werden. Ein solches Verständnis vom Entstehen der »realen« Welt aus einem »imaginären« Feld aller Möglichkeiten zu entwickeln, wie es mein Kollege Deepak Chopra beschrieben hat, ist letztendlich die wichtigste aller wissenschaftlichen und in der Tat auch spirituellen Aufgaben.

Sie vermag nicht nur unsere Sichtweise des Kosmos zu weiten, sondern ermöglicht auch umwälzende Schritte in der Beantwortung unserer wichtigsten menschlichen Fragen: »Wer bin ich?«, »Warum bin ich hier?« und »Wohin gehe ich?«.

7

Das perfekte Ergebnis

Alle erforderlichen oder erwünschten Elemente,
Eigenschaften und Ausprägungen zu haben, und zwar
so gut wie möglich ...

*Leben heißt, sich zu verändern, vollkommen zu sein heißt, sich
oft verändert zu haben.*

JOHN HENRY NEWMAN

Das im 21. Jahrhundert aufkommende wissenschaftliche Paradigma des kosmischen Hologramms besitzt das transformative Potenzial, sich in die wissenschaftlichen Revolutionen des 20. Jahrhunderts mit ihrer Auffassung der Relativität von Raum und Zeit, ihrer Integration in die unveränderliche Raum-Zeit und ihrer Quantisierung und Gleichstellung von Energie und Materie einzufügen und sich weiter auszubreiten.

Um den deutschen Mathematiker Hermann Minkowski, der für das geometrische und relativistische Verständnis der Raum-Zeit Pionierarbeit geleistet hat, frei zu zitieren und seine Einsichten für unsere eigene Ära bahnbrechender Entdeckungen auf den neuesten Stand zu bringen: Künftig sind die Raum-Zeit sowie Energie-Materie an sich zu einem bloßen Schattendasein verurteilt, und lediglich eine Art Vereinigung aus den beiden wird sich eine unabhängige Realität bewahren.

Die Erkenntnis wächst, dass die Information, die alles untermauert und durchdringt, was wir als physische Realität bezeichnen, diese Vereinigung anbietet und dass sich von den dynamischen informationellen Mustern, die in eine holografische Grenze eingebettet sind und von tiefer liegenden nichtphysikalischen Bereichen ausgehen, die Existenz und die Evolution unseres gesamten Universums, einschließlich unserer Erfahrungen als menschliche Wesen, ableiten lässt.

Wir sind nun so weit, die Entdeckungen zusammenzulegen, die wir bis heute gemacht haben, und zusammenzufassen, wie dieses sich entwickelnde Verständnis des kosmischen Hologramms darlegt, auf welche Weise das perfekte Ergebnis für unser Universum erzielt wurde.

INFORMATION

Wie in Kapitel 1 erläutert wurde, formt Information buchstäblich alles, was wir als physische Realität bezeichnen, und auf der Basis von Anweisungen, Bedingungen, Zutaten, Rezept und Behältnis, die der Information innewohnen und das kosmische Hologramm bilden, entsteht ein Universum, das die Entwicklung von Komplexität und immer mehr selbsterkennendem Bewusstsein fördert – ein Universum, das für uns ideal ist.

Während Körperlichkeit schrittweise als immateriell und Information als physikalisch nachgewiesen werden, führt ihre Kongruenz zu dem wachsenden Bewusstsein, dass es, um das Wesen der Realität in seiner Gesamtheit zu verstehen, erforderlich ist, die Prinzipien und Gesetze der Physik in der Sprache der Information neu zu definieren.

In jedem Bereich – vom winzigsten Planck-Niveau bis zur Gesamtheit des Kosmos – wird die Realität unseres Universums tatsächlich auf diese Weise neu definiert, sodass sie sich selbst als Darstellung holografisch ausgedrückter Information offenbart, die grundlegender ist als Raum-Zeit und Energie-Materie. Das Verhalten von Quanteninformation und die nichtlokale Verbindung, die die Grenzen der Raum-Zeit überwindet, sind nicht auf die Quantenebene beschränkt. Experimentell konnte Nichtlokalität für Objekte nachgewiesen werden, die so groß sind wie kleine Diamanten, und theoretisch trifft das auf die meisten fundamentalen Naturkräfte unseres Universums zu.

Es gibt keinen grundlegenden Unterschied zwischen Quantenebene und makroskopischen Bereichen. Sie erscheinen nur verschieden aufgrund der Schwierigkeit, größere Entitäten hinsichtlich ihrer Information von ihrer Umgebung zu isolieren. Dies zeigt, dass unser Universum von Natur aus kohärent und nichtlokal vereint ist, wobei alles grundsätzlich miteinander verbunden ist und auf Information beruht.

Die wissenschaftlichen Nachweise nehmen zu, dass die Raum-Zeit im winzigen Bereich der Planck-Skala gepixelt ist; genau dieser Bereich bildet das Fundament für informationelle und holografische Realität. Sowohl verschiedene Theorien als auch kosmologische Beobachtungen liefern zunehmend starke Anzeichen dafür, dass unser

Universum endlich ist, was den Raum und die Zeit betrifft – es entstand, existiert und wird letztendlich zugrunde gehen innerhalb eines unendlichen und ewigen kosmischen Plenums.

Ein endliches Universum kann allerdings auch nur endliche Information enthalten. Deshalb muss es einen Mechanismus für die im Wesentlichen unbegrenzten, kontinuierlichen und nichtphysikalischen Wellenfunktionen von Quantenpotenzialen geben, damit sie letztendlich realisiert werden. Quantifizierung mit ihrer diskreten Lokalisierung stellt einen solchen Mechanismus dar.

Information, wiedergegeben als digitalisierte Bits – dabei ist ein Bit durch die holografische Grenze auf der Planck-Skala codiert –, ist dann die einfachste und effizienteste Kommunikations- und Verarbeitungsmethode.

ANWEISUNGEN

Wie wir in Kapitel 2 gesehen haben, entstand unser Universum vor 13,8 Milliarden Jahren im sogenannten Urknall, der überhaupt kein Knall war. Stattdessen verkörperte es im allerersten Moment der Raum-Zeit makellose Ordnung, expandierte nicht in einer gewaltigen Explosion, sondern mit einer unglaublich fein abgestimmten Genauigkeit: dem Uratemzug.

Von seiner Geburt an entschlüsselte es die gesamte Information und algorithmischen Anweisungen, die sicherstellten, dass alle physikalischen Gesetze, die das Verhalten von Energie und Materie betreffen und die von der Quantentheorie beschrieben werden, überall vorherrschen und das Universum dadurch in die Lage versetzen, als absolute Einheit zu existieren. Diese Codierung und Kohärenz beförderten auch die Bildung von Elementarteilchen und die Entstehung von grundlegenden Prozessen und Wechselwirkungen, die Schritt für Schritt die Geburt von Sternen und Galaxien sowie die Entwicklung immer größerer Komplexität und Vielfalt hervorriefen.

Kosmologische Messungen haben außerdem gezeigt, dass die Geometrie des Raumes flach ist, ein ganz besonderer Umstand, der sowohl für die Relativität von Raum und Zeit als auch für ihre Zusammenführung in die unveränderliche Raum-Zeit von elementarer Bedeutung ist. Die Endlichkeit unseres Universums, seine flache Geometrie und die Expansion des Raumes bedeuten auch, dass die als sichtbare und dunkle Energie und Materie exprimierte Information einerseits erhalten wird, andererseits sich exakt über ihre Lebensdauer hinweg zu null aufaddiert.

Eine solche Erhaltung der Information, die auf universeller Grundlage in Form von Energie und Materie exprimiert wird, stellt eine Bestätigung des Ersten Hauptsatzes der Information dar. Daher gilt: *Der Erste Hauptsatz der Information ist im Wesentlichen auch der verallgemeinerte Ausdruck der Quantentheorie.*

Zusätzlich verkörpert der Ursprung unseres Universums, als es sich in einem außerordentlich geordneten Zustand befand, den geringsten Informationsgehalt, der sich nach der Entropie verhält, seit es begonnen hat, unaufhaltsam zu expandieren; dies löste den Informationsfluss der Entropie, das heißt den Zeitpfeil, und die Unverletzlichkeit des Kausalitätsprinzips innerhalb der Raum-Zeit aus.

Der zunehmende Informationsfluss der Entropie innerhalb der Raum-Zeit, der am Ende der Lebensdauer unseres Universums ein Maximum erreichen wird, hat es ermöglicht, dass die Entwicklung immer höherer Bewusstseins- und Selbstwahrnehmungsebenen ausgedrückt, verkörpert und erfahren wird. Solch ein entropischer Informationsprozess, bei dem Zeit und Raum zur Raum-Zeit zusammengeführt werden, und zwar von einem minimalen in einen maximalen Zustand, ist eine Bestätigung des Zweiten Hauptsatzes der Information.

Die Natur der Zeit selbst kann sogar als akkumulierter Fluss von Informationsentropie betrachtet werden, der von der Vergangenheit über die Gegenwart bis in die Zukunft ständig zunimmt. Und tatsächlich, wie *der Erste Hauptsatz der Information der verallgemeinerte Ausdruck der Quantentheorie ist, so ist es der Zweite Hauptsatz der Information in Bezug auf die Relativitätstheorie.*

Wenn man die Hauptsätze der Thermodynamik des 19. Jahrhunderts für die Hauptsätze der Information (oder Infodynamik) des 21. Jahrhunderts neu definiert und erweitert, um unser Verständnis von der Natur der Realität zu vertiefen, nimmt man auch die Komplementarität wahr; dadurch wird es möglich, wie bereits erwähnt, die beiden bis heute einander unvereinbar gegenüberstehenden Träger der Wissenschaft des 20. Jahrhunderts zusammenzuführen: Quanten- und Relativitätstheorie.

Die beiden Hauptsätze der Information zeigen in der Tat, dass keine Notwendigkeit besteht, die Quantentheorie und die Relativitätstheorie gewaltsam zusammenzupacken, wie man es in den vergangenen achtzig Jahren versucht hat, sondern dass man sie stattdessen als komplementäre Eigenschaften einer informationellen physischen Realität auffassen kann, wobei Erstere die universell gültige Erhaltung von Energie-Materie und Letztere die universelle entropische Raum-Zeit beschreibt.

Der Erste Hauptsatz der Information ermöglicht die Existenz unseres Universums; der Zweite Hauptsatz der Information ermöglicht seine Entwicklung.

Das Studium der Allgemeinen Relativitätstheorie und des Informationsflusses der Entropie von Schwarzen Löchern haben auch gezeigt, dass ihr maximaler Informationsgehalt, pixeliert im Bereich der Planck-Skala, nicht zum dreidimensionalen Volumen des Raumes, den sie einnehmen, proportional ist, sondern zu ihrer zweidimensionalen Oberfläche.

Dies kann auf jegliche Information übertragen werden, die offensichtlich durch die vierdimensionale Raum-Zeit unseres Universums verkörpert wird; diese kann man jedoch stattdessen so betrachten, als ob sie auf einer zweidimensionalen holografischen Grenze codiert würde. Damit innerhalb unseres Universums immer mehr Information in Form von Entwicklung und zunehmender Komplexität an Erfahrung und Bewusstsein umgesetzt werden kann, *muss* der gesamte Bereich seiner zweidimensionalen Grenze expandieren – was der Raum vom Uratemzug an getan hat und beständig tut. Sowohl der Raum als auch die Zeit sind damit neu auftauchende Phänomene des informationellen kosmischen Hologramms, und die Natur der Raum-Zeit wird entropisch durch den Zweiten Hauptsatz der Information zum Ausdruck gebracht.

Die logische Schlussfolgerung des sich entfaltenden entropischen Informationsprozesses unseres Universums lautet, dass sein Ende ein Zustand maximaler Entropie und eines vollständigen thermischen Gleichgewichts am absoluten Nullpunkt (oder sehr nahe daran) sein wird. Obwohl bis heute kein Mechanismus dafür bekannt ist, könnte diese Endzeit die Freisetzung ihrer angehäuften Information, ihres Wissens und ihrer Weisheit in die Unendlichkeit des ewigen kosmischen Plenums hervorrufen.

BEDINGUNGEN

Wie in Kapitel 3 beschrieben wurde, lauten die drei grundlegenden Bedingungen für unser ideales Universum Simplizität (Einfachheit), Invarianz (Beständigkeit) und Kausalität (Ursächlichkeit).

Eine universelle Simplizität erschließt sich durch tiefere Zusammenschlüsse verschiedener Phänomene und physikalischer Gesetze, die, obwohl sie das Entstehen von Komplexität im Lauf der Evolution unterstützen, im Wesentlichen so einfach wie möglich, aber nicht einfacher sind.

Eine universelle Invarianz zeigt, obwohl Zeit und Raum jeweils relativ zur Position eines Beobachters und miteinander durch die konstante Lichtgeschwindigkeit verwoben sind, dass ihr Zusammenschluss zur vierdimensionalen Raum-Zeit unveränderlich ist. Daher geben alle Messungen desselben Ereignisses in der Raum-Zeit allen Beobachtern dieselbe Antwort, unabhängig von ihren jeweiligen Positionen.

Die Lichtgeschwindigkeit stellt sicher, dass die Information *innerhalb* der Raum-Zeit mit maximaler Rate unter Beibehaltung der universellen Kausalität übertragen wird. Dennoch ist unser Universum, wie am Phänomen der universellen Nichtlokalität weiterhin zu sehen ist, in seiner Gesamtheit gleichzeitig verbunden und entwickelt sich als kohärente zusammengehörende Einheit.

ZUTATEN

Wie wir in Kapitel 4 erörtert haben, gibt es nur eine Zutat – Information –, die dafür sorgt, dass unser ideales Universum umgesetzt und als Energie und Materie in all ihren gegenseitig austauschbaren

Formen erhalten wird, wobei es sich durch entropische Prozesse un-
ermüdlich vergrößert.

Wenn Materie keine Masse aufwiese, würde sich alles innerhalb
der Raum-Zeit mit Lichtgeschwindigkeit bewegen wie die masselo-
sen Lichtphotonen, und die Zeit würde in ihrem Lauf anhalten.
Grundsätzlich verlangsamt die Aufnahme von Masse durch die Elementarteilchen, die vom Higgs-Feld durchdrungen sind, alle Dinge
und ermöglicht somit den Informationsfluss der Entropie und die
Erfahrung der Zeit selbst.

Die unterschiedlichen Eigenschaften aller Elementarteilchen
sind für die Existenz und die Entwicklung unseres idealen Universums unumgänglich, und sie werden nun auch hinsichtlich ihrer
harmonischen, resonanten und kohärenten Verhaltensweise verstanden – alles Anzeichen für das kosmische Hologramm. Drei fundamentale Naturkräfte – die elektromagnetische, die starke und die
schwache Kernkraft – lassen sich unter den extremen Bedingungen,
die unmittelbar nach Entstehen unseres Universums herrschten,
sehr gut in eine Große Vereinheitlichte Theorie (GUT) integrieren,
aller Wahrscheinlichkeit nach zusammen mit den Eigenschaften von
Licht. Als der Raum expandierte und die Energien unter einen bestimmten Grenzwert sanken, durchliefen sie Formen von Phasenübergängen und trennten sich auf in die drei nachfolgenden Typen
von Wechselwirkungen.

Die Quanten- und die Relativitätstheorie beschreiben das Verhalten von Energie und Materie jeweils in mikroskopischen und makroskopischen Bereichen. Vorher versuchten verschiedene Theorien, die die beiden in Einklang bringen und miteinander verbinden
wollten, die Gravitation bei extrem hoher Energiedichte zu quantisieren. Wie wir gesehen haben, zeigen der Erste und der Zweite

Hauptsatz der Information, dass sie stattdessen komplementär sind in ihrer Darstellung der Erhaltung von Energie-Materie und der Entropie der Raum-Zeit.

Die Gravitation wurde dann als eine neu auftauchende Konsequenz der auf die Informationsentropie bezogenen Natur der Raum-Zeit und im Wesentlichen der *Beschleunigung,* die sie zwischen Massen hervorruft, betrachtet, was effizientere Mittel bot, um sie in die neue Auffassung des kosmischen Hologramms zu integrieren.

Alle Konzepte für eine solche Integration schienen auch eine Reduktion der Anzahl von räumlichen Dimensionen zu erfordern. Die drei Dimensionen, mit denen wir vertraut sind, fallen zu einer einzigen Dimension zusammen, die mit der Zeit kombiniert wird, um eine zweidimensionale Raum-Zeit zu bilden – ein weiteres Anzeichen für die holografischen Grundlagen der physischen Realität.

REZEPT

Das genaue Rezept, um die Komponenten der Information unseres Universums miteinander zu kombinieren, ist wesentlich, damit es in der Art und Weise existieren und sich entwickeln konnte, wie es tatsächlich geschehen ist (siehe hierzu auch Kapitel 5).

Es scheint so, als ob unser Universum seine Existenz in einem perfekten Gleichgewicht begonnen hätte, obwohl es von Natur aus instabil ist. Die Beibehaltung einiger seiner ursprünglichen Symmetrien ist der Schlüssel dafür, dass die Gesetze der Physik unveränderlich sind, ebenso wie die universelle Erhaltung bestimmter fundamentaler Eigenschaften wie Energie und Materie.

Die Instabilität anderer Symmetrien löste jedoch aus, dass es schnell zu Symmetriebrechungen kam, wie beispielsweise Materie und Antimaterie, woraus die energetisch effizientesten und stabilsten Nichtsymmetrien resultierten; solche asymmetrischen Prozesse sind ebenfalls unabdingbar für die kontinuierliche Existenz und Entwicklung des Universums.

Zusätzlich zu der äußerst speziellen Natur der flachen Geometrie des Raumes waren die unterschiedlichen Arten von Energie und Materie, ihr Gleichgewichtszustand und ihre Wechselwirkungen vom ersten Moment unseres Universums an unglaublich fein abgestimmt; anderenfalls wäre es untergegangen, bevor es überhaupt angefangen hätte zu existieren.

BEHÄLTNIS

Wie in Kapitel 6 erörtert wurde, beschreibt das kosmische Hologramm das »Behältnis« für unser Universum, wie es von einer holografischen Grenze repräsentiert wird, deren Information im Bereich der Planck-Skala pixeliert ist, von der die Raum-Zeit ihren Ausgang nimmt; die Suche nach Beweisen für dieses »Behältnis« dauert noch an.

Die Eigenschaften des holografischen Prinzips und der Natur des Lichts in Bezug auf Information und Energie sind ideal, um physische Realität zu schaffen, wobei sie dafür sorgen, dass der maximale Informationsgehalt auf die einfachste und effizienteste Weise verkörpert wird. Die Schwingungsnatur aller Arten von Energie und Materie ermöglicht es, dass jedes Objekt als eine Kombination einfacher Wellenformen neu definiert und wieder so zusammengesetzt werden kann, dass das ursprüngliche Objekt wieder entsteht. Solche Fourier-Transformationen sind von grundlegender Bedeutung für das holografische Prinzip.

Auf der Basis der Pionierarbeit von Benoît Mandelbrot hat die Computeranalyse aufgedeckt, dass die gebrochenen Dimensionen selbstähnlicher fraktaler geometrischer Muster unser Universum in allen Bereichen holografisch untermauern und durchdringen, wobei sie ihre Anwesenheit nicht nur durch »natürliche Phänomene«, sondern auch durch unsere künstliche Welt ausdrücken. Die geometrischen Formen innewohnenden Beziehungen stellen fundamentale Aspekte der kosmischen Sprache der Mathematik dar, in der jedwede Realität geschrieben ist.

Obwohl noch einige Fragen unbeantwortet bleiben, erscheint aufgrund der erwiesenen flachen Geometrie des Raumes und des zunehmenden Nachweises, dass er endlich ist, die Geometrie eines Torus beziehungsweise Donuts als die am besten geeignete Form für die holografische Grenze unseres gesamten Universums.

Unser ideales Universum kann nur hinsichtlich seiner Manifestation aus einer grundlegenderen Realität jenseits der Erscheinung der vierdimensionalen Raum-Zeit verstanden werden. Das Konzept von i (der Quadratwurzel aus -1), die komplexen Zahlen und die sogenannte Gauß'sche Zahlenebene sind weit mehr als bloße mathematische Werkzeuge, sondern sie untermauern tatsächlich die Erscheinung der physischen Realität auf eine essenzielle metaphysische Weise.

Quantentheorie, Fourier-Transformationen und viele andere Theorien und Prozesse, welche die Natur der physischen Realität beschreiben, *erfordern* genau genommen die Existenz einer Gauß'schen Zahlenebene jenseits der Raum-Zeit. Und auch hier liegen metaphysische Muster fraktaler Attraktoren dem offensichtlichen Chaos und der Mannigfaltigkeit komplexer physikalischer Systeme zugrunde und liefern weitere Hinweise, wie es antike Philosophen intuitiv erfassten, auf eine tiefere und universelle harmonische Ordnung.

Solch eine nichtphysikalische Existenzebene liegt allen unseren Ideen der Natur einer physikalisierten Realität zugrunde. Am Beginn des 20. Jahrhunderts bildete die Gauß'sche Zahlenebene nicht länger nur ein mathematisches Werkzeug, sondern wurde für die Umsetzung einer tieferen, nichtphysikalischen, aber von Natur aus informationellen Realität herangezogen. Am Anfang des 21. Jahrhunderts könnte die Untersuchung anderer nichtphysikalischer »Räume«, die bis zu diesem Zeitpunkt lediglich eine mathematische Angelegenheit zu sein schienen, sogar noch tiefgründigere und umwälzendere Entdeckungen nach sich ziehen.

DAS PERFEKTE ERGEBNIS GENIESSEN

Jetzt haben wir Information, Anweisungen, Bedingungen, Zutaten, Rezept und Behältnis rekapituliert, um unser ideales Universum zu »kreieren«, und sind damit bereit, das perfekte Ergebnis zu genießen. Sämtliche fundamentalen Eigenschaften des kosmischen Hologramms, das die physische Realität unseres Universums *bildet,* gründen sich auf Information, die universell als Erhaltung von Energie und Masse und entropisch als Raum-Zeit ausgedrückt wird.

Derartige Information macht die vorzügliche Ordnung und die feine Abstimmung ihrer Anweisungen aus, die wundervoll elegante Einfachheit ihrer Anfangsbedingungen, die großartige Vielseitigkeit von Energie und Materie, die ihre einzige Zutat darstellen, die unglaubliche Genauigkeit des Rezepts, das alle Wechselwirkungen und Prozesse definiert, und die ideale Natur ihres holografischen, gepixelten Behältnisses. Von seinen nichtphysikalischen Grundlagen codiert das kosmische Hologramm mögliche fraktale Informationsmuster, die sich im Verlauf der Raum-Zeit in allen Existenzbereichen manifestieren und die dynamisch die Vorlagen der Evolution leiten.

Für uns selbst ist vielleicht seine essenzielle Natur am wichtigsten, die unser Universum in die Lage versetzt, als nichtlokal kohärente und verbundene Einheit vom ersten bis zum letzten Moment zu existieren und sich zu entwickeln, wobei es über seine gesamte Lebensdauer hinweg das Entstehen immer höherer Komplexitätszustände und sich selbst wahrnehmender Intelligenzen wie uns Menschen fördert.

Dieses perfekte Ergebnis ist bestimmt köstlich. Lassen Sie's sich schmecken!

TEIL 2
◇◇◇◇◇◇◇

Holografisches Universum und Information

Allgemeine Muster

**Alles in der Welt liegt in geordneten, selbstähnlichen
und erkennbaren Formen vor ...**

*Schönheit ist das Lächeln der Wahrheit, wenn sie ihr Gesicht in
einem perfekten Spiegel betrachtet.*

RABINDRANATH TAGORE

Dank der exponentiell anwachsenden Leistung von Computern, was
die Analyse enormer Datenmengen auf vielen Untersuchungsgebie-
ten betrifft, werden Wissenschaftler immer stärker darauf aufmerksam, dass unser Universum von fraktalen Informationsmustern
durchdrungen ist, und zwar auf allen Existenzebenen vom Quan-
tenbereich bis hin zu Galaxienhaufen und darüber hinaus.

In diesem und den beiden folgenden Kapiteln werden wir untersuchen, wie sie und komplementäre Formen universeller Verbindungen die spezifische Einfachheit und die natürliche Gesamtheit unseres Universums aufzeigen und – besonders wichtig – wie dieselben

Muster im Verlauf von sowohl »natürlichen« als auch »künstlichen« Phänomenen entdeckt wurden.

Wir werden außerdem sehen, wie nichtphysikalische fraktale Attraktoren alle komplexen Phänomene in der physischen Welt untermauern und wie allgemein harmonische und kohärente Beziehungen unter wichtigen Variablen in einer großen Bandbreite von Situationen dieselben fraktalen, holografischen Prozesse umfassen, die die allgegenwärtige fundamentale Signatur des kosmischen Hologramms zeigen.

FRAKTALE

Fraktale und ihre selbstähnliche holografische Natur wurden bereits vorgestellt. Jetzt ist es an der Zeit, uns anzuschauen, wie diese grundlegenden Muster wirklich alles durchdringen. Während wir später noch weiter ins Detail gehen, was ihre universelle Gültigkeit für biologische Systeme und unsere menschlichen Wahlmöglichkeiten und Verhaltensweisen angeht, wollen wir uns für den Moment darauf fokussieren, wie ein breites Spektrum wissenschaftlicher Disziplinen entdeckt, dass sie in »natürlichen« Phänomenen fast überall vorhanden sind.

Doch bevor wir uns damit befassen, müssen wir näher auf meine Beschreibung eingehen, dass Fraktale selbstähnlich sind. Um nämlich ganz korrekt zu sein: Obwohl Fraktale es tatsächlich in einer Vielzahl von Fällen sind, erfordert diese Selbstähnlichkeit ihr Vergrößern und Verkleinern im genauen Verhältnis ihres Grundmusters. Wenn sich ihre Dimensionen in unterschiedlichen Verhältnissen zueinander vergrößern und verkleinern, werden sie stattdessen im Allgemeinen als selbstaffin definiert. »Selbstaffinität« ist ein Begriff,

der die weitgehende Ähnlichkeit der Teile eines Systems mit dem
Ganzen bezeichnet. Selbstähnlichkeit ist somit eine spezifische Teil-
menge der allgemeineren Selbstaffinität, die selbstverständlich ebenso von Natur aus skaleninvariant und holografisch ist.

So zeigen beispielsweise Studien der Planetentopografie sowohl
selbstähnliche als auch selbstaffine Fraktale, wobei Landflächen eher
zu selbstähnlichen Mustern tendieren, während die Querschnitte
vertikaler Erhebungen selbstaffine Strukturen aufweisen.

Ein Beispiel, wo selbstaffine Fraktale vorherrschen, ist das Verhalten von Aktienmärkten im Lauf der Zeit: Hier erfordert das häufig turbulente Verhalten des Systems ebenfalls eine weitere Iteration
fraktaler Muster. Die Volatilitäten des Marktes ziehen mehr als ein
selbstaffines Fraktal nach sich, um ihre Bewegungen besser zu verfolgen und vorherzusagen. Es war Benoît Mandelbrots Pionierarbeit
über Aktienkursmodelle, die ihn dazu brachte, den Begriff »Multifraktale« zu prägen für die vielfältigen Formen, die notwendig sind,
um solch eine komplizierte Variabilität zu beschreiben.

Wenn wir die nachfolgenden »natürlichen« Systeme betrachten,
müssen wir ebenso wie später, wenn wir uns biologische und »künstliche« Phänomene anschauen, daran denken, dass die meisten von
ihnen Variationsstufen aufweisen, die am besten in diesem erweiterten Kontext von Selbstaffinität und Multifraktalen verstanden werden können.

Geologie und Geophysik sind voller skaleninvarianter Prozesse und
Ereignisse, die chaotisches Verhalten zeigen. Dessen turbulente Natur verbirgt die zugrunde liegende Ordnung, die ausnahmslos fraktal
ist. Daher hat fraktale Modellierung in den Geowissenschaften viele
Anwendungsbereiche, von der Analyse von Mineralvorkommen bis

zur Fragmentation tektonischer Platten. Viele fraktale Strukturen zeigen durchwegs Ähnlichkeiten sogar über Manifestationen hinweg, die anscheinend äußerst verschiedenartig sind, wie zum Beispiel die Topologie des Grand Canyon und des Idaho-Batholithen. Im Jahr 1991 konnte der Geophysiker Donald Turcotte, Professor an der Cornell University, zeigen, dass sie dieselbe fraktale Dimension teilen.[50]

Wir haben bereits festgestellt, dass Küstenlinien Fraktale sind, ebenso wie die Einzugsgebiete von Flussläufen und die Höhe von Bergen innerhalb von Gebirgszügen, und sogar Waldbrände breiten sich entlang fraktaler Grenzen aus.

In der Meteorologie sind nicht nur Wolken, sondern auch Blitzkaskaden und die sich wiederholenden Muster von Schneeflocken Fraktale, und wir werden später noch sehen, wie die wesentlich größere Komplexität ganzer Wetterereignisse aus zugrunde liegenden fraktalen Attraktoren entsteht.

Alle chemischen Prozesse erfordern Energie und somit Informationsflüsse, die von Natur aus fraktal sind. Die Anwendungsbereiche von Erkenntnissen über Fraktale in Chemie und Werkstoffwissenschaften werden ständig erweitert; beispielsweise können die fraktalen Muster, die bei Korrosionserscheinungen auftreten, dabei helfen, die Oberflächenstrukturen von Metallen besser zu verstehen.

Auch in der Physik zeigt sich die allgegenwärtige Natur von Fraktalen zunehmend in allen Bereichen. Im Jahr 2010 entdeckten Ali Yazdani von der Princeton University und seine Mitarbeiter, dass diese Muster im Bereich einzelner Atome in einem Feststoff existieren.[51] An einem abrupten Übergangspunkt, an dem sich ein Material nicht mehr wie ein Metall verhält, sondern als Isolator agiert, benutzte das Team ein Rastertunnelmikroskop (RTM), um die fraktale

Clusterbildung von Elektronen im atomaren Bereich direkt zu beobachten.

In einem weiteren bahnbrechenden Experiment aus dem Jahr 2013 berichteten Physiker zum ersten Mal über den experimentellen Nachweis eines der frühesten fraktalen Muster, die in der Theorie der Quantenphysik auftauchten.[52] Es ist als der »Hofstadter-Schmetterling« bekannt, nach seinem Entdecker Douglas R. Hofstadter, der eine fraktale Struktur vorgeschlagen hatte, um die Bewegung von Elektronen in extremen magnetischen Feldern zu beschreiben. Er postulierte, dass sich, wenn ein äußeres magnetisches Feld angelegt wird, die Quantenenergieniveaus von Elektronen, die auf ein Kristallgitter beschränkt sind, schrittweise aufspalten würden; und wenn man sie grafisch darstellt, würden sie ein fraktales Muster zeigen, das den Flügeln eines Schmetterlings gleicht.

Als Hofstadter in den 1970er-Jahren zu diesen Einsichten gelangte, war er ein junger Hochschulabsolvent, und – auch keine Seltenheit in den Annalen der Physik – sein Doktorvater war nicht gerade begeistert von seinem Vorschlag. Mehr als vierzig Jahre lang war es äußerst schwierig, seine Idee experimentell zu überprüfen. Schließlich gelang es mithilfe von Graphen, solche Gitter zu erzeugen, und man konnte das von Hofstadter vorhergesagte Verhalten der Elektronen veranschaulichen, wenn auch indirekt. Wie Pablo Jarillo-Herrero, ein Mitglied des Teams, vermerkte: »Wir fanden einen Kokon.« Und dann fügte er hinzu: »Niemand bezweifelte, dass sich darin ein Schmetterling verbarg.«

Eine weitere Entdeckung einer zugrunde liegenden fraktalen Struktur bezieht sich auf das Phänomen von Supraleitern, die keinen elektrischen Widerstand aufweisen und deshalb extrem nützlich sind, um eine große Menge von elektrischem Strom ohne Energieverlust zu leiten. Vollkommen unerwartet entdeckten Antonio Bianconi und sein Team von der Sapienza-Universität in Rom, als sie 2010 die Eigenschaften kristalliner Supraleiter untersuchten, dass nicht nur die Kristallstruktur ein Fraktal war, sondern auch, dass, je größer die gebildeten fraktalen Muster waren, desto höher die Temperatur war, für die die Supraleitfähigkeit bestehen blieb.[53] Wenn man also Kristalle mit maximaler fraktaler Anordnung konstruiert, könnte man Materialien herstellen, die sogar bei höheren Temperaturen supraleitend sind.

In wesentlich größeren Skalenbereichen entdecken Astronomen und Kosmologen ebenfalls fraktale Muster, die unser Universum durchziehen. Innerhalb unseres Sonnensystems besitzt beispielsweise der Sonnenwind – der turbulente Strom geladener Teilchen, den unsere Sonne beständig ausstößt – fraktale Eigenschaften, wie 2014 Sandra Chapman und ihre Kollegen von der University of Warwick in Großbritannien herausfanden.[54] Und auch Saturnringe weisen fraktale Muster auf.[55]

Weiter draußen, wie Studien der kosmischen Mikrowellenhintergrundstrahlung (das astronomische Geschenk, das sich immer wieder neu verschenkt) zeigen konnten, gruppieren sich Galaxien ebenfalls nach fraktalen Mustern zusammen. Im Jahr 2012 analysierten Morag Scrimgeour und ihr Team von der University of Western Australia in Perth Daten des WiggleZ Dark Energy Survey, nachdem sie die bis dahin größte dreidimensionale Darstellung solch einer riesigen Galaxiengruppenbildung unternommen hatten.[56] Auf der Basis von Beobachtungen des Anglo-Australian Telescope in New South Wales stellte das Team die enorme Zahl von 220 000 Galaxien grafisch dar – innerhalb eines gewaltigen Raumvolumens, das einem Würfel mit einer Kantenlänge von drei Milliarden Lichtjahren ent-

sprach. Auf einer Entfernungsskala von bis zu 330 Millionen Lichtjahren fanden sie fraktale Galaxienhaufen. Doch darüber hinaus erschienen die galaktischen Räume homogen, was mit dem von uns
erforschten Modell des kosmischen Hologramms vereinbar ist. Obwohl nämlich Fraktale, Skaleninvarianz und andere holografische
Eigenschaften Merkmale der Manifestation der Raum-Zeit darstellen, besteht keine Notwendigkeit, dass die gesamte Topologie unseres Universums selbst fraktal sein müsste.

Wenn es tatsächlich so wäre, würden sich daraus große Probleme
für die Untersuchung des Universums ergeben. Nicht zuletzt wären
unsere Erkenntnisse über die Raum-Zeit selbst und die Anwendung
der Allgemeinen Relativitätstheorie, um diese darzustellen – die jede
experimentelle Prüfung bestanden hat, der man sie bisher ausgesetzt
hatte –, ungültig und müssten verworfen oder gänzlich modifiziert
werden.

Die größten fraktalen Muster, die bisher von Scrimgeours Team
entdeckt worden sind, stehen im Einklang mit der maximalen Größe, die in Bezug auf Gravitation und Organisation der Materie über
die 13,8 Milliarden Jahre seit dem Uratemzug unseres Universums
hinweg zu erwarten war. Was uns die Wiederholung fraktaler Muster
von den winzigsten bis zu den größten Skalen zeigt, ist Folgendes:
Die Informationsmuster, die unser Universum untermauern, verkörpern die Mindestinformation und die einfachsten Anweisungen
in allen Größenbereichen, um die Ausprägung maximaler Verschiedenartigkeit sowie die Entwicklung und Evolution der größten
Komplexität zu ermöglichen.

Die Entdeckungen, dass die zugrunde liegenden fraktalen Muster
im gesamten Universum allgegenwärtig sind, enthüllen auch die natürliche harmonische Ordnung unseres Universums. Um zu sehen,

was das für unser weiteres Verständnis bedeutet, müssen wir jedoch zuerst betrachten, was ich mit harmonischer Ordnung meine und wie sich ihre einfachen Regeln auf komplizierte Weise ausdrücken.

HARMONISCHE ORDNUNG

Als ich vor vielen Jahren noch zur Schule ging – das war einige Zeit vor der Erfindung des Taschenrechners –, habe ich in meinem Mathematikunterricht gelernt, wie man zwei unverzichtbare Werkzeuge verwendet: Logarithmentafel und Rechenschieber. Und obwohl elektronische Rechner und Computer die beiden schon seit Langem überflüssig gemacht haben, ist die Art und Weise, wie sie funktionieren, immer noch aktuell und – mit dem Verständnis des kosmischen Hologramms und der harmonischen Natur der Realität – sogar relevanter als je zuvor. Lassen Sie mich erklären, warum das so ist.

Was die beiden ermöglichten, war eine dramatische Vereinfachung ansonsten komplizierter Rechnungen wie Multiplikation, Division und das Berechnen von Quadratwurzeln von Zahlen. Logarithmentafel und Rechenschieber funktionierten mithilfe von Logarithmen, die Multiplikation in Addition und Division in Subtraktion umwandelten – dadurch wurden die Rechenvorgänge viel einfacher!

Sie werden wahrscheinlich dankbar sein, dass ich an dieser Stelle nicht tiefer in die Technik der Logarithmen einsteige. Entscheidend für uns ist zu verstehen, dass sie genau in dieser Art und Weise funktionieren, weil sie im Wesentlichen harmonisch sind. Dies ist der Tatsache geschuldet, dass sie Exponenten (oder Kräfte) einer Basiszahl wie zum Beispiel 10 sind, wobei die Basis so oft mit sich selbst multipliziert wird, bis die erforderliche Zahl erreicht ist.

Um dies numerisch zu erklären, benötigen wir ein bisschen Mathematik. Der Logarithmus einer Zahl x (nehmen wir beispielsweise 100) ist der Exponent, mit dem die Basis (in diesem Fall 10) potenziert werden muss, um x zu ergeben, da $100 = 10 \times 10$. Deshalb ist der Logarithmus von 100 zur Basis 10 gleich 2 oder $\log_{10}(100) = 2$.

Dies ermöglicht es, Zahlen in ihren Logarithmus umzuwandeln und umgekehrt die harmonischen mathematischen Eigenschaften von Logarithmen zu nutzen, um komplizierte Rechnungen zu vereinfachen. Um optimale Einfachheit zu erzielen, werden in Wissenschaft und Technik Logarithmen zur Basis 10 (dekadischer Logarithmus) und in der Computerwissenschaft Logarithmen zur Basis 2 (binärer Logarithmus) verwendet. Logarithmen zur Basis e (natürlicher Logarithmus), das heißt zur Euler'schen Zahl e, durchziehen die Mathematik und sind besonders wichtig im Hinblick auf die tiefe Verbindung zwischen der Euler'schen Zahl und der Gauß'schen Zahlenebene.

Eine wichtige Folge ihrer harmonischen Natur ist, dass Logarithmen eher geometrischen Fraktalen gleichen, da sie selbstähnlich sind und sich um Faktoren ihrer numerischen Basis vergrößern beziehungsweise verkleinern. Logarithmen finden sich in zahlreichen universellen Beziehungen, und logarithmische Spiralen sind Hauptmerkmale vieler evolutionärer Prozesse. Wir sehen und hören sogar die Welt logarithmisch, da unsere Augen in dieser Weise auf die Helligkeit des sichtbaren Lichts und unsere Ohren auf die logarithmische Dezibelskala der Frequenzen hörbarer Töne antworten. Eine derartige logarithmische Sinneswahrnehmung versetzt uns in die Lage, eine größere Bandbreite visueller und akustischer Reize zu sehen und zu hören, ohne unsere Sinne zu überfordern.

Natürliche Logarithmen durchziehen auch Fourier-Transformationen, die für das holografische Prinzip grundlegend sind. Vielleicht

am signifikantesten von allen ist, dass sie die fundamentale Gleichung der Informationsentropie verankern und dadurch wiederum
die Natur der Realität in ureigenen harmonischen, fraktalen und holografischen Begriffen offenlegen.

Vor einer Weile haben wir untersucht, dass letztendlich nichts
zufällig ist, sondern als allgemeine Verteilung von Daten angesehen
werden kann, wie beispielsweise die Größe einer Gruppe von Leuten, die insgesamt in eine sogenannte Gauß'sche Verteilungskurve in
Form einer Glocke passt, wobei der Durchschnittswert der Gruppe
mit der Spitze der Glocke korreliert.

Es gibt aber immer noch viele Phänomene, deren Eigenschaften
nicht damit übereinstimmen. Einige der wichtigsten verlangen stattdessen eine Verteilung, die sich auf Beziehungen auf logarithmi-
scher Basis gründet. Sie werden als Potenzgesetze bezeichnet und
enthalten logarithmische Verknüpfungen zwischen Größen und
Häufigkeiten. Entscheidend ist, dass solche Phänomene holografisch selbstähnlich sind, und zwar in allen Skalenbereichen, in denen
sie gelten; deshalb gibt es hier weder einen Durchschnittswert noch
ein typisches Ereignis.

Ein Beispiel wurde 1989 von Lindsay McClelland und seinen
Mitarbeitern präsentiert. Sie untersuchten die Beziehung zwischen
Größe und Häufigkeit von globalen Vulkanausbrüchen in zwei Ab-
schnitten, wobei der erste 200 Jahre zurückreichte und der zweite die
Dekade von 1975 bis 1985 umfasste. Dabei entdeckten sie ihre ska-
leninvariante Natur über eine extrem große Bandbreite.[57]

Eine weitere derartige Manifestation stellt die Häufigkeit von
Erdbeben dar, die nach dem Gutenberg-Richter-Gesetz in einem be-
stimmten Gebiet und über eine bestimmte Zeit hinweg mit ihrer
Magnitude zusammenhängt; das heißt, zwischen der Stärke eines

spezifischen Erdbebens, die logarithmisch gemessen wird, und der Häufigkeit des Auftretens besteht eine Beziehung.

Die logarithmische Skala verwendet Logarithmen zur Basis 10, um die freigesetzte Energie zu messen. Eine Vergrößerung auf der Skala um 0,2 steht für eine Verdopplung der Energie. Dementsprechend setzte ein massives Ereignis der Stärke 9,0 wie das japanische Erdbeben vom 11. März 2011 (das ich persönlich in Tokio miterlebt habe), das größte, über das bis jetzt berichtet wurde, 64-mal mehr Energie frei als das immer noch schreckliche und verheerende Erdbeben der Stärke 7,8, das sich am 25. April 2015 in Nepal ereignete.

Was dieses harmonische Potenzgesetz zeigt, ist eine einfache, aber wesentliche Beziehung, die für *alle* Erdbeben zutrifft, ganz gleich, welche Größenordnung sie aufweisen oder wo und wann auch immer sie auftreten: Ein Erdbeben von doppelter Stärke tritt viermal weniger häufig auf.

Solche skaleninvarianten Beziehungen zwischen der Stärke und der Häufigkeit von Erscheinungen, die den Potenzgesetzen unterliegen, decken zwei weitere wichtige Einsichten auf. Erstens: Die *Energie* eines *jeden* Erdbebens multipliziert mit seiner *Häufigkeit* bleibt *konstant.* Und zweitens: Obwohl große Ereignisse weniger häufig als kleinere sind, gibt es keine Möglichkeit, die Zeit oder den Ort spezifischer Ereignisse vorherzusagen.

Das Beste, auf das wir hoffen dürfen, ist ein Frühwarnsystem, das in der Lage ist, den Spannungsaufbau in anfälligen geologischen Schichten zu messen. Allerdings ist sogar dann, da es sich um einen nichtlinearen Prozess handelt, die Stärke der Spannung nicht notwendigerweise ein Hinweis auf die Dimension eines daraus resultierenden Erdbebens.

Wir könnten tatsächlich bereits solch ein System haben. Wie von dem britischen Biologen Rupert Sheldrake vorgeschlagen wurde, könnte vielleicht eine aufgeschlossene und sorgfältige Untersuchung innerhalb der weitverbreiteten anekdotenhaften Nachweise zeigen, dass Vögel und andere Tiere dank der ihnen angeborenen sensorischen Empfindlichkeit kleinste Veränderungen der Umwelt erspüren und solche Ereignisse voraussagen können.

Sheldrake schlägt eine Hotline oder eine Internetseite vor, wo Leute melden oder eintragen können, dass sie bei ihren Tieren ein seltsames Verhalten beobachtet haben. Wenn man Computeranalysen anwendet, um alle Cluster zu bestimmen, die anderen Faktoren, die sich auf ein nachfolgendes Erdbeben beziehen und die mit anderen seismologischen Messgeräten in Verbindung gebracht werden können, nicht zugeordnet werden können, könnte eine solche Initiative helfen, bessere Vorhersagen zu treffen und entsprechende Maßnahmen einzuleiten.

DAS SCHÖNSTE BAND

Ein weiteres exzellentes Beispiel einer harmonischen Ordnung ist das, was Platon als das »schönste Band« in der physischen Welt angesehen hat: wenn man eine Linie so in zwei Abschnitte aufteilt, dass das Verhältnis zwischen dem kleineren und dem größeren Abschnitt das gleiche ist wie das Verhältnis zwischen dem größeren Abschnitt und dem Ganzen.

Diese universelle Beziehung ist unter dem Namen »Goldener Schnitt« bekannt und wird mit dem griechischen Buchstaben Phi (φ) bezeichnet. Seine numerischen Eigenschaften sind erstaunlich, und seine Umsetzung in der Natur ist so signifikant, dass er von dem im

15. Jahrhundert lebenden italienischen Mathematiker Fra Luca Pacioli »die göttliche Proportion« genannt wurde. Und tatsächlich schrieb Fra Luca ein Buch mit demselben Titel, das von keinem geringeren Künstler als seinem Freund Leonardo da Vinci mit wunderschönen geometrischen Zeichnungen illustriert wurde. Über die ästhetische Schönheit des Goldenen Schnitts berichteten die Werke zahlreicher Künstler und Architekten, und seine Proportion findet sich sogar in der Grundform moderner Kreditkarten. Auch viele tiefgründige Denker waren von seinen Eigenschaften und seiner alles durchdringenden Gegenwart in evolutionären Systemen fasziniert, einschließlich des britischen Mathematikers Alan Turing, der im Zweiten Weltkrieg das Codesystem Enigma dechiffrierte und als Vater der Informatik gilt.

Mathematisch ist Phi eine irrationale Zahl (wie Pi und die Feigenbaum-Zahl), da sich die Stellen nach dem Komma mit ihrem Wert 0,61803... ohne Wiederholung endlos fortsetzen. Einzigartig ist, dass 1 dividiert durch Phi das Gleiche ergibt wie Phi +1 oder 1,61803..., ebenfalls als Phi bezeichnet.

Bereits im 13. Jahrhundert deckte der italienische Mathematiker Leonardo da Pisa, der gemeinhin als Fibonacci bekannt ist, weitere tiefgründige Aspekte von Phi anhand einer Zahlenreihe auf, die später seinen Namen tragen sollte: die Fibonacci-Folge. Sie beginnt mit 0 und 1, wobei jede nachfolgende Zahl in der Reihe die Summe der beiden Vorgänger darstellt: 0, 1, 1, 2, 3, 5, 8, 13, 21, 34, 55, 89, 144 ... und unendlich so weiter.

Phi tritt in Erscheinung, sobald jede Zahl der Folge durch die nachfolgende geteilt wird: $0/1$, $1/1$, $1/2$, $2/3$, $3/5$, $5/8$, $8/13$, und so weiter. Indem man diese Quotienten als Dezimalbrüche schreibt und mittels einer Kurve grafisch darstellt, erhält man eine Welle, die schrittweise immer näher an den Goldenen Schnitt Phi heranrückt und sich immer tiefer in die Realität einwebt, bis sie schließlich bei 0,61803… zusammenläuft.

Umgekehrt taucht Phi ebenfalls auf, wenn jede Zahl der Folge durch die Zahl *vor* ihr dividiert wird: $1/0$, $1/1$, $2/1$, $3/2$, $5/3$, $8/5$, $13/8$ und so weiter. Verblüffenderweise (jedenfalls für mich) ist hier der erste Quotient $1/0$ unendlich, während der zweite und alle folgenden die Fibonacci-Folge in eine endliche Form bringen, die dieses Mal schließlich in der alternativen Form von Phi 1,61803… zusammenläuft, obwohl die Annäherung mit einer nur gering unterschiedlichen Rate zu ihrem Kehrwert voranschreitet.

Ein wundervolles Beispiel für die harmonische Natur von Phi wurde im Jahr 2015 gefunden, als der Astronom William Ditto und sein Team von der Universität von Hawaii veränderliche Sterne analysierten, deren Helligkeit auf harmonische Weise pulsiert. Sie entdeckten dabei, dass manchmal nicht nur die Primär- und Sekundärfrequenzen des »Sternengesangs« nahe am Goldenen Schnitt Phi lagen, sondern auch, dass für solche »goldenen« Sterne die Gesamtheit ihrer Harmonien ein fraktales Muster aufwies.[58]

Die harmonische Natur von Phi wird noch deutlicher, wenn die fortlaufenden Zahlen der Fibonacci-Folge so dargestellt werden, dass sie den speziellen Typus einer logarithmischen Spirale bilden. Diese Spiralen findet man überall in der Natur, angefangen bei der Schale von Perlbooten (*Nautilus* und *Alonautilus*) über die Form von Whirlpools, das Wachstum von Pflanzen und die Embryonalentwicklung von Tieren bis hin zu den eindrucksvollen Dimensionen von Spiralgalaxien.

Seine Präsenz durchdringt evolutionäre und biologische Systeme, und sogar wir selbst verkörpern Beziehungen, die sich Phi annähern, und zwar in der Art und Weise, wie unsere Finger- und Zehengelenke mit unseren Händen und Füßen verbunden sind und diese wiederum mit unseren Armen und Beinen und so fort über unseren gesamten Körper hinweg. Sogar unsere DNA steht im Verhältnis zum Goldenen Schnitt Phi, da die Länge und die Breite eines vollständigen Zyklus ihres doppelspiraligen Moleküls 34 beziehungsweise 21 Ångström messen, und beides sind Fibonacci-Zahlen.

Die kosmische Natur von Phi und sein harmonisches Auftreten sind nicht nur eine Abbildung der Fibonacci-Folge von ganzen Zahlen. *Alle* Folgen (wie beispielsweise die Lucas-Folge, die mit 2, 1, 3, 4 und so weiter beginnt), deren fortlaufende ganze Zahlen, wie im Fall der Fibonacci-Folge, zu der vorigen addiert werden und wo dann jede durch ihren Vorgänger dividiert wird, nähern sich dem Goldenen Schnitt an, ungeachtet der ersten beiden Zahlen.

Mehrere Geometer glauben, dass dies etwas Tiefgründiges und trotzdem schwer Fassbares über die wahre Struktur der Realität enthüllt. In den letzten Jahren wurde die Mathematik der Fibonacci- und der Lucas-Folge mit der sogenannten hyperbolischen Geometrie kombiniert, welche die Flachheit der Raum-Zeit beschreibt. Benannt nach Hermann Minkowski, der, wie wir gesehen haben, nicht nur für ihr Verständnis Pionierarbeit geleistet hat, sondern auch Einsteins Lehrer war, stellt diese Geometrie (die es ermöglicht, Ereignisse und ihre Ursachen in der Raum-Zeit nachzuverfolgen) diejenige dar, in der Einsteins Spezielle Relativitätstheorie am häufigsten formuliert wurde.

Während die Bedeutung der hyperbolischen Fibonacci- und Lucas-Funktionen (ich weiß, schon wieder so ein flotter Name) für die Bedeutung der realen Welt eine offene Frage bleibt, vermute ich, dass man herausfinden wird, welch bedeutende Verbindungen sie mit der beginnenden und andauernden Expansion unseres Universums haben.

Beobachten Sie diese Raum-Zeit ...

EINFLÜSSE: FORM, GRÖSSE UND KLEBRIGKEIT

Die beiden wichtigsten Charakteristika von offensichtlich äußerst verschiedenen Phänomenen, die wahrscheinlich die Forscher am meisten überrascht haben, sind erstens die sehr weit verbreitete Gemeinsamkeit der Muster und Beziehungen, die ihren verschiedenen Erscheinungsformen zugrunde liegen, und zweitens, wie scheinbar komplizierte Strukturen und Systeme der realen Welt mithilfe von Computern effizient gestaltet werden können, wenn man sich an einfache Regeln hält.

Diese beiden unerwarteten Ergebnisse wurden gegen Ende der 1960er-Jahre allmählich bekannt. Anfang 1970 äußerte der Physiker Leo Kadanoff eine erste Erkenntnis, was sich da abspielen könnte, als er das Verhalten von kritischen Punkten kontinuierlicher Phasenübergänge an den Grenzen von Ordnung und Chaos studierte, beispielsweise wenn Wasserdampf entweder abkühlt oder unter zunehmenden Druck gesetzt wird, sodass er in die flüssige Phase übergeht und zu Wasser kondensiert.[59]

Gegen Ende der 1980er-Jahre wurden weitere bahnbrechende Arbeiten von dem Physiker Per Bak und seinen Kollegen Chao Tang und Kurt Wiesenfeld vom Brookhaven National Laboratory auf Long Island, New York, durchgeführt. Sie hatten beschlossen, mit Sandhaufen zu spielen. Dabei steigerten sie die Höhe des Sandhaufens in einer bestimmten Zeit jeweils um ein Sandkorn, bis an einem

bestimmten Punkt die Zugabe eines einzigen zusätzlichen Sand-
korns (um eine Metapher zu verwenden: der Tropfen, der das Fass
zum Überlaufen brachte) dafür sorgte, dass der Sandhaufen in sich
zusammenstürzte. An diesem kritischen Punkt maßen sie, ob der
Zusammensturz klein blieb, wobei lediglich einige Sandkörner das
Gefälle hinunterrutschten, oder ob er in einer Lawine endete. Während sie den Sandhaufen immer wieder neu aufbauten, zeichneten
sie weitere kleinere und größere Zusammenbrüche auf.[60]

Was Kadanoff, Baks Team und andere Forscher zeigten, indem
sie unterschiedliche Materialien verwendeten und sowohl reale Systeme als auch Computersimulationen untersuchten, war Folgendes:
Das Verhalten andauernder dynamischer Prozesse zwischen Ordnung und Unordnung in solchen Systemen ist im Prinzip genau
gleich, und zwar völlig unabhängig von ihrer offensichtlichen Verschiedenartigkeit. Es hängt einzig und allein davon ab, wie leicht
oder wie schwierig es ist, sie informativ an einem bestimmten Punkt
im System in Richtung Ordnung oder Unordnung zu beeinflussen,
sodass ein anderer nahe gelegener Punkt ebenfalls der Ordnung
oder Unordnung zustrebt.

Und es sind *lediglich* die Grundform und die physikalische Größe
der Systembestandteile, die von Bedeutung sind und die die Art und
das Ausmaß dieser Einflussnahme bestimmen, nichts anderes. Mit
anderen Worten: Form, Größe und ihre daraus folgende Klebrigkeit
sind die einzigen Faktoren, die man betrachten muss, um das System
grundsätzlich zu verstehen und abzubilden.

Was uns diese Universalität außerdem verrät, ist Folgendes: Alle
Umstände, die dieselben einfachen Kriterien verkörpern, werden
sich auf ähnliche Art und Weise verhalten, ohne Rücksicht auf ihre
offensichtliche Verschiedenartigkeit. Solche verschiedenartigen Sys-

teme gehören zu einer sogenannten universellen Klasse, und sobald die Eigenschaften eines Mitglieds dieser Klasse verstanden sind, können alle ihrer anderen Mitglieder auf dieselbe Art und Weise behandelt werden.

Und weil der Zustand des Systems nur von den grundlegenden Faktoren Form, Größe und Klebrigkeit abhängig zu sein scheint, um sein Verhalten effizient abzubilden, kann man einfach alle anderen Details ausschließen, die seine Erscheinung ausmachen, wie kompliziert sie auch immer sein mögen.

KOMPLEXITÄT

Die Skaleninvarianz und die harmonische Ordnung von fraktalen Mustern, die Potenzgesetze und die Verbreitung von systemischen Einflüssen sind ebenfalls Aspekte der Eigenschaften sogenannter komplexer Systeme. Dazu gehören beispielsweise solche, die wir bereits betrachtet haben, wie Erdbeben und Landschaftsformationen. Im Folgenden werden wir diese und andere Eigenschaften zusammenbringen, um das allgemeine Verhalten derartiger Systeme zu beschreiben und zu zeigen, wie sie mit der Sprache der Information erfasst werden können.

Und in den nächsten beiden Kapiteln werden wir sie noch spezifischer untersuchen, zuerst hinsichtlich Evolutionsbiologie und Evolutionsökologie und später in den sozioökonomischen Systemen, denen wir in unserem täglichen Leben begegnen.

Zunächst entwickelt sich ihre Komplexität im Allgemeinen Schritt für Schritt und mittels nichtlinearer Prozesse, wo ein unbedeutendes Ereignis entweder eine kleine Verlagerung oder einen größeren Umbruch oder umgekehrt auslösen kann, die sie weit über das bestehende Gleichgewicht hinaus in einen kritischen Zustand versetzen, wo sie am Rand zwischen Ordnung und Chaos existieren.

Die Verbreitung solcher nichtlinearer Einflüsse von Ordnung und Unordnung ist wesentlich für ihr Verhalten. Diese Einflüsse benötigen jedoch nicht nur Zeit, um sich auszuwirken, sondern sie sind auch in vielen Fällen keine einseitigen Prozesse. Stattdessen können sie sowohl positive als auch negative Feedbackschleifen enthalten, die den anfänglichen Einfluss entweder erhöhen oder dämpfen.

Das Studium der Komplexität basiert auf früheren Untersuchungen chaotischer Systeme, deren Auswirkungen das Ergebnis relativ weniger nichtlinearer Wechselwirkungen sind und deren Verhalten weniger von der Vergangenheit reguliert wird, bis sie einen Schwellenwert überschreiten (wie zum Beispiel eine bestimmte Temperatur oder eine hohe Turbulenz), an dem sie ins Chaos abdriften. Komplexe Systeme haben dennoch zahlreiche Wechselwirkungen, und für sie ist die Geschichte definitiv von Bedeutung. Alle Ereignisse in der Vergangenheit häufen sich an, um ihre Gegenwart zu formen, und alle künftigen Ereignisse tragen unumkehrbar zu ihrer Zukunft bei.

Im Gegensatz zur Chaosforschung versucht man beim Studium der Komplexität tatsächlich zu verstehen, wie sich einfache Verhaltensmuster auf irgendeine Weise selbst organisieren können und dadurch eine gewaltige Anzahl von häufig komplexen und dynamischen Beziehungen nach sich ziehen, die, obwohl sie sich an der kritischen Grenze zum Chaos befinden, trotzdem auf einer tragfähigen Basis existieren können. Sie sind dazu in der Lage, da sie bezüglich Information von einem fraktalen Attraktor unterstützt werden. Gemäß seiner Parameter erhält eine stattliche Variabilität von Faktoren kontinuierlich das System aufrecht – wenn auch innerhalb gewisser Grenzen.

Eines dieser komplexen Systeme ist das Wetter, dessen zugrunde liegender Attraktor nach dem Meteorologen Edward Lorenz benannt ist und dessen Abbildung auf der Gauß'schen Zahlenebene die wundervolle symbolische Form eines Schmetterlings einnimmt. Obwohl Lorenz' erstes Computermodell chaotisches Verhalten darstellte, entschloss er sich, weiter nach Komplexität zu suchen, als er die längerfristige Stabilität von Wetterverläufen erkannte. Dabei vereinfachte er genau genommen seine Mathematik und landete bei drei kurzen nichtlinearen Gleichungen, aus denen ein komplexes, dynamisches und trotzdem von Natur aus stabiles System hervorgeht.

Der spezifische Zustand dieses Systems zu jeder beliebigen Zeit kann *überall* innerhalb der Grenzen des Attraktors liegen, und die Bewegung des Systems wiederholt sich niemals exakt. Dies brachte Lorenz dazu, den Begriff »Schmetterlingseffekt« zu prägen in seiner bahnbrechenden Arbeit aus dem Jahr 1972 mit dem Titel »Predictability: Does the Flap of a Butterfly's Wings in Brazil Set Off a Tornado in Texas?« (»Kann der Flügelschlag eines Schmetterlings in Brasilien einen Tornado in Texas auslösen?«) – als er erkannte, dass winzigste Veränderungen der Anfangsbedingungen äußerst unterschiedliche Auswirkungen hervorrufen können.[61] Das bedeutet auch, dass trotz der wesentlich stärkeren Rechenleistung von Computern seit den 1970er-Jahren das Wetter immer noch nicht länger als für ein paar Tage vorausgesagt werden kann.

Sie werden sich jetzt bestimmt fragen: Wenn man schon das Wetter nicht vorhersagen kann, wie kann man dann überhaupt den Klimawandel vorhersehen? Der Grund dafür ist folgender: Obwohl *genaues* kurzfristiges Wetterverhalten aufgrund der Empfindlichkeit zukünftiger Ergebnisse in Bezug auf die spezifischen Ausgangsbedingungen unberechenbar ist, kann man, wenn man für diese einen

statistischen Durchschnittswert ermittelt, deutlich mehr vorherseh-
bare längerfristige Entwicklungen herauslesen. Allerdings gibt es ein
weiteres Problem bei solchen längerfristigen Erwartungshaltungen,
und das ist, wie wir bald sehen werden, mit der Beibehaltung des
Schmetterlings unvereinbar.

Bevor wir uns damit beschäftigen, müssen wir erst eine Schlüsselfrage beantworten: *Wie* entwickeln sich komplexe Systeme, um
das stabile Niveau von Nachhaltigkeit zu ermöglichen, das sie verkörpern? Eine erste Erkenntnis wurde wiederum von Bak, Tang und
Wiesenfeld in ihrer Arbeit über Sandhaufen Ende der 1980er-Jahre
geliefert (auf die sich erneut Untersuchungen an Reishaufen von anderen Forschern anschlossen – ehrlich). Während sie kontinuierlich
ein Sandkorn nach dem anderen zu dem Haufen gaben, kam es immer wieder zu größeren und kleineren Einstürzen. Dann erreichten
sie jedoch ein Stadium, in dem, wenn mehr Körner hinzugefügt wurden, im Durchschnitt dieselbe Zahl von Körnern vom Sandhaufen
rutschte, wodurch die Menge an Sand in dem Haufen konstant blieb.

Vor diesen bahnbrechenden Arbeiten hatten andere Forscher
mit Systemen gearbeitet, deren Eigenschaften es erforderlich mach-
ten, die Koeffizienten des Systems experimentell »abzustimmen« –
das heißt, sie manuell zu modifizieren –, um einen kritischen Punkt
zu erreichen, wie beispielsweise die Herabsetzung der Temperatur
oder die Erhöhung des Drucks, die notwendig sind, um Wasserdampf in flüssiges Wasser zu überführen. Worüber sich Bak und
seine Kollegen wunderten, war Folgendes: Die Sandhaufen erreichten diesen Punkt ohne offensichtliche Regulierung von außen, deshalb beschrieben sie das System, als ob es die Eigenschaft einer
selbstorganisierten Kritikalität entwickelt habe. In ihrer bahnbrechenden Arbeit aus dem Jahr 1987 betonen sie auch, dass das Auf-

treten solcher Kritikalität nicht von den exakten Details des Systems abhängig war und eine gewisse Flexibilität und Variabilität beim Erreichen des kritischen Punktes erlaubte.

Obwohl sie signifikante Einblicke lieferten in solch komplexes Verhalten und die Besonderheiten der Prozesse, die es herbeiführt, versuchen sie – ebenso wie auch viele andere Forscher, die sich weiterhin bemühen, solche Systeme zu verstehen –, immer noch zu bestimmen, was es mit ihrer Selbstorganisation auf sich hat, wie komplexe Systeme sie umsetzen und was in ihnen geschieht, das sich von anderen, nichtkomplexen Systemen unterscheidet.

Um Antworten auf diese fundamentalen Fragen zu finden, müssen wir zunächst verstehen, wie Energie und Entropie und – am wichtigsten – Information durch diese Strukturen fließen. Grundlegende Arbeiten durch den Physiker Edwin Jaynes in den 1960er-Jahren, den Physikochemiker Ilya Prigogine in den 1970er-Jahren und im Anschluss durch viele andere Wissenschaftler haben zu den folgenden allgemeinen Ansichten beigetragen, über die nichtsdestoweniger immer noch diskutiert wird, während die aktive Forschung weitergeht.

Die Hauptmerkmale einer derartigen Komplexität schließen erstens ein, dass solche Systeme immer dynamisch und offen sind für langsame und beständig durch sie hindurchfließende Energieströme und dass sie, obwohl sie weit entfernt von einem Gleichgewichtszustand sind, eine gewisse energetische Stabilität aufrechterhalten und somit in einem halbstationären Zustand existieren können.

Zweitens muss überall in solchen Systemen Kausalität herrschen; außerdem ist für sie die Geschichte von Bedeutung, da vergangene Ereignisse der Antrieb für ihr zukünftiges Verhalten sind. Mit anderen Worten: Solche Systeme sind reproduzierbar und können sich entwickeln.

Drittens verkörpern sie weitreichende Wechselwirkungen, die ihre Vernetzbarkeit optimieren.

Viertens besteht das Prinzip der Selektion, das scheinbar zu ihren Entwicklungsstadien passt, darin, dass – in Abhängigkeit von allen äußerlich auferlegten Einschränkungen – der Fluss von Informationsentropie maximiert ist. Die Funktion dieses Prinzips tendiert auch dazu, die ihr innewohnende harmonische Ordnung und folglich ihren Grad systemrelevanter Kohärenz und Resonanz so effizient wie möglich zu organisieren. Anschließend, im semistabilen Zustand, nimmt der Informationsfluss stufenweise ab bis zu einem Minimum und letztendlich zu einem unveränderlichen Zustand, Stillstand oder Tod.

Und zuletzt fünftens: Solche Systeme optimieren die Verteilung von Information in Form von Energie. Anschließend befähigt sie die verteilte Information dazu, einerseits stabil zu sein, andererseits größere Schäden an sich selbst zu reparieren.

ZUSAMMENBRUCH ODER DURCHBRUCH

Auch wenn solche Systeme stabil sind, können jedoch Umstände eintreten, in denen ihre Fähigkeit, zu reagieren und sich anzupassen, schwer beeinträchtigt ist und sie deshalb gezwungen sind, sich sogenannten kritischen Transitionen zu unterziehen. Auch wenn sie selbsterhaltend sind, existieren selbstorganisierte komplexe Systeme dennoch in kritischen Zuständen – am Rand zwischen Ordnung und Chaos. Zugleich versetzen sie die ihnen innewohnenden Eigenschaften in die Lage, innerhalb der Grenzen ihrer fraktalen Attraktoren stabil zu bleiben, und zwar häufig für beträchtliche Zeiträume.

Während die Anzeichen immer weiter zunehmen, wird es auch immer klarer, dass viele – oder vielleicht sogar alle – derartigen Systeme einen kritischen Grenzwert aufweisen, einen oder mehrere Wendepunkte, über die hinaus das System unvermeidlich und häufig unerwartet von einem Zustand in den anderen übergeht.

Aufgrund der solch einem System eigenen Nichtlinearität von Ursache und Wirkung ist es extrem schwierig, derart kritische Transitionen vorherzusagen, und das umso mehr, da seine Organisation lediglich eine gering signifikante Veränderung zeigt, bevor der Wendepunkt erreicht ist, während es danach kein Zurück mehr gibt, wie wenn Tom Jerry über eine Klippe jagt.

Wenn wir voraussetzen, dass solche komplexen Strukturen alles einschließen – von Finanzmärkten über gesellschaftliche Strukturen bis hin zu Ökosystemen und unserem globalen Klima –, ist es extrem wichtig für unser kollektives Wohlbefinden, Spannungszustände und Frühwarnsignale rechtzeitig vor Erreichen des Wendepunkts zu identifizieren. Anderenfalls, um ein drastisches Beispiel anzuführen, richten Probleme wie der möglicherweise nicht zu stoppende, katastrophale Klimawandel gewaltigen Schaden an und vernichten eventuell den Schmetterling.

In Computermodellen und Experimenten mit den einfachsten komplexen Systemen scheint es jedoch einige Verhaltensmerkmale zu geben, die den Ansatz eines systemischen Zusammenbruchs beschreiben. Das erste ist ein Phänomen, das als »Critical Slowing Down« (CSD) bekannt ist; während des CSD stellt sich das System nach kleineren Störungen Schritt für Schritt langsam wieder her, wie jemand mit einem gestörten Immunsystem, für den es immer schwieriger wird, sich von kleineren gesundheitlichen Beeinträchtigungen zu erholen.

Genau wie bei der Gesundheit einer Person tendiert solches CSD-Verhalten dazu, weit entfernt von einem möglichen kritischen Punkt zu beginnen, nach dessen Erreichen eine radikale Veränderung im System unvermeidlich ist. Seine Fortsetzung führt jedoch zu Veränderungen, die einen zweiten Prozesstypus konstituieren, die sogenannte Autokorrelation. Sie bezieht sich auf die Anwesenheit sich wiederholender Muster, wenn das Verhalten des Systems Fluktuationen zeigt; und sobald der kritische Punkt erreicht wird, weicht der Grad der Musterwiederholung von der Norm ab.

Das dritte Anzeichen, das aus der Instabilität an den Grenzen dessen hervorgeht, was der bestehende fraktale Attraktor des Systems noch bewältigen kann, ist, dass es variabler wird, mit einer zunehmend verzerrten Veränderlichkeit in seinem Verhalten.

Systeme, die ausreichend destabilisiert sind, können auch etwas zeigen, das als »Flimmern« bekannt ist. Dabei schwankt das System zwischen zwei Zuständen hin und her, bevor es eine plötzliche Transition zu einem der beiden vollzieht.

Was ihre Bedeutung betrifft, so ist ein hoher Anteil der Forschung darauf fokussiert, Möglichkeiten zu identifizieren und Wege zu finden, um diese Frühwarnsignale messen zu können. Aber es bestehen große Schwierigkeiten hinsichtlich ihres Grads an Subtilität und Unsicherheit und der Herausforderungen, Beispiele aus der realen Welt zu untersuchen.

Politische Fehlleistungen allerdings, die die öffentliche Debatte und das Vorgehen in Bezug auf die Gefahren des Klimawandels betreffen, verhindern nicht nur wirksame globale Maßnahmen als Antwort auf die bis jetzt erkannten langfristigen Bedrohungen, sondern lassen uns hilflos angesichts solcher potenziellen katastrophalen Zusammenbrüche.

EMERGENZ

Was all diese Eigenschaften komplexer Systeme zeigen, ist, dass solche komplizierten Strukturen aus den einfachsten (aber nicht einfacheren) informationellen Anweisungen entstehen können, die universelle Prinzipien der Geometrie und des spezifisch terminierten und quantifizierten Flusses energetisierter Information codieren. Deshalb sollte es keine Überraschung sein, dass sich die am weitesten verbreitete selbstorganisierende Komplexität in biologischen Organismen und Ökosystemen sowie in unseren kollektiven sozialen und ökonomischen Systemen findet, und diesem Thema werden wir uns in den nächsten Kapiteln widmen.

Denn es sind diese am meisten entwickelten Strukturen in unserem Universum, die, wie wir bereits wissen, sehr deutlich den evolutionären Prozess verkörpern, der als Emergenz bezeichnet wird; dabei werden sogenannte holarchische Beziehungen in fortschreitend komplexeren Organisationen verankert. Eigenschaften und Prinzipien, die eine Ebene eines solchen komplexen Systems beschreiben, müssen nicht notwendigerweise eine andere höhere Ebene erklären, ganz gleich, ob die beiden eventuell von Haus aus verbunden sind. Die Eigenschaften von Atomen beispielsweise sagen nichts über die daraus entstehende Struktur und das Verhalten von Molekülen voraus, die selbst wiederum keine Vorhersage über das Verhalten der daraus gebildeten Zellen treffen können, deren Aktivitäten diejenigen von Organen oder der Gesamtheit einer biologischen Entität umfassen. Diese Emergenz zu verstehen, bei der das Ganze größer ist als die Summe seiner Teile und der evolvierte Zustand höher organisiert ist als die Gesamtheit seiner Komponenten, ist eine aufregende, andauernde und in der Tat umstrittene Aufgabe, wie wir im Folgenden sehen werden.

Informationsdesign *für* die Evolution

Wenn sich Spezifikation manifestiert, ist ein spezifisches Ziel erreicht: in diesem Fall Evolution …

DNA ist wie ein Computerprogramm, allerdings weiter, viel weiter fortgeschritten als jede Software, die bis jetzt kreiert worden ist.

BILL GATES

Nirgendwo sonst in unserem bis jetzt entdeckten Universum offenbart sich die Anwesenheit zugrunde liegender Information auf eine solch ausdrucksstarke Art und Weise wie in der Evolution biologischer Lebensformen. Die Prinzipien, die das Auftauchen dieser zunehmenden Komplexität regulieren, sorgen allerdings weiterhin für polarisierte Sichtweisen, was ihre Ursache betrifft.

Die Anhänger verschiedener Religionen sprechen von intelligentem Design, während Wissenschaftler eher den Begriff »Selbstorganisation« bevorzugen. Wenn wir die Evolution genauer betrachten, der wie alles, was wir als physische Realität bezeichnen, Information zugrunde liegt und die davon durchdrungen und tatsächlich daraus entstanden ist, so werden wir entdecken, dass eine solche offensichtliche Selbstorganisation und Entstehung auf einem tieferen Fundament gründen muss.

Wie wir noch sehen werden, können wir demnach die beiden gegensätzlichen Ansichten – intelligentes Design und Selbstorganisation – zu einer erweiterten Auffassung zusammenführen und von Informationsdesign *für* die Evolution sprechen.

INFORMATION FÜR DIE ENTSTEHUNG

Unser Universum hat in den 13,8 Milliarden Jahren, die seit seiner Entstehung vergangen sind, einen Evolutionsprozess durchlaufen. Dabei bildeten sich Strukturen und Entitäten mit einem zunehmend höheren Niveau an Komplexität heraus, deren Vorläufer selbst diese Eigenschaften noch nicht besessen hatten.

Ungefähr im Verlauf der letzten vier Milliarden Jahre förderten unser Sonnensystem und auch unser Heimatplanet die Herausbildung und Evolution von immer komplexeren und sich selbst wahrnehmenden biologischen Organismen und Organisationsformen.

In der Mitte des 19. Jahrhunderts entwickelten Charles Darwin und Alfred Wallace unabhängig voneinander die Theorie, dass die natürliche Selektion die Grundlage für eine derartige biologische Entwicklung bildet. Doch obwohl Darwin in seinem bahnbrechenden Werk *Über den Ursprung der Arten* seine Idee vorstellte, dass die Anpassung zwischen einem Organismus und seiner Umwelt den entscheidenden Antrieb für seinen entwicklungsbiologischen Fortschritt ausmacht, und auch umfangreiche Belege dafür *innerhalb* einer Spezies anführte, konnte er damit jedoch den tatsächlichen Ursprung einer eigenen Art nicht erklären – ein neu auftretendes Phänomen. Und bis heute konnte das auch niemand anders.

Wir haben gesehen, wie Komplexität aus dem einfachen Prinzip heraus entsteht, Bausteine und Verbindungen zu bilden, und sich tatsächlich in Bezug auf die Information selbst organisieren kann. Viele Wissenschaftler sehen auch kein tieferes Mysterium darin, wie solch ein Prozess die offensichtlichen Diskrepanzen überwinden kann, welche die Allgegenwart der Entstehung charakterisieren. Obwohl auf jedem nachfolgenden Niveau nicht nur Komplexität hinzukommt, sondern auch neue Eigenschaften, Phänomene und Verhaltensgrundsätze verkörpert sind, lautet ihre Einschätzung nach wie vor, dass es hier nichts weiter zu entdecken gibt und man darüber hinweggehen sollte. Ich stimme nicht mit ihnen überein.

Einer der Hauptaspekte der Emergenz ist die sich offensichtlich spontan auf einem höheren Niveau herausbildende Ordnung eines Systems, das sich nicht nur zu einer stärker organisierten holistischen und holarchischen Entität aufschwingt, sondern auch häufig verschiedenen Regeln folgt und immer signifikant komplexeres Verhalten, komplexere Beziehungen und komplexere Kohärenz verkörpert.

Bis heute versteht man nur ansatzweise, wie dies passiert; dennoch liefern neuere Studien über Information und Entropie nach und nach wichtige Anhaltspunkte und decken höhere Grade in Bezug auf die zugrunde liegende Ordnung, den vermehrten Durchfluss von Information und die von der Information gelenkten entropischen Prozesse während dieser Übergangsstadien auf, als man bis heute angenommen hatte.

Im Jahr 2003 gewann man einen bedeutenden Einblick, als die mathematischen Physiker James Crutchfield und David Feldman eine anscheinend einfache Frage stellten: Wie kann ein Beobachter herausfinden, in welchem *internen Zustand* sich ein Prozess befindet?[62]

Indem sie im Modell die Beziehung hinsichtlich der Information zwischen einem Beobachter und dem beobachteten Prozess nachstellten und mithilfe eines Informations- oder Messkanals beschrieben, konnten sie drei tiefe Einsichten gewinnen, die entscheidend sind für das anhaltende Bemühen, die Emergenz zu verstehen.

Als Erstes fanden sie heraus, dass scheinbare Unklarheit zu sehen tatsächlich die Unkenntnis tieferer Ordnungsgrade verschleiert; wo Komplexität nicht beobachtet wird, erscheint sie geradezu offensichtlich als Zufall. Zweitens konnten sie zeigen, dass in solch einer versteckten Ordnung Erinnerung verkörpert und gespeichert ist. Und drittens erkannten sie, wie sie 2008 anderweitig zusammen mit ihrem Kollegen Carl McTague berichteten, dass es, sobald der Umkehrpunkt der Emergenz erreicht ist, zunehmende und konvergierende Niveaus von sogenannter Exzessentropie gibt, was auf die Anwesenheit zusätzlicher vorübergehender Information zu diesem Zeitpunkt hinweist.[63] Eine solch kurzlebige, spezifische Information lenkt, wie es scheint, den Übergangsprozess und impliziert Kommunikation und Datenaustausch zwischen verschiedenen Teilen des Systems und zwischen dem System und seiner Umgebung.

Ein früherer Hinweis darauf war bereits 2002 in einer Veröffentlichung des Wissenschaftsphilosophen Brian Skyrms aufgetaucht, der sich mit dem Phänomen des sogenannten Cheap Talks im erweiterten Rahmen der Spieltheorie beschäftigte. Dabei bezieht es sich auf vor dem Spiel gesendete Signale, die anscheinend keine spätere Auswirkung auf das Spiel selbst haben, da es sich um das übliche vordergründige Gerede handelt, das im Endeffekt einfach ignoriert wird.

Als er jedoch solche vor dem Spiel gesendeten Signale auf ein evolutionäres Umfeld übertrug, fand Skyrms etwas, was sich sehr davon unterschied, und schloss daraus, dass solcher Cheap Talk auf jeden Fall von Bedeutung ist.[64] Indem sie vorübergehende Information befördern, verursachen diese formativen Signale große Veränderungen in der relativen Größe der zugrunde liegenden Einzugsgebiete fraktaler Attraktoren und liefern dadurch die Voraussetzungen für ein bestimmtes Ergebnis. Eine Konsequenz daraus ist, dass evolutionäre Spiele mit solchen Signalen in enormem Ausmaß ein unterschiedliches Verhalten und eine unterschiedliche Dynamik zeigen und entwickeln, als es dieselben Spiele ohne diese Signale tun.

Wenn man den Informationsaustausch zwischen der vorher auftretenden Entität und ihrem Umfeld voraussetzt, bietet sich damit eine Möglichkeit an, durch die jene Richtungen der Evolution, die ihre Anpassung an die Umwelt verbessern, bevorzugt werden. Es bedeutet weiterhin, wie der sich ständig erhöhende Evidenzgrad zeigt, dass eine Entität und ihre Umwelt im Grunde genommen kreative Partner in Bezug auf die Evolution sind.

Eine Arbeit der Systemtheoretiker John Johnson, Andreas Tolk und Andreas Sousa-Poza aus dem Jahr 2013 unterstützt zusätzlich die wichtige Rolle der Informationsentropie, die dem Prozess der Emergenz zugrunde liegt und die ihn steuert.[65]

Bei der Erforschung sogenannter Systeme von Systemen (*systems of systems* oder SoS), deren verschiedenartige Untersysteme auf komplexe Weise interagieren und durch eine Reihe multifraktaler Attraktoren unterstützt werden, entdeckten sie, dass, wenn ein SoS einen kritischen Punkt erreicht, die Vielfalt seiner Mikro- und Makrozustände zunimmt und schließlich in Emergenz resultiert. Auch diese Erkenntnis spricht für die Anwesenheit einer spezifischen vorübergehenden Information als Vorbote solcher Komplexitätssprünge und deutet darauf hin, dass eine spezifische Kreativität auf breiteren Ebenen einbezogen ist, als man bisher angenommen hatte.

Während das Verständnis für die zugrunde liegende Anwesenheit von Information in unserem gesamten Universum und ihre dynamische Fähigkeit, die Evolution zu ständig zunehmender Komplexität und Emergenz anzuleiten, noch nicht so verbreitet ist, bietet uns das sich daraus entwickelnde Paradigma des kosmischen Hologramms tiefere Einblicke in die Natur des Lebens und des Bewusstseins als jemals zuvor. Lassen Sie uns nun anschauen, wie diese steigende Wahrnehmung unsere Geschichte neu schreibt.

DIE ERSTEN ZEHN MILLIARDEN JAHRE

Wir haben bereits die informationellen Anweisungen untersucht, die der Erscheinung von Energie-Materie sowie der Raum-Zeit zugrunde liegen, und wie ihre unglaubliche Präzision und ihre Verbindungen es ermöglicht haben, dass sich Sterne und Galaxien bilden konnten. Allerdings hörten diese fein abgestimmte Balance und diese Genauigkeit damit noch lange nicht auf: Die aktivierte Information unseres Universums wurde stattdessen kontinuierlich verstärkt, wie wir gesehen haben, durch die Selbstorganisation noch komplexerer Strukturen und die zugrunde liegenden fraktalen Muster, die für ihre Manifestation sorgen. Damit eine derartig durch Information geleitete Evolution zu biologischen Entitäten führen konnte, war und ist ein zusätzliches spezifisches Baumaterial notwendig – in der richtigen Menge, am richtigen Ort, zur richtigen Zeit und unter den richtigen Umständen.

Deshalb werden wir jetzt die Geschichte unseres Universums fortsetzen, indem wir diesen Aspekt fokussieren.

Unsere Körper bestehen in erster Linie aus vier Elementen: Wasserstoff, Kohlenstoff, Stickstoff und Sauerstoff. Obwohl viele andere Substanzen, darunter einige, die nur in Spuren vorkommen, lebenswichtige Funktionen erfüllen, bilden diese vier mit ungefähr 96 Prozent den Hauptanteil.

Das leichteste dieser vier Elemente, der Wasserstoff, wurde innerhalb der ersten paar Minuten nach Beginn des Uratemzugs gebildet (zusammen mit einer weitaus geringeren Menge an Helium und winzigen Mengen an Lithium und Beryllium). Die anderen drei jedoch, und das gilt in der Tat auch für alle schwereren Elemente, werden bei einem Prozess hergestellt, der allgemein als Nukleosynthese bezeichnet wird und der unter verschiedenen Umständen stattfindet: im Inneren von Sternen, während sie altern, bei Katastrophen wie der Explosion einer Supernova oder beim Aufeinandertreffen kosmischer Strahlung von extrem hoher Energie.

Sterne werden geboren, leben, altern und sterben ebenso wie wir Menschen. In ihrem Inneren herrschen hohe Temperaturen und extremer Druck; hier fusionieren Wasserstoffkerne, die den Großteil ihrer Anfangsmasse ausmachen, beständig zu Helium, wobei sie Energie freisetzen und der Stern zu leuchten beginnt. Schließlich geht der Vorrat an Wasserstoffkernen, wenn der Stern ein gewisses Alter erreicht hat, zu Ende, und es finden andere Prozesse statt wie die Synthese schwererer Elemente einschließlich Kohlenstoff, Stickstoff und Sauerstoff in den äußeren Schichten des Sternenkörpers.

Am Ende der Lebensdauer kleinerer und mittlerer Sterne, zu denen auch unsere Sonne gehört, kommt die Kernfusion zum Stillstand, die äußeren Schichten werden häufig abgestoßen und reichern somit das interstellare Medium an. Der Stern wird zum Weißen Zwerg.

Bei größeren Sternen sorgen die enormen Kräfte dafür, dass der Prozess der Nukleosynthese weiterläuft und noch schwerere Elemente gebildet werden. Schließlich kommt es an einem Punkt dazu, dass der Stern kollabiert und den Großteil seiner Masse in einer gewaltigen Supernova-Explosion ins All schleudert.

Die dynamischen Kräfte, die Galaxien bilden, wie ihr Fundament aus dunkler Materie, ihre Rotation (besonders im Hinblick auf Spiralgalaxien) und ihre elektromagnetischen Felder, führen zur Verdichtung solchen Ausgangsmaterials zu interstellaren Gas- und Staubwolken. Dabei findet auch der Reifeprozess der nächsten Generation von Sternen und ihrer Planetensysteme statt. Wenn man es auf diese Weise beschreibt, dann sieht es relativ einfach und geradlinig aus, aber ich hoffe, einige zusätzliche Überlegungen können zeigen, dass diese weitere tiefere Ordnung unseres Universums etwas ganz Spezielles, Wundervolles ist.

Zunächst wollen wir überlegen, warum die Anhäufung interstellarer Wolken, in deren Innerem neue Sterne entstehen, auf diese Weise erscheint. Als sich unser Universum ausdehnte und abkühlte, lediglich einige hundert Millionen Jahre nach seiner Entstehung, kam es zur Bildung der ersten Galaxien, indem riesige Wolken aus ursprünglichem Gas aufgrund der Schwerkraft kollabierten. Dabei begannen sie zu rotieren, was durch geringe Unterschiede in der Dichte hervorgerufen wurde, die wiederum zu Unterschieden in der Einfallsrate an verschiedenen Punkten führten. Diese Unterschiede übertrugen sich in Rotationsenergie und verursachten, dass sich das

Gas entlang der Spiralarme anhäufte, was wir von unserer eigenen Galaxie, der Milchstraße, kennen. Solche Organisation sichtbarer Energie und Materie bildet das Schaummuster auf der Oberfläche des verborgenen Trägermaterials der dunklen Materie und wird selbst auch von den leichten Schwankungen der Gravitationskraft beeinflusst.

Damit war die Bühne bereitet für weitere Materieansammlungen in der Form der ersten Generation von Sternen. Da gewaltige Mengen an Wasserstoff verfügbar waren und sie sich relativ nah beieinander befanden, waren diese ersten Sternengenerationen massereich. Ihre Existenz war mühevoll, und sie gingen jung zugrunde, wobei ihr Untergang, vielleicht in koordinierten Supernova-Explosionen, das interstellare Medium reichlich mit neuem Material versorgte. Da die nachfolgenden beiden Sternengenerationen ihren Nachfolgern sogar ein noch reicheres Erbe an Elementen hinterließen, wuchsen die interstellaren Gas- und Staubwolken weiter an und wurden wunderbare Geburtsorte nicht nur für neue Sterne, sondern auch für ihre künftigen Planetensysteme. Eines der symbolträchtigsten Bilder, das vom Hubble-Teleskop eingefangen wurde, zeigt in der Tat einen solchen interstellaren Brutschrank. Im Jahr 1995 gelang eine ausgezeichnete Fotografie von embryonalen Sternenglobulen, die als EGGS (*evaporating gas globules* oder evaporierende gasförmige Globuli) bezeichnet und passenderweise im »Nest« des Adlernebels entdeckt worden waren, eines offenen Sternhaufens im Sternbild der Schlange in circa 6500 Lichtjahren Entfernung von unserem Sonnensystem.[66]

Zwei weitere Faktoren wirken zusammen, um die optimalen Bedingungen für eine derartige Geburtshilfe zu sichern. Im Durchschnitt erscheinen in unserer Galaxie in jedem Jahrhundert drei Supernovae, und ihre Explosionen senden gewaltige Detonationswellen aus, deren spezifische Frequenz und Energie entscheidend sind. Interstellare Wolken scheinen nicht nur sehr effizient an ihren Schnittstellen kreiert zu werden, sondern die nachfolgenden Wellen tragen das Material zusammen und regen ebenso die Bildung neuer Sterne an. Wieder einmal finden wir, dass ihre Kombination aus Häufigkeit und Kraft perfekt ist: Wenn sie häufiger und/oder kraftvoller wären, würden die interstellaren Wolken zu stürmisch, um künftige Sterne hervorzubringen. Wenn sie weniger häufig und/oder kraftvoll wären, würde sich das Wolkenmaterial verflüchtigen, bevor sich Sterne bilden könnten.

Der zweite kritische Aspekt, der 2009 von dem Astronomen Hua-bai Li vom Harvard Smithsonian Center for Astrophysics und seinem Team entdeckt wurde, ist die Anwesenheit starker kohärenter magnetischer Felder innerhalb und zwischen solchen Gaswolken.[67] Ausgerichtet sowohl auf kleine als auch große Skalen, hemmen diese Magnetfelder die weitere Anziehung aufgrund von Gravitation und beeinflussen die Größe der Sterne und ihrer assoziierten Planetensysteme sowie den Zeitpunkt ihrer Bildung. Dabei ermöglicht die lange Lebenszeit von Sternen die Evolution biologischer Komplexität innerhalb der Planetensysteme, und die insgesamt aktivierten Lebenszeiten von Galaxien erstrecken sich über das hinaus, was sie ansonsten wären.

Die Bedingungen für die Entstehung von Sonnensystemen sind fabelhaft ausgewogen, wie wir gesehen haben, und das lässt sich auch über die Komponenten der Gaswolken sagen, aus denen sie hervorgehen: Sie sind nicht weniger perfekt zusammengesetzt, um letztendlich das Entstehen von biologischem Leben zu ermöglichen. In den letzten Jahren entdeckten Astronomen in zunehmendem

Maß ein breites Spektrum an organischen Molekülen in interstellaren Wolken. Im Jahr 2014 berichtete ein Team des Max-Planck-Ins-
titutes für Radioastronomie mit dem Hauptautor Arnaud Belloche
über das bis dahin komplexeste Molekül: iso-Propylcyanid.[68] Auffäl-
lig ist die verzweigte Struktur der Kohlenstoffatome, die ebenso bei
Aminosäuren vorliegt, aus denen sich die Proteine zusammensetzen.
Die Entdeckung dieses Moleküls weist darauf hin, dass diese präbiotischen Bausteine weit verbreitet sein könnten. Es wurde in einer
riesigen Gaswolke nahe dem Zentrum unserer Galaxie gefunden, in
der außerdem auch Ethenol- (Vinylalkohol-) und Ameisensäure-
ethylester-Moleküle entdeckt wurden. Diese chemischen Stoffe machen den Geschmack von Himbeeren und das Aroma von Rum aus
und deuten auf die Anwesenheit eines alkoholhaltigen Desserts an
einem Platz an, wo man es nicht vermutet hätte.

Eine andere wichtige Voraussetzung für biologisches Leben – und
ebenfalls eine Komponente davon – ist Wasser. Außerdem haben Astronomen in interstellaren Wolken große Mengen von Eis entdeckt,
das sich bei Temperaturen bildet, die nur zehn Grad über dem absoluten Nullpunkt liegen. Im Jahr 2014 analysierte ein Team der Universität Exeter in Großbritannien, dem auch Tim Harries angehörte, den
Aufbau von Wasser auf der Erde und verglich ihn mit dem in solchen
interstellaren Wolken; sie kamen zu dem Schluss, dass erstaunlicherweise die Hälfte des Wassers auf unserem Planeten vor der Entstehung unserer Sonne gebildet worden war.[69] Wir bestehen demnach
nicht nur aus ehemaligem Sternenstaub, sondern wir trinken ihn auch!

Innerhalb der interstellaren Wolken befinden sich also Komponenten des Lebens. Was aber treibt ihre weitere Selbstorganisation
an und sorgt letztendlich dafür, dass sie die Grundlagen biologischer
Entitäten bilden, die auf der Struktur des Kohlenstoffs beruhenden

Moleküle, die in diesen Wolken beobachtet wurden? Es ist die Anwesenheit von Licht, und zwar speziell von ultravioletten Frequenzen. Wenn UV-Licht niedriger Wellenlänge auf die Eiskörner trifft, die diese Wolken durchdringen, liefert es genau den passenden energetischen Trigger, damit sich Kohlenstoff-Kohlenstoff-Bindungen bilden können, ein möglicher Entstehungsweg, über den 2002 als Erste die Astrobiologen Tania Mahajan, Jamie Elsila, David Deamer und Richard Zare berichteten.[70]

Bei der Entstehung der dritten oder vierten Generation von Sternen, zu denen auch unsere Sonne gehört, befand sich bereits alles an seinem Platz, um die Bildung von Sonnensystemen mit Planetenformationen zu ermöglichen, die nicht nur leichte Gasriesen wie Jupiter und Saturn, sondern auch schwerere Gesteinsplaneten wie unsere Erde einschließen. Sie boten das optimale Refugium für die Entstehung und Evolution von biologischen Lebensformen – damit war die Bühne bereitet für die nächsten Schritte auf der Reise zu uns selbst.

Vor annähernd fünf Milliarden Jahren begann ein kleines Gebiet, das in eine größere Gas- und Staubwolke eingebettet war, aufgrund von Gravitationskräften zu kollabieren. Das Ganze spielte sich in einem Spiralarm unserer Galaxis ab, der sich etwa zwei Drittel ihres gesamten Radius außerhalb des supermassiven Schwarzen Lochs in ihrem Zentrum befand. Wahrscheinlich befeuert von nahe gelegenen Supernova-Explosionen, verschmolz in den nächsten Millionen Jahren – vielleicht ging es auch schneller – die Materie im Zentrum dieses Gebietes, heizte sich auf und bildete unsere Sonne. Sie war umgeben von einer Scheibe aus protoplanetarischem Material, das überdauerte und für eine weitere Entwicklung von Komplexität sorgte.

Im Jahr 2011 erschien eine Arbeit, die auf dem Studium von Meteoriten durch Forscher der NASA basiert; darin wird angeführt, dass die RNA, eine Ribonukleinsäure, Vorläufer der DNA und wichtiger Bestandteil der Proteinbiosynthese, möglicherweise extraterrestrischen Ursprungs ist.[71] Und im Jahr 2012 entdeckten Astronomen Glykolaldehyd, ein Zuckermolekül, das für die Bildung von RNA erforderlich ist, in einem protostellaren System.[72]

Während der nächsten Millionen Jahre sorgte die weitere Zunahme der Gravitation innerhalb der rotierenden Scheibe für die Bildung von kleineren Planetesimalen, schließlich von größeren Planetoiden und zuletzt von Planeten und Monden. Im Zentrum formten sich schwerere Gesteinsplaneten, während weiter zum Rand hin leichtere Gasriesen wie Jupiter und Saturn entstanden. Tatsächlich ist Saturn so leicht, dass er, wenn es einen entsprechend großen Ozean gäbe, sogar darin schwimmen würde.

Als die Wissenschaft von den Planeten in den letzten dreißig Jahren sprunghafte Fortschritte machte, wurden viele frühere Ideen, wie sich unser Sonnensystem gebildet und entwickelt haben könnte, wieder verworfen; neue Vorstellungen kamen auf und wurden in ein ständig wachsendes einheitliches Bild integriert, und letztendlich wurden sogar einige bereits in Verruf geratene Ideen rehabilitiert. Wichtig ist dabei Folgendes: Es wurde klar, wie die Astronomin und Planetologin Renu Malhotra anmerkte: »Die Dynamik des Sonnensystems ist eine Geschichte orbitaler Resonanzphänomene ..., [die] die Quelle sowohl für Instabilität als auch für lang anhaltende Stabilität sein können.«[73]

Bereits im 18. Jahrhundert erkannten Astronomen wie Johann Titius und Johann Bode, aber auch andere, die beinahe Zeitgenossen waren, dass die relativen Orbitalgrößen der damals bekannten Planeten von Merkur bis zu Saturn tatsächlich in enger Beziehung standen. Die im Nachhinein als Titius-Bode-Reihe bezeichnete Regel wurde eingesetzt, um die Existenz und die Radien der Umlaufbahnen sowohl des Asteroidengürtels als auch des Uranus richtig vorherzusagen. Die spätere Entdeckung von Neptun und Pluto, deren Umlaufbahnen nicht der Titius-Bode-Regel folgten, ließen diese jedoch in den Hintergrund treten. Allerdings wurde vor Kurzem ermittelt, dass sich die frühen Umlaufbahnen der Planeten unseres Sonnensystems veränderten. Bis zum Neptun bewegten sich die Planeten aufgrund verschiedener Faktoren entweder näher zur Sonne hin oder weiter von ihr weg, bis sie sich schließlich in den resonanten und dauerhaft stabilen Umlaufbahnen festsetzten, die wir heute sehen.

Nicht nur die Erkenntnisse von Titius und Bode werden heute wieder beachtet, sondern man entdeckt auch andere, leicht abweichende Resonanzen: zum Beispiel, wenn Planeten zueinander eine sogenannte Resonanzwinkel-Libration aufweisen. Dazu kommt es, wenn ihr Winkelabstand, während sie auf ihrer Umlaufbahn wandern, innerhalb bestimmter Grenzen in Resonanzzyklen oszilliert. Einige Beispiele für solche Resonanzpaare liefern die äußeren Planeten unseres Sonnensystems: Die Umlaufbahnen von Jupiter und Saturn stehen mit einer Abweichung von unter 1 Prozent exakt im Verhältnis 5:2, die von Saturn und Uranus mit einer Abweichung von bis zu 5 Prozent im Verhältnis 3:1 und die von Uranus und Neptun mit einer Abweichung von bis zu 2 Prozent im Verhältnis 2:1.

Auch für die Umlaufbahnen von Neptun und Pluto, deren spezifische Verletzung der Titius-Bode-Reihe dazu führte, dass sie nicht länger anerkannt war, wurde Resonanz gefunden, und zwar im We-

sentlichen ein 2:3-Verhältnis ihrer Umlaufperioden, das zusammen
mit anderen Einflüssen ihre Bahnen um die Sonne beherrscht.

Weitere Erkenntnisse, speziell über die wichtige Rolle von Jupiter
und Saturn, haben ebenfalls gezeigt, wie dankbar wir sein sollten,
dass diese beiden Riesen Mitglieder unseres Sonnensystems sind.
Seit einiger Zeit weiß man nämlich, dass Jupiters gewaltige Anziehungskraft dabei hilft, das Innere unseres Sonnensystems »sauber«
zu halten; dadurch ist auch unser eigener Planet glücklicherweise relativ (wenn auch nicht vollständig) sicher vor gefährlichem Welt-
raummüll. Im März 2015 konnte nachgewiesen werden, dass Jupiters
Rolle in den Anfangsjahren seiner Existenz noch bedeutungsvoller
war.

Der Bericht eines Astronautenteams, an dem auch Gregor
Laughlin von der University of California Santa Cruz als Koautor
mitwirkte, unterstützt die Erklärung, warum sich unser eigenes Sonnensystem von anderen zahlreichen Planetensystemen, die bis jetzt
entdeckt worden sind, ziemlich unterscheidet.[74] Im Gegensatz zu
unserem scheinen die meisten anderen Sonnensysteme sehr große
sogenannte Super-Erden zu besitzen, deren Umlaufbahnen ziemlich
nah an ihren Sternen liegen, sodass diese Planeten höchstwahrscheinlich unbewohnbar sind. Zusätzlich gibt es neuere Hinweise
innerhalb unseres eigenen Sonnensystems, dass die Erde und andere
innere Gesteinsplaneten später als die äußeren Gasriesen einschließlich Jupiter entstanden sind.

Nach Auffassung von Laughlin und seines Koautors Konstantin
Batygin streifte Jupiter durch das frühe Sonnensystem. In einer Art
stürmischem kosmischem Flipperspiel zerstörte er tatsächlich eine
erste Generation innerer Gesteinsplaneten, die sich ansonsten zu
Supererden weiterentwickelt hätten. Sie hätten eine Umlaufbahn

eingenommen, die ähnlich nah oder noch näher als die aktuelle Merkurs gewesen wäre, doch ihre schwereren, angereicherten Reste fielen letztendlich in seine glühende Umarmung.

Aufbauend auf dem früheren Vorschlag eines anderen Teams aus dem Jahr 2011, der als Grand-Tack-Hypothese bezeichnet wird, kann ihr Modell ebenfalls zeigen, dass Jupiter nach seiner Wanderung durch die Anziehungskräfte Saturns und vielleicht auch durch eine Resonanzverbindung zwischen ihnen in seine aktuelle Umlaufbahn befördert wurde. Dadurch wurde es möglich, dass sich eine zweite Generation innerer Gesteinsplaneten bilden konnte. Aus dem verbleibenden Material der zerstörten ersten Generation entstanden Merkur, Venus, Erde und Mars, die weniger Masse und eine erheblich dünnere Atmosphäre aufweisen, als es sonst der Fall gewesen wäre.

Saturn ist auch noch anderweitig von Bedeutung, wie es in einem Modell der Planetenumlaufbahnen nachdrücklich angeregt wird, das von Elke Pilat-Lohinger von der Universität Wien 2014 aufgestellt wurde.[75] Die Umlaufbahn unserer Erde ist stabil und annähernd kreisförmig, wobei ihre Distanz zur Sonne lediglich um etwa 2 Prozent variiert. Dadurch wird sichergestellt, dass wir in dem als habitable Zone oder Lebenszone *(Goldilocks zone)* bekannten Bereich verbleiben, der weder zu heiß noch zu kalt ist und wo es das für die Existenz von Organismen lebenswichtige Wasser gibt. Pilat-Lohinger fand heraus, dass, wenn man die Umlaufbahn des Saturn um circa 10 Prozent näher an die Sonne rückte oder um 20 Prozent neigte, auch die Umlaufbahn unserer Erde signifikant verlängert und gestört würde. Es gäbe einen Ruck, der uns jedes Jahr ein Stück weiter aus der habitablen Zone zöge – eine enorme Herausforderung für die Evolution des Lebens auf der Erde, wenn sie dadurch nicht sogar unhaltbar wäre.

Am 1. August 2008 stieg ich auf einen der Gipfel des Hua Shan in
der Nähe der Stadt Huayin in China, um eine totale Sonnenfinsternis
zu beobachten. Gegenüber erhob sich eine weitere der fünf Spitzen
dieses heiligen Berges, über dem der Schatten des Mondes langsam
über die Sonnenscheibe kroch. Die beiden setzten ihren Lauf fort,
und ich erlebte den ersten Moment der totalen Sonnenfinsternis, eines der größten Naturphänomene überhaupt. Dieses Mal war es jedoch noch spektakulärer, denn die kombinierte Sonnen-Mond-Schei-
be thronte von meinem Aussichtspunkt aus exakt auf dem
gegenüberliegenden Gipfel. Die kosmische Trinität aus Sonne,
Mond und Erde enthüllte sich auf eine wunderbare Weise, wie ich es
noch nie zuvor gesehen hatte.

Unsere Sonne ist circa 400-mal größer als unser Mond; und sie
ist auch ziemlich genau 400-mal weiter entfernt. Es ist diese außergewöhnliche Übereinstimmung, die einzigartig in unserem Sonnensystem ist und die eine totale Finsternis ermöglicht.

Wir haben kurz gesehen, dass die Entfernung zur Sonne entscheidend ist, dass unsere Erde in der habitablen Zone liegt; erst
dadurch wurde eine erfolgreiche Entwicklung biologischer Lebensformen auf unserem Planeten möglich. Allerdings spielen auch die
Anwesenheit unseres Mondes (Luna), seine Größe und seine Entfernung zur Erde eine entscheidende Rolle. Unser Mond ist im Verhältnis zur Erde viel größer als jeder andere Mond in unserem Planetensystem mit Ausnahme des astronomisch als Zwergplaneten
eingeschätzten Pluto und seines größten Mondes Charon. Die Ge-
zeiten, die auf der Anziehungskraft des Mondes beruhen, sorgen für
eine günstige Temperatur und für die Verteilung von Nährstoffen in
den Ozeanen und Meeren, optimieren Energieflüsse, unterhalten
reichlich vorhandene Nahrungsketten und beschleunigen wahr-

scheinlich sogar die Artenbildung und die Entstehung von individuellen Merkmalen. Die Masse des Mondes hilft auch dabei, die Rotationsachse der Erde zu stabilisieren, und sie reduziert auf diese Weise die Größenordnung des natürlichen Klimawandels. Das Vorhandensein des Mondes hat außerdem die ursprünglich schnellere Erdrotation auf weniger als drei Stunden am Tag verlangsamt – und dadurch wiederum ermöglicht, dass sich stabile Bedingungen herausbilden konnten. Setzt man eine gemeinsame Entstehung der Gesteine des Mondes und der Erde voraus, wobei identische Sauerstoffisotope gemessen wurden, so sieht die aktuelle Diskussion im Allgemeinen unser Erde-Mond-System als das Ergebnis eines verheerenden Aufpralls in den frühesten Tagen der Geschichte unseres Planeten an. Im September 2016 wurde in der Zeitschrift *Nature Geoscience* von Forschern der Johns Hopkins University ein Artikel veröffentlicht, der weitere starke Hinweise für ein solches Szenario lieferte. Darin wird angeführt, dass eine Schicht tief im Inneren der Erde, die Eisen und andere Elemente enthält, mit großer Wahrscheinlichkeit aufgrund der Turbulenzen nach solch einem Aufprall gebildet worden war.[76]

Zusätzlich deuten alle Kollisionsszenarien, bei denen die Erde in ihrer Frühzeit von einem externen Einschlag getroffen wurde, darauf hin, dass sich der Mond infolgedessen viel näher zur Erde gebildet und dass sich unser Planet schneller als heute gedreht hat.

Die Zusammenarbeit verschiedener wissenschaftlicher Disziplinen ermöglicht auch ein ständig wachsendes Verständnis, wie Sonne, Mond und Erde interagieren, vor allem aufgrund des besonders fein abgestimmten Wechselspiels der elektromagnetischen Kräfte, um das Leben auf der Erde zu schützen und ihm Energie zu verleihen. Die Heliosphäre unserer Sonne mit dem Sonnenwind und ihren gewaltigen magnetischen Feldern umschließt unser gesamtes Sonnensystem. Während wir das Zentrum unserer Galaxie umkreisen, schützt uns ihr elektromagnetischer Halo vor dem tödlichen Ausmaß kosmischer Strahlung und vor dem Druck, den Turbulenzen und den herumirrenden Trümmern des interstellaren Mediums. Der Sonnenwind jedoch, das elektrisch geladene Plasma, das aus der Sonne herausströmt und die Heliosphäre unterhält, trägt seine eigenen gefährlichen Energien. Im Gegenzug sind wir durch das eigene Magnetfeld unserer Erde, die Magnetosphäre, geschützt, die in diesem Fall durch den inneren geodynamischen Eisenkern unseres Planeten aufrechterhalten wird.

Während das Magnetfeld des Mondes heutzutage relativ schwach ist, war es vor 3,7 Milliarden Jahren, also zu der Zeit, als sich das biologische Leben auf der Erde zu etablieren begann, genauso stark wie das der Erde heute. Bis jetzt weiß man nur wenig darüber, wie der Mond ursprünglich solch ein starkes Feld produziert und wie oder warum es anschließend so deutlich abgenommen hat. Allerdings bietet die Kombination aus diesen drei Faktoren während jener entscheidenden Epoche meiner Meinung nach eine faszinierende Möglichkeit.

In Anwesenheit von Wasser und organischen Molekülen, die auf der Oberfläche der frühen Erde im Überfluss vorhanden waren – konnten da mächtige elektromagnetische Wechselwirkungen heftige geomagnetische Stürme in der damals noch flüchtigen Atmosphäre unseres Planeten auslösen? Falls ja, könnten diese als Trigger gewirkt haben, und zwar nicht nur für die weitere Selbstorganisation präbiotischer organischer Moleküle, sondern auch für die kritische Emergenz der ersten biologischen Moleküle und höchstwahrscheinlich auch der RNA.

Im Verlauf der gesamten Erdgeschichte waren und sind diese und zahlreiche andere Wechselwirkungen elektromagnetischer Felder zwischen unserem Planeten, unserer Sonne und unserem Mond – und die grundlegende Information, die sie befördern und übermitteln – entscheidend für jegliches biologisches Leben.

Mit dieser Emergenz und Evolution wollen wir uns nun im Folgenden beschäftigen.

DIE ERSTEN TAGE DER ERDE

Das Alter unserer Erde wird aktuell mit etwas mehr als 4,5 Milliarden Jahren angegeben. Anfangs noch flüssig, kühlte sie schließlich ab und bildete eine feste Kruste, obwohl es in dieser Zeit häufig zu Kollisionen mit Asteroiden und Kometen kam. Unter der Voraussetzung, dass in den Gaswolken, aus denen unser Sonnensystem entstanden ist, Wasser und organische Moleküle im Überfluss vorhanden waren und auch die Möglichkeit bestand, daraus RNA zu synthetisieren, könnten solche Einschläge durchaus die lebenswichtigen Zutaten für die Entstehung von organischem Leben geliefert haben. Die zunehmenden Hinweise auf solch eine Möglichkeit, die unter dem Begriff »Panspermie« bekannt ist und früher nicht berücksichtigt wurde, bewirken, dass sie zunehmend als realistisches Szenario betrachtet wird.

Auf jeden Fall war unser Planet vor 3,8 Milliarden Jahren, vielleicht sogar schon früher, entsprechend abgekühlt, ausreichend stabil und damit bereit für die Entwicklung von Leben – ganz gleich, ob es sich hier auf der Erde oder mithilfe ihrer frühesten Immigranten entwickelt hat.

Während das Geheimnis um ihre spezifische Emergenz nach wie vor schwer zu lösen ist, wird es im Allgemeinen immer deutlicher, dass Speicherung, Weiterleitung und Fluss von Information grundlegend sind. Wie wir bereits gesehen haben, ist zusätzliche, unzweideutige und vorübergehende Information in charakteristischer Weise vor der Emergenz selbst anwesend und umfasst einen informativen Dialog zwischen der präemergenten Entität, ihrem holarchischen Teilsystem und ihrem größeren Umfeld.

Manchmal haben Biologen im Allgemeinen die RNA selbst in einer solchen Emergenz aus präbiotischen organischen Molekülen als lebend angesehen.

Ebenso wie ihr effizienterer und stabilerer Nachfolger, die DNA, besitzt RNA die Fähigkeit, Information zu speichern und zu verarbeiten, sich selbst zu replizieren und vor allem die Codierung, die Regulierung und die Expression von Genen und die Synthese von Proteinen zu ermöglichen und zu steuern. Die Herausforderung besteht darin zu verstehen, wie solch eine komplexe Entität wie die RNA sich selbst aus ihren einzelnen Bestandteilen zusammensetzen konnte, und das unter den Bedingungen, die in der Frühzeit der Erde herrschten.

Im Juni 2015 wurden zwei bahnbrechende Arbeiten über die Bildung von RNA in den *Proceedings of the National Academy of Sciences* veröffentlicht, die eine unter der Leitung von Charles Carter und die zweite von Richard Wolfenden, die beide an der University of North Carolina arbeiteten. Sie boten jeweils Einblicke, wie eine derartige Emergenz entstanden sein könnte.[77]

RNA setzt sich aus vier Untereinheiten zusammen, die aus organischen Molekülen bestehen, den sogenannten Nukleotiden. Die Frage, die Carter und Wolfenden zusammen mit ihrem Team zu beantworten versuchten, lautete: Wie fanden diese Untereinheiten in der chemischen Suppe der urzeitlichen Erde zusammen?

Obwohl im Mai 2015 der Chemiker John Sutherland und seine Mitarbeiter an der University of Cambridge in Großbritannien zeigen konnten, dass im Rahmen einer präbiotischen Chemie auf Cyanidbasis zwei der vier Untereinheiten der RNA und viele Aminosäuren gebildet werden können,[78] gab es nach wie vor keinen Mechanismus, um die Nukleotide zur RNA zusammenzubauen und Aminosäuren zu bilden, oder vielmehr für RNA, um die Bildung von Proteinen zu steuern (oder zu codieren) – ein weiterer lebenswichtiger Baustein des biologischen Lebens.

Carters Studie versuchte eine Antwort zu finden auf die Frage, wie die RNA Proteine synthetisiert, indem er untersuchte, wie ein Molekül, das als Transfer-RNA oder tRNA bekannt ist, mit verschiedenen Aminosäuren reagiert. Wir haben bereits gesehen, dass die Information, verkörpert durch Form, Größe und Klebrigkeit, der einzige Faktor ist, der Einfluss ausübt, wie verschiedene Elemente eines Systems einander beeinflussen. Ahnen Sie, worauf es hinausläuft? Carters Team fand heraus, dass ein Ende der tRNA die Aminosäuren nach ihrer Form und Größe sortierte, während das andere Ende Aminosäuren mit einer bestimmten elektrischen Polarität an sich binden konnte, was sich auf die Klebrigkeit dieses Endes auswirkte. Deshalb steuerte die tRNA, welche Kombination aus Aminosäuren einerseits ein Protein bildet und andererseits seine endgültige Größe festlegt – das ist ein wesentlicher Zwischenschritt in der Entwicklung des genetischen Codes.

In der anderen Studie untersuchten Wolfenden und seine Kollegen, wie sich Aminosäuren in Wasser verteilen, und zwar bei den hohen Temperaturen, die in der Frühzeit der Erde herrschten. Wiederum entdeckten sie, dass dabei ihre Form, ihre Größe und ihre Polarität (Klebrigkeit) von entscheidender Bedeutung waren. In ihrer Forschungsarbeit zogen sie den Schluss, dass hohe Temperaturen die gleichen Regeln für die Geometrie der Proteinbildung zur Folge haben, die man als Proteinfaltung bezeichnet; die Information wurde erhalten, und dadurch konnte sie repliziert werden.

»ELEK-TRICKSEREI«

Vom uranfänglichen Licht, das unser Universum durchflutete, über die elektrischen und magnetischen Felder und das elektrisch geladene Plasma, die den Raum durchdringen und bei der Bildung von Sternen und Galaxien mitwirken, bis hin zu seiner lebenswichtigen Rolle, die er für das Leben auf der Erde und unsere globalen Technologien (die meine leicht verwirrte Großmutter als »Elek-Trickserei« bezeichnete) spielt, ist der Elektromagnetismus ein ideales, wesentliches und universelles Werkzeug der Information des kosmischen Hologramms.

Seine Fähigkeit, maximale Mengen an Information zu speichern, zu verarbeiten und zu übermitteln, ist besonders für solche Prozesse signifikant, die die Komplexität umfassen, die biologische Emergenz und Evolution verkörpern. In der Tat ist der Unterschied zwischen einer lebendigen und einer toten biologischen Entität im Wesentlichen die Einstellung elektromagnetischer Aktivität im Körper.

In Form von elektrischen Gradienten, Potenzialen und Ladungsdifferenzialen steuern elektromagnetische Felder, gewöhnlich im Bereich kleiner Skalen und häufig nur vorübergehend, zahlreiche biologische Aktivitäten, wie beispielsweise das Feuern von Neuronen im Gehirn, die Dehnung von Muskeln und die Sekretion von Hormonen, die im Gegenzug wiederum viele andere Prozesse in Gang setzen. Viele Moleküle in den Körpern von Organismen reagieren

schwach mit extrem niederfrequenten elektromagnetischen Signalen, und auf einem noch allgemeineren Niveau liefert der Fluss von
elektrischem Strom Energie für die interzelluläre und intrazelluläre
Kommunikation in den Körpern biologischer Organismen.

Magnetische Felder, ganz gleich, ob überall vorhanden oder
pulsierend, sind ebenfalls endemisch in Bezug auf biologische Prozesse; vielleicht am bekanntesten sind bis heute die Navigationsfä-
higkeiten von Zugvögeln, Insekten und anderen Tieren, die das Magnetfeld der Erde dazu benutzen, um sich zu orientieren und ihre
Wanderungen oft über riesige Entfernungen sicherzustellen.

Obwohl die bioelektromagnetische Forschung noch in den Kin-
derschuhen steckt, enthüllt sie schrittweise die Beteiligung von schwachen elektromagnetischen Feldern und Energieflüssen an der Infor-
mationsübermittlung im Körper. Es wird zwar immer noch kontrovers
diskutiert, doch es gibt Anzeichen dafür, dass solche Felder eine weitaus umfangreichere Rolle in Bezug auf Zusammenhalt und Ganzheitlichkeit gesunder körperlicher Muster spielen könnten, wie metaphysische Traditionen schon seit dem Altertum behauptet haben.

ORGANISATION

Aus einer zunehmenden Zahl von Erkenntnissen über die tiefere
Natur von Verbindungen, Selbstorganisation und Entwicklung
biologischer Organismen lassen sich allmählich weiter gefasste,
allgemeine Prinzipien ableiten und formulieren. In Hinblick auf informationelle und entropische Prozesse und die involvierte Energie-
übertragung ergeben sie sich aus tieferen, nichtphysikalischen Struk-
turierungen, Mustern und Attraktoren und steuern die biologische
Emergenz und Evolution.

Wie wir anhand unserer Untersuchungen bis jetzt gesehen haben, sind solche Grundlagen und ihre Manifestationen im Wesentlichen holografisch und holarchisch. Deshalb sollte es keine große Überraschung sein, dass Biologen die Signatur des kosmischen Hologramms ebenfalls erkannt haben. In diesem Sinn sieht man die Informationsmuster fraktaler Attraktoren auch als Grundlage biologischer Formen an. Schritt für Schritt immer komplexere multifraktale Attraktoren bilden Systeme von Systemen als Antwort auf den dynamischen kreativen Evolutionsprozess, der auf innige Weise biologische Entitäten mit ihrer Umwelt verknüpft.

Morphogenetische Studien, die sich damit beschäftigen, wie die Formen biologischer Entitäten altern, decken mehr und mehr die zugrunde liegenden Informationsprozesse auf, die eine solche Entwicklung steuern. Dies wird durch eine Reihe von Signalen und Antworten bewirkt, die in Hormonen, chemischen Stoffen, elektromagnetischen Feldern und elektrischen Ladungen eingebunden sind und einem Modell folgen, das durch die DNA, den Träger der in jeder Zelle vorhandenen genetischen Information, codiert wird.

Die Zellen aller biologischen Organismen auf der Erde enthalten DNA. Allerdings codiert sie unterschiedliche Genome, den vollständigen Satz von Genen, der charakteristisch für jede Spezies ist und der ihre Form und ihre Funktion beschreibt. Im menschlichen Körper – und das gilt genauso für jede andere biologische Art – liegt in jeder einzelnen Zelle die gesamte DNA mit dem vollständigen Genom vor. Beginnend mit den undifferenzierten Stammzellen, sichert das zugrunde liegende Informationsmuster durch Übermittlung der DNA die zunehmende Spezialisierung und Differenzierung der Zellen und verhilft damit dem Fötus zur Ausreifung.

Diese Untermauerung hinsichtlich der Information und ihre bioelektrischen Prozesse werden ebenfalls untersucht, um zu verstehen, wie man verlorene Gliedmaßen regenerieren – eine Fähigkeit, die manchen Tierarten angeboren ist – und wie man möglicherweise sogar kranke oder zerstörte Organe aus körpereigenen Zellen nachwachsen lassen kann. Michael Levin und seine Kollegen von der Tufts University konnten zeigen, dass Plattwürmer der Gattung *Planaria* sogar in der Lage sind, ihren Kopf zu regenerieren, und dabei Information abrufen können, die sie vor der Dekapitation besaßen.[79]

Levins Team entdeckte, dass stillgelegte elektrische Potenziale über Körpergewebe codiert werden und dass diese festlegen, wie, wann und wo Gewebe und Organe wiederaufgebaut werden. Außerdem haben die Wissenschaftler herausgefunden, dass bioelektrischer Austausch auf zellulärer Ebene und über einen größeren Bereich, vielleicht sogar im ganzen Körper, zusammenspielt, um das Wachstum dieser komplexen Strukturen einzuleiten. Levin bemerkte dazu: »Sich auf eine Strategie zu fokussieren, die das nutzt, was der Wirtsorganismus bereits über die Neubildung seiner Organe weiß, ist der richtige Weg.«

In den letzten fünfzehn Jahren wurde die Rolle der DNA und des genetischen Codes einer radikalen Prüfung unterzogen und die herausragende Position des »egoistischen Gens« Schritt für Schritt zurückgefahren. Die revidierte Ansicht lautet, dass Gene in erster Linie die Diener und nicht die Meister sind, was die Organisation des Körpers und den evolutionären Fortschritt betrifft, dass Organismen sowohl innerhalb ihres eigenen Bereichs als auch im Umgang untereinander eher kooperativ als konfrontativ sind und dass Organisation und Evolution nicht nur auf individueller Ebene, sondern auch auf der Ebene von Gruppen und Kollektiven auftritt.

Diese Neubewertung begann sich im Jahr 2001 herauszubilden, als das Ergebnis des Humangenomprojekts feststand. Es hatte zum Ziel, das menschliche Genom vollständig zu entschlüsseln. Seine Ergebnisse waren vollkommen unerwartet. Anstatt der Hunderttausende oder mehr Gene, die, wie man zu Beginn angenommen hatte, für die Kontrolle (Biologen sagen: »Codierung«) einer entsprechenden Anzahl körpereigener Proteine notwendig sein sollten, fanden die Forscher heraus, dass unser Genom eine deutlich niedrigere Anzahl von Genen umfasst. Eine Schätzung aus dem Jahr 2015 ergab, dass unser gesamtes für die Codierung von Proteinen zuständiges Genom weniger als 20 000 Gene einschließt; das entspricht der Zahl vieler einfacher gebauter Spezies einschließlich einiger Würmer und sogar mancher Pflanzen oder liegt sogar noch darunter. Na schön!

Zusätzlich gelangten Forscher zu der Erkenntnis, dass der enorme Anteil von 98,5 Prozent unseres gesamten Genoms nicht für die Codierung von Proteinen zuständig ist. Bis dahin hatte man angenommen, dass der Anteil wesentlich geringer sei und dass er aktuell keinen biologischen Nutzen habe; deshalb wurde er auch zuvor als sogenannte »Junk«-DNA verunglimpft. Im Jahr 2003 begann man jedoch mit dem Forschungsprojekt der Enzyklopädie von DNA-Elementen (ENCODE oder *Encyclopedia of DNA Elements*), die zum Ziel hatte, die wahre Bedeutung aller funktionierenden DNA-Elemente herauszufinden. Heute werden diese obengenannten Abschnitte der DNA treffender als nichtcodierende DNA bezeichnet, doch ihr eigentlicher Zweck ist noch immer nicht enträtselt. 2012 kam die Arbeitsgemeinschaft der ENCODE-Forscher zu dem Schluss, dass mehr als 80 Prozent der DNA biochemisch aktiv ist und dass der Großteil darin einbezogen ist, die Expression der Gene der codierenden DNA zu kontrollieren.

Eine weitere grundlegende Prämisse für ein genzentriertes Modell war, dass nichts, was mit den Organismen während ihres Lebens passiert, ihre Gene beeinflussen noch auf künftigere Generationen übertragen werden kann. Doch auch diese Auffassung hat sich mittlerweile als falsch erwiesen. Stattdessen gibt es eine wachsende Zahl von Hinweisen, welche Rolle sogenannte epigenetische Einflüsse spielen und dass Informationen über Lebensstil und Umweltfaktoren als stabile vererbbare Merkmale überdauern können. Diese Entdeckungen führen zusammen mit laufenden Untersuchungen zu einem erheblichen Umdenken, und zwar nicht nur über die Rolle der DNA, sondern auch über die wesentlich weiter gefassten Auswirkungen, wie Informationsflüsse, Wechselwirkungen und Erinnerungen für die Organisation und Evolution biologischer Entitäten sorgen.

Wir haben gesehen, wie präbiologische organische Moleküle in interstellaren Staubwolken entdeckt wurden, die auf chemischem Weg aus den Grundelementen unter Anwesenheit von Wasser und ultraviolettem Licht zusammengebaut wurden. Im Jahr 2001 stellte der Astrobiologe Louis Allamandola, Leiter eines NASA-Teams, diese Bedingungen im Laboratorium nach, wie es auch schon andere vor ihm getan hatten.[80]

Die Forscher entdeckten dabei, dass sich die Moleküle spontan zu winzigen Vesikeln zusammenschlossen, organische Bläschen, die im Grunde genommen Membranen darstellen. Diese trennen das innere Milieu mit seinen Komponenten von der äußeren Umgebung und, was wichtiger ist, schützen es davor. Diese stäbchenförmigen Gebilde erfüllen außerdem eine weitere entscheidende Funktion. Sie sind bipolar angeordnet; das heißt, ein Ende ist hydrophil und zieht elektromagnetisch Wasser an, während das andere hydrophob ist und Wasser abstößt. Wenn man die grundlegende Rolle voraussetzt, die sowohl Wasser als auch Elektromagnetismus für jedwede Form biologischen Lebens spielen, dann stellt das einen höchst effizienten Weg der Selbstorganisation dar und ist entscheidend für das anfängliche Überleben und die Evolution aller Lebensformen.

Biologische Membranen sind allerdings keine passiven, sondern aktive Vermittler, die dafür sorgen, dass zwischen dem inneren Milieu des Organismus und seiner Umwelt in beiden Richtungen ein beständiger Austausch stattfindet. Sie erledigen diese Aufgabe mithilfe sogenannter Rezeptorproteine, die in die Membran eingebettet sind, Informationssignale erkennen und darauf antworten. Dies geschieht auf chemischem Weg, beispielsweise über elektrisch geladene Ionen, oder auf energetischem Weg, etwa durch elektromagnetische Schwingungen. Diese Rezeptoren sind für den Aufbau unseres Körpers von entscheidender Bedeutung, und man schätzt, dass etwa 40 Prozent der codierenden DNA nur dafür zuständig ist, dass sie perfekt reproduziert werden.

Andere Forscherteams beschäftigen sich damit, wie die DNA in Form von Schwingungen auf solche Informationen antwortet. Sie deuten an, dass ihre Form einer gewundenen Doppelhelix ideale Voraussetzungen bietet, um als Antenne zu fungieren, Signale für das An- und Abschalten von Genen empfängt und sendet. Auch dies liefert weitere Hinweise dafür, dass die DNA nicht nur der wichtigste Schlüssel für unsere physikalische Form, sondern auch das biologische Werkzeug ist, das unsere Gedanken und Emotionen und, wie es der Pionier der Zellbiologie Bruce Lipton auf den Punkt gebracht hat, unsere Vorstellungen vermittelt – ganz gleich, ob sie wahr oder falsch sein mögen.[81]

Indem er verschiedene Auffassungen kombinierte – die wieder ins Gleichgewicht gebrachte Rolle der Gene, die grundlegende Natur der Membranen und die unerlässliche Anwesenheit von Information für die Evolution von biologischem Leben –, vertrat Lipton die Ansicht, dass nicht die Zellkerne (das ist der Ort, an dem sich die zelluläre DNA befindet), sondern die Zellmembranen das »Gehirn« der Zelle bilden. Die Membranen erfassen nämlich nicht nur die Umwelt, sondern vermitteln auch aktiv die ein- und ausgehenden Informationen. Lipton und auch andere Forscher haben außerdem festgestellt, dass der optimale Weg, wie sich zweidimensionale Membranen in einem dreidimensionalen Raum energetisch am besten organisieren lassen, in einer fraktalen Geometrie besteht. Lipton beschreibt die fortschreitende Ausgestaltung von Komplexität als fraktale Revolution; mit der Entwicklung von vielzelligen Organismen bilden sich Membranen, die den gesamten Körper umgeben und als holografische Verarbeiter für die energetischen und damit informationellen Muster ihrer gesamten Gestalt agieren.

Die Erforschung der multifraktalen Grundlagen für die biologische Morphologie ist demnach in erster Linie ein aktives Studium. Eine faszinierende Hypothese, die von dem Systemtheoretiker Stuart Kauffman ins Feld geführt wurde, ist folgende: Die 256 spezialisierten Zellen im menschlichen Körper könnten ein System von Systemen eines zugrunde liegenden, kohärenten Netzwerks derselben Anzahl von multifraktalen Attraktoren sein.[82] Er kam zu dieser Schlussfolgerung, nachdem er in einer Grafik die Menge an DNA in einer spezifischen Zelle gegen die Anzahl von Zelltypen für verschiedene Organismen aufgetragen hatte; dadurch konnte er zeigen, dass sie miteinander über ein Potenzgesetz in Beziehung stehen, was die ihnen innewohnende fraktale Natur enthüllt. Dies gilt analog für andere SoS-Fälle, die bis jetzt untersucht wurden, und ermöglicht eventuell eine eher holistische Annäherung an die Frage, wie Information rund um den Körper verteilt und organisiert sein könnte.

Im Jahr 2010 lieferten die Neurowissenschaftler Larry Swanson und Richard Thompson von der University of Southern California eine hilfreiche Erkenntnis, als sie molekulare Tracer an ganz bestimmten Punkten innerhalb eines kleinen Bereichs von Hirngewebe einer Ratte injizierten, der gemäß vorhergehenden Untersuchungen mit Freude und Belohnung korreliert. Anstatt nun die neurowissenschaftliche Übereinstimmung von hin und her gehenden Signalen mit einem zentralen Verarbeitungszentrum zu zeigen, beobachteten die Forscher ein komplexes zusammenhängendes Netzwerk, das Verbindungen zwischen Gehirnregionen ermöglichte, von denen man bis dahin nicht wusste, dass sie miteinander kommunizieren. Im Wesentlichen verhält sich das Gehirn mehr wie ein fraktales Internet.[83]

Sowohl für das Herz als auch für das Gastrointestinalsystem wurde ebenfalls herausgefunden, dass sie wie das Gehirn ihr eigenes neuronales zelluläres Netzwerk besitzen, Verbindungen zwischen spezialisierten Zellen, die mithilfe elektrischer Potenziale über die Zellmembranen Signale aussenden. Neuronen sind nicht nur spezifische Gehirnzellen, und ihre wesentlich weitere Verbreitung in wichtigen Zellverbänden im gesamten Körper liefert Argumente für eine tiefere Ebene der Kommunikation, ganz gleich, ob bewusst oder autonom. Solche Entdeckungen führen zu ganz neuen Einstellungen, wenn man über ein »flaues Gefühl« oder ein »Bauchgefühl« nachdenkt, und sie liefern tiefere Einblicke in die Verteilung von Information in unserem Körper.

Wir werden uns in Kürze weiter damit beschäftigen, was es mit der Verteilung von Information auf sich hat und wo sich noch weitere Hinweise finden lassen, die Licht in die Natur von Wahrnehmung und Bewusstsein bringen. Doch zunächst wollen wir noch etwas mehr ins Detail gehen, wie dynamische Wechselwirkungen zwischen biologischen Organismen und ihren Umweltbedingungen die Evolution vorantreiben.

KREATIVE EVOLUTION

Wenn sich die Umwelt rasch verändert, vielleicht sogar aufgrund von Katastrophen, bringt der Austausch auf Informationsebene mit ihren biologischen Ausdrucksformen neue Antworten hervor. Die zugrunde liegenden fraktalen Attraktoren verzweigen sich zu neu entstehenden Formen. Hierin liegt der wirkliche Ursprung der Arten.

Fossilfunde bezeugen zusammen mit anderen Hinweisen auf zurückliegende Klimawechsel eine Geschichte der Evolution des Lebens auf der Erde, die der Hypothese des sogenannten Punktualismus entspricht, die exakt diese Entwicklung informationeller Wahrnehmung widerspiegelt. In Perioden der Stabilität, wie beispielsweise in unserem Zeitalter des Holozäns mit ungewöhnlich wenig Veränderungen der Umweltbedingungen in den letzten 12 000 Jahren, finden nur relativ geringe evolutionäre Prozesse innerhalb von Arten statt, genau wie Darwin herausgefunden hat.

Klimazyklen in großem Umfang und lang anhaltende Abweichungen, wie beispielsweise Eiszeiten oder zwischen diesen liegende Wärmeperioden, antworten auf das Zusammenspiel von Änderungen in der Erdbewegung. Insgesamt unter dem Namen »Milanković-Zyklen« bekannt – benannt nach dem serbischen Geophysiker und Mathematiker Milutin Milanković –, sind diese Veränderungen das Ergebnis der Exzentrizität und Achsenneigung der Erde und der Präzession der Erdrotationsachse.[84] Biologische Antworten darauf zeigen historisch das fortschreitende Aussterben vorher existierender Arten und das Auftauchen neuer, besser an das Klima angepasster Varianten, die häufig noch eine enge Verwandtschaft zu ihren Vorfahren aufweisen.

Wenn man Ökosysteme zunehmend so versteht, dass sie sich in Zuständen nahe der Kritikalität befinden, verleiht eine derart offensichtliche Instabilität tatsächlich einen Flexibilitätsgrad, der solche Antworten mit einer minimalen Menge an neu gebildetem Genom optimieren kann; dadurch wird es möglich, dass die Evolution den maximalen Nutzen mit dem geringsten Aufwand davonträgt.

Allerdings sind es die großen Katastrophen, die eine vollkommen neue Dimension und eine neue Geschwindigkeit der evolutionären Entwicklung auslösen – möglicherweise der extremste Fall des bekannten Sprichworts »Was dich nicht umbringt, härtet dich ab«. Geologen haben das Auftreten von wenigstens fünf großen Ereignissen mit einem gewaltigen Massensterben in den vergangenen 540 Millionen Jahren bestätigt; dabei gingen jedes Mal mehr als 50 Prozent der existierenden Tierarten zugrunde.

Vor 252 Millionen Jahren, am Ende des Perms, trat ein Ereignis ein, das als das größte Massensterben der Erdgeschichte gilt. Dabei verschwanden über 90 Prozent aller Tierarten. Es hatte gewaltige Auswirkungen auf die Evolution und brachte vollkommen neue und wesentlich komplexere Typen von Organismen hervor.

Die letzte große Katastrophe fand vor ungefähr 66 Millionen Jahren statt. Nach allgemeiner Ansicht wurde sie in erster Linie durch einen Asteroideneinschlag verursacht, und zwar an der Stelle, wo heute die Straße von Yucatán in Mexiko liegt. Dabei starben die Dinosaurier aus, und das Zeitalter der Säugetiere begann.

Nach jedem Massensterben kam es nicht nur zu einem Aufschwung, sondern auch die Emergenzrate und die Zunahme an Komplexität wurden drastisch vorangetrieben, als sich innovative Antwortsignale an Umwelt und Ökosysteme durchsetzten. Man schätzt, dass über 99 Prozent aller biologischen Arten, die jemals auf der Erde gelebt haben, ausgestorben sind. Und auch das 1 Prozent, das heutzutage unseren Planeten bevölkert, ist extrem bedroht.

Viele Forscher sind der Ansicht, dass aktuell ein weiteres Massensterben stattfindet, und zwar noch schneller als jenes am Übergang von der Kreidezeit zum Tertiär, bei dem die Dinosaurier ausstarben. Im Gegensatz zu den Katastrophen der Vergangenheit, die natürliche und oft auch vielfältige Ursachen hatten, herrscht heute weitgehende Übereinstimmung darin, dass es für die aktuelle Zerstörung nur einen einzigen Grund gibt – nämlich uns Menschen.

DAS LEBEN FINDET EINEN WEG

Vom ersten Augenblick des Uratemzugs an ermöglichten und verstärkten die unserem Universum zugrunde liegende Entropie und ihre zunehmende dynamische Entropie die perfekten Begleitumstände, damit sich unsere Erde entwickeln und ansteigende Komplexität, eine enorme Vielfalt und eine fortschreitende Selbstwahrnehmung biologischer Organismen verkörpern konnte. Die Geschichte unseres Planeten und das Auftauchen des Menschen sind außergewöhnlich. Ich konnte an dieser Stelle nur einen kleinen Ausschnitt zeigen, um einige allgemeine Prinzipien des kosmischen Hologramms zu illustrieren.

In den vergangenen Jahren waren Astrobiologen gleichzeitig erstaunt und entzückt darüber, organische Moleküle und die Bildung von Wasser wider Erwarten im Umfeld von interstellaren Gas- und Staubwolken zu entdecken. Hier auf der Erde waren Biologen in ähnlicher Weise überrascht, als sie lebensfähige Organismen fanden, die sogenannten »Extremophilen«, die einerseits innerhalb der extrem trockenen Bedingungen von aktiven Vulkanen und andererseits auch in den dunklen und kalten Tiefen der Ozeane leben können, wo ein enormer Druck herrscht, und zwar durchaus erfolgreich. Diese Organismen sind in der Lage, extrem hohe Temperaturschwankungen, Druck, Trockenheit und Strahlung auszuhalten. Obwohl solche Bedingungen ihre weitere Evolution nicht unterstützt haben, könnten einige dieser Zeitgenossen zu unseren ältesten Vorfahren zählen.

Wir haben gesehen, dass unsere Erde, weil sie sich in der habitablen Zone befindet und weitere für Organismen geeignete Umfelder schafft und unterhält, es ermöglichen konnte, seit beinah vier Milliarden Jahren die Evolution von zunehmend komplexerem biologischem Leben zu fördern. Vor Kurzem gelangten Astrobiologen zu der Erkenntnis, dass dort, wo Planeten oder Monde eine ausreichende Hitze in ihrem Inneren entwickeln, sich flüssiges Wasser in einem stabilen Umfeld bilden und Leben entstehen kann, selbst jenseits anscheinend unbewohnbarer Gebiete. In unserem eigenen Sonnensystem gibt es zwei Eismonde – Europa, ein Trabant des Jupiter, und Enceladus, ein Mond des Saturn –, die beide Leben in warmen unterirdischen Ozeanen beherbergen könnten, die geschützt unter der gefrorenen Kruste liegen.

Über unser Sonnensystem hinaus waren Ende 2016 mehr als 3500 Exoplaneten bekannt, die um andere Sterne unserer Galaxie kreisen, darunter an die 600, die Mehrplanetensysteme beherbergen. Man schätzt gegenwärtig, dass einer von fünf sonnenähnlichen Sternen einen Planeten von ähnlicher Größe wie die Erde besitzt, der sich in der habitablen Zone befindet. Wir haben die Suche nach extraterrestrischen Lebensformen gerade erst begonnen. Noch vor einer Generation hätten die meisten Wissenschaftler zuversichtlich erklärt, dass wir wahrscheinlich allein im Universum sind. Das gilt jetzt nicht mehr. Es wird zunehmend deutlich, dass unser Universum höchstwahrscheinlich von biologischen Organismen nur so wimmelt. Es scheint, dass das Leben, wenn es überhaupt möglich ist, einen Weg findet.

Holografische Verhaltensweisen

Menschen agieren sowohl im Raum als auch in der Zeit holografisch ...

Für die meiste Zeit meines Lebens gilt, dass die Dinge, die ich erforschen wollte, keinen Menschen interessierten.

BENOÎT MANDELBROT

Obwohl wir glauben, dass unsere Entscheidungen Äußerungen unseres persönlichen Willens sind, gibt es vermehrte und mitunter verblüffende Hinweise darauf, dass unsere angesammelten kollektiven Verhaltensweisen ebenfalls die alles durchdringende Signatur des kosmischen Hologramms verkörpern.

Fraktale Muster, Selbstähnlichkeit, Skaleninvarianz, harmonische Schwingungen und auch Potenzgesetze durchsetzen kontinuierlich unsere uns selbst vorgegebenen Strukturen und Organisationsformen.

Lassen Sie uns jetzt einige der Entdeckungen betrachten, die bestätigen, dass, wie es in der gesamten sogenannten natürlichen Welt der Fall ist, die Omnipräsenz holografischer Information vom Menschen verursachte Phänomene durchdringt. Das trifft auf so unterschiedliche Erscheinungen wie das Wachstum der Großstädte und die Vernetzbarkeit mittels Internet ebenso zu wie auf solch gegensätzliche Phänomene wie die Häufigkeit von Konflikten und die alltäglichen Ereignisse unserer sozialen Aktivitäten.

KEIN UNTERSCHIED

Bis jetzt haben wir die Natur dessen untersucht, was wir als physische Realität bezeichnen, die sich auf der Grundlage einer überphysischen, alles durchdringenden Information manifestiert. Sie wird im Wesentlichen mitgeschaffen, dirigiert und durchzogen von Information, die sich holografisch und dynamisch abspielt und sich im Verlauf der Raum-Zeit in Vergangenheit, Gegenwart und Zukunft unseres Universums entwickelt.

Wir haben zunehmend Beweise für das kosmische Hologramm gefunden und festgestellt, wie seine ihm innewohnende Information auch die fortschreitende Entwicklung von Komplexität untermauert, einschließlich des Auftauchens und der Evolution biologischer Lebensformen. Singuläre biologische Entitäten, wie beispielsweise jeder Einzelne von uns, denken, fühlen und sammeln Erfahrungen auf eine Art und Weise, die einzigartig für uns selbst ist, und dennoch teilen wir eine Gemeinsamkeit, die sich auf das Menschsein bezieht.

Wir haben bereits ein Beispiel für diese kollektiven holografischen Muster kennengelernt, als wir kurz anschnitten, wie Benoît

Mandelbrots Studien über die Kursbewegung genossenschaftlicher Aktien zeigen konnten, dass sie in eine multifraktale Struktur eingebettet sind.

Lassen Sie uns nun einige weitere aus der wachsenden Zahl von Beispielen betrachten, die die holografischen und holarchischen Realitäten über unser Gruppen- und Kollektivverhalten zeigen und enthüllen, dass es eigentlich keinen Unterschied zwischen uns selbst und der übrigen Welt hinsichtlich der offensichtlichen Muster der Realität gibt.

DAS INTERNET

Niemand hat das weltweite Internet geplant. Es geht zurück bis in die 1960er-Jahre, und seine ursprüngliche Konstruktion basiert auf Ideen des Ingenieurs Paul Baran, der im Gegensatz zu dem damals vorherrschenden zentralisierten Ansatz ein extrem dezentralisiertes computergestütztes Kommunikationsnetzwerk vorschlug. Die verteilte Struktur eines solchen Netzwerks, bei dem jeder Rechnerknoten mit einer Anzahl anderer verbunden ist, umfasst einen hohen Grad an Redundanz; daraus ergibt sich ein Aufbau, der robust, flexibel und weniger anfällig für Angriffe oder einen Zusammenbruch des Systems ist.

Im Jahr 1967 griff der Computerdesigner Wesley Clark Barans Ideen auf und ließ sich ein innovatives Datenbanksystem einfallen, mit dem man Informationen verbreiten konnte und das zum World Wide Web für Internetseiten wurde.

Mehr als zwanzig Jahre später fügte Sir Tim Berners-Lee (der meist liebevoll »TimBL« tituliert wird) die dritte wichtige Eigenschaft hinzu, als er die Computersprache Hypertext entwickelte und unentgeltlich zur Verfügung stellte; damit war es möglich, Daten im gesamten System eindeutig zu markieren und zu verknüpfen.

Seit diesen eher zufälligen und unvollständigen Anfängen hat sich das Internet kontinuierlich entwickelt und selbst organisiert mit ihm innewohnenden holografischen Eigenschaften. Lassen Sie uns einige der wichtigsten anschauen.

Da er in Großstädten gebündelt, in ländlichen Gegenden vereinzelt und über alle Zeitzonen rund um den Globus ungleichmäßig verteilt ist, vermuteten die ersten Forscher, dass der Computerverkehr der Netznutzung, im individuellen oder gemeinsamen Auftrag, keine solche Strukturierung zeigen würde. Im Jahr 1998 waren jedoch die Computerspezialisten Walter Willinger und Vern Paxson die Wegbereiter für eine Reihe von Forschern, die sich mit den Statistiken des Computerverkehrs im World Wide Web über eine bestimmte Zeitspanne hinweg beschäftigten.[85] Was ihre und auch nachfolgende Studien unerwartet zeigen konnten, war Folgendes: Über eine große Bandbreite von Zeitskalen ist der Verkehr selbstähnlich und besitzt fraktale Eigenschaften.

Obwohl jeder, der eine Internetseite im Netz einrichtet, Wahlmöglichkeiten hat, beispielsweise wie viele ausgehende Links sie enthält, kann er nicht die Zahl der Links kontrollieren, die seine Seite anzieht. Deshalb noch einmal zur Wiederholung: Die Erwartungshaltung war, dass es in der Natur solcher Verbindungen kein Muster geben könnte.

Im Jahr 1999 entschlossen sich die wegbereitenden Netzwerktheoretiker Réka Albert, Hawoong Jeong und Albert-László Barabási, diese Vermutung zu überprüfen, indem sie die Links einer internetgestützten Datenbank zählten, die aus etwa 300 000 Dokumenten und circa 1,5 Millionen ausgehender Links bestand.[86] Trotz der

zahlreichen nichtkontrollierten Entscheidungen, die darin eingeschlossen waren, fanden sie heraus, dass ihre Vernetzung den holografischen skaleninvarianten Besonderheiten eines Potenzgesetzes
folgte. Außerdem entdeckten sie hohe selbstorganisierende und ad-
aptive Eigenschaften des Systems und schlossen daraus, dass sich
das Internet ähnlich wie Ökosysteme und viele andere komplexe
Phänomene in einen tragfähigen, aber kritischen Zustand entwickelt.

Die holografische Natur, die das Rückgrat des Internets bildet,
das heißt seine hauptsächlichen Datenrouten, wurde in einer Studie
aus dem Jahr 1999 von drei Brüdern überprüft, die alle Computer-
fachleute sind: Michalis, Petros und Christos Faloutsos. Sie konnten
zeigen, dass ein solches skalenfreies Netzwerk auch für die physikalische Struktur gilt, die das Netz unterstützt: die Knotenpunkte der
Router und die Anzahl ihrer Verbindungen mit individuellen Com-
puterzugangspunkten.[87]

Dem Marktforschungsunternehmen eMarketer zufolge betrug
die Zahl aller Internetnutzer Ende 2016 annähernd 3,5 Milliarden.
Genau wie für die Evolution und das Auftauchen biologischer Komplexität hat die Ausweitung des Netzes emergente Eigenschaften
aufgedeckt, die mithilfe genau derselben mathematischen Werkzeuge abgebildet werden können, die auch für biologische Ökosysteme
verwendet werden.

Ein signifikantes Beispiel für das emergente Verhalten des Internets ist jene Open-Source-Software, an der jedermann Veränderungen vornehmen kann. Die rasche Zunahme und der Erfolg von
unabhängig herausgegebenen Wiki-Projekten wie beispielsweise Wikipedia kamen so überraschend, dass die Herausgeber manchmal
vom »nullten Gesetz von Wikipedia« sprachen, was so viel heißen

soll wie: »Das Problem mit Wikipedia ist, dass es nur in der Praxis funktioniert. In der Theorie kann es niemals funktionieren.«

Tatsächlich funktioniert es auch in der Theorie; es muss nur eine emergente Theorie gefunden werden, die sein Verhalten einbezieht.

KONFLIKTE

Ein weiteres skaleninvariantes Potenzgesetz, das menschliche Aktivitäten betrifft, ist die Häufigkeit von Konflikten. Nach sieben Jahren Forschung veröffentlichte der britische Mathematiker und Physiker Lewis Richardson 1948 eine Analyse von annähernd 300 gewalttätigen Auseinandersetzungen, die im vergangenen Jahrhundert passierten und die von kleinen Scharmützeln bis zu den beiden Weltkriegen reichten.[88]

Was er anhand dieser und weiterer Daten über eine noch höhere Zahl von Konflikten[89] herausfand, erscheint außergewöhnlich. Er konnte zeigen, dass solche Zurschaustellungen von Aggression mit einer Unmenge von möglichen Gründen und Entscheidungen genau dem gleichen Typus von Potenzgesetz gehorchen, was die unheimlich enge, logarithmische Beziehung zwischen ihrer Häufigkeit und der Zahl der Todesopfer betrifft, die auch für Regelmäßigkeit und Stärke von Erdbeben gilt. Dies zeigt außerdem, dass große Kriege nicht aus der Reihe fallen; tragischerweise handelt es sich bei ihnen stattdessen um extreme Ereignisse innerhalb eines kontinuierlichen Spektrums vom Menschen verursachter Katastrophen.

In jüngerer Zeit haben Forscher wie Neil Johnson von der Universität von Miami entdeckt, dass dasselbe Potenzgesetz auch für die Angriffe gilt, die Aufständische gegen US-amerikanische Streitkräfte im Irak und in Afghanistan geführt haben. Nachdem sie ihre Analysen darüber hinaus auf den Zeitpunkt und ebenso auf die Heftigkeit der Angriffe ausgedehnt hatten, konnten Johnson und sein Team 2011 eine weitere Arbeit vorstellen, die eine Methode umreißt, mit der man den evolutionären Fortschritt von Konflikten vorhersagen kann. Sie zeigt die bekannte Beziehung, die als Fortschrittskurve bezeichnet wird und abbildet, wie die Produktivität über eine große Bandbreite menschlicher Aktivitäten hinweg durch einen iterativen Prozess von Erfahrung und Anpassung anwächst, während die fortlaufende Anhäufung von Information dafür sorgt, dass Übung den Meister macht.[90] Zum großen Leidwesen kann eine solche »Produktivität« auch in Kriegszeiten auftreten, wenn beide Seiten von ihrem Feind lernen und sich entsprechend rasch an neue Gegebenheiten anpassen.

In der Studie von Johnsons Team wird eine Fortschrittskurve präsentiert, welche die Logarithmen aus der Zahl der Angriffe (erster, zweiter, dritter und so weiter) und der dazwischen liegenden Intervalle verbindet. Wenn man das anfängliche Intervall zwischen dem ersten und dem zweiten Angriff kennt, so lautet ihre Prämisse, dass man künftige Angriffe vorhersagen könnte.

Vielleicht noch aufschlussreicher ist die Tatsache, dass die Anpassungsfähigkeit beider Seiten genau das widerspiegelt, was als Rote-Königin-Hypothese bezeichnet wird. In Lewis Carrolls *Alice hinter den Spiegeln* führt ihre aussichtslose Verfolgungsjagd Alice und die Rote Königin letztendlich wieder dorthin zurück, von wo aus sie gestartet waren. In der Evolutionsbiologie wird dieser Begriff verwendet, um den Wettbewerb zwischen Wirt und Parasit oder Jäger und Beute zu beschreiben, bei dem die Anpassung des einen eine Antwort des jeweils anderen hervorruft, die in entsprechender Zeit wieder zu einem Gleichgewicht führt.

Was Johnsons Team wirksam aufgedeckt hat, ist die Realisierung, dass die Besonderheiten der jüngsten Konflikte, die überwiegend mit Aufständischen ausgetragen wurden, auch weiterhin dazu führen werden, dass die Kämpfenden in einer nicht zu gewinnenden, langwierigen Pattsituation verbleiben, außer es wird eine nachhaltige Regelung gefunden und umgesetzt, um aus dieser letztendlich ausweglosen Situation auszubrechen.

ES IST EINE KLEINE WELT

Ein weiteres Phänomen, das von Natur aus holografisch ist und in der gesamten menschlichen Gesellschaft auftritt, ist das sogenannte Kleine-Welt-Netzwerk oder Kleine-Welt-Phänomen. Drei Jahrhunderte lang fokussierte sich die wissenschaftliche Forschung darauf, Dinge zu zerlegen, um ihre kleinsten und grundlegendsten Bestandteile zu identifizieren. Obwohl dieser reduktionistische Ansatz weitgehend erfolgreich war, muss er von Natur aus begrenzt bleiben, da er die zugrunde liegende Verbundenheit vernachlässigt, die der neueste, stärker holistische Ansatz der letzten Jahrzehnte in zunehmendem Maße aufgedeckt hat.

Ein gutes Beispiel dafür liefert das sogenannte Kleine-Welt-Netzwerk, das zahlreiche Situationen beschreibt, wo Knotenpunkte nur über einige wenige Links miteinander verbunden sind, sodass sich Einflüsse leicht und schnell verbreiten können. Die typische Anzahl von Schritten zwischen Knotenpunkten wächst proportional mit dem Logarithmus der Zahl von Knotenpunkten im Netzwerk, wodurch ein solches Netzwerk skaleninvariant und holografisch wird.

Ein großer Schritt vorwärts, was das Verständnis dieser Kleine-Welt-Netzwerke betrifft, gelang mit einem allgemein bekannten, bahnbrechenden Experiment, das Ende der 1960er-Jahre von dem amerikanischen Psychologen Stanley Milgram durchgeführt wurde. In der Zeit, bevor das Internet aufkam (das selbst wiederum Eigenschaften eines Kleine-Welt-Netzwerks aufweist), entschloss er sich, Kleine-Welt-Verbindungen mittels anekdotischen Nachweisen zu überprüfen, indem er eine Reihe von Briefen an zufällig ausgewählte Empfänger in weit auseinanderliegenden Gebieten innerhalb der USA verschickte. In diesen Briefen erwähnte Milgram den Namen und den Beruf einer Person in Massachusetts. Er bat die Empfänger, den erhaltenen Brief an jemanden in ihrem eigenen Bekanntenkreis weiterzugeben, der dabei helfen könnte, dass er an die korrekte Adresse in Massachusetts gelangt. Diejenigen Briefe, die es geschafft haben, ihren Bestimmungsort zu erreichen, zeigten, dass im Durchschnitt die Kette zwischen Milgram selbst und dem endgültigen Empfänger nur sechs Schritte umfasste – dies führte schließlich zu dem weitverbreiteten Konzept der »Sechs Grade der Trennung« *(six degrees of separation)*, das besagt, dass jeder Mensch zu jedem anderen über nicht mehr als fünf Schritte verbunden ist. Später wurde das gleiche Experiment im Internet durchgeführt; dabei wurde Milgrams Schneckenpost durch E-Mails ersetzt, und trotzdem gelangte man zu dem gleichen Ergebnis und fand auch in diesem Fall denselben Vernetzungsgrad.

Im Jahr 1998 konnten die beiden Mathematiker Duncan Watts und Steve Strogatz von der Cornell University als Erste zeigen, dass zahlreiche Netzwerke Charakteristika von Kleine-Welt-Phänomenen aufweisen. Während sie Gitter gestalteten, entdeckten sie Folgendes: Wenn sie ein reguläres Gitternetz hernahmen und einige seiner regelmäßig angeordneten Verbindungen einfach durch solche mit unterschiedlichen Längen ersetzten, schufen sie ein Hybrid, das

Clusterbildung mit Bewegungsfreiheit kombinierte und die Vernetzung des gesamten Netzes optimierte – mit anderen Worten, sie erschufen eine Kleine Welt.[91]

So stellte Watts nicht ohne Ironie fest, als er die außerordentlich weite Verbreitung der Anwendungsbereiche Kleiner Welten erkannte: »Ich glaube, ich bin von Leuten aus beinahe jedem Bereich mit Ausnahme der englischen Literatur kontaktiert worden. Ich habe Briefe von Mathematikern, Physikern, Biochemikern, Neurophysiologen, Epidemiologen, Wirtschaftswissenschaftlern und Soziologen erhalten; von Menschen, die im Bereich Marketing tätig sind, die sich mit Informationssystemen und Bauprojekten beschäftigen, sowie von einem Wirtschaftsunternehmen, das mit dem Kleine-Welten-Konzept arbeitet, um im Internet Vernetzungen zu schaffen.«

Kleine Welten ermöglichen es, Information zu optimieren und hocheffizient über das Netzwerk verbreiten zu lassen, selbst wenn sie auf rein lokale Kenntnisse beschränkt ist. Viel früher als die Kleinen Welten des Internets und sozialer Netzwerke wie beispielsweise Twitter und Facebook führte die Verbreitung solch skaleninvarianter Vernetztheit in menschlichen Gesellschaften zu dem bekannten Sprichwort: Neuigkeiten verbreiten sich wie ein Lauffeuer – wenn man entsprechend voraussetzt, dass sich sowohl die Neuronen im Gehirn, die für die Datenweiterleitung zuständig sind, als auch Waldbrände tatsächlich wie Kleine-Welten-Netzwerke verbreiten.

E-MAILS UND LEIHBÜCHER

Sie werden bestimmt denken, dass sich Forscher auf Wichtigeres konzentrieren sollten als auf Studien über Internetsurfen, E-Mail-Aktivitäten und das Ausleihen von Büchern, doch dies sind weitere Beispiele für die inhärente holografische Natur unseres kollektiven menschlichen Verhaltens.

Im Jahr 2005 beschritten Albert-László Barabási and João Oliveira neue Wege in der Erforschung menschlicher Dynamiken. Sie schauten sich den Zeitplan einer Anzahl von Aktivitäten im Alltag und in der Arbeit an, einschließlich der Kommunikation in Form von E-Mails und Schneckenpost. Und wiederum entsprachen ihre Untersuchungsergebnisse nicht den Erwartungen. Anstelle von willkürlichem Verhalten fanden sie genau wie bei Erdbeben und Konflikten Strukturen, die Potenzgesetzen folgen: periodisch abwechselnde Ausbrüche hoher Aktivität und dazwischen eingestreut niederfrequentes Verhalten.[92]

In den folgenden Jahren entdeckten Barabási und andere Forscher Beziehungen, für die die Potenzgesetze galten, in den Besuchermustern von Internetsurfern, indem sie die Zeitintervalle zwischen aufeinanderfolgenden Besuchen durch dieselben Nutzer auf der Seite eines großen Online-Nachrichtenportals analysierten.[93]

Weitere Forschungen über menschliche Interaktionen wurden 2009 von einer Gruppe Wissenschaftler unternommen und in der Zeitschrift *Proceedings of the National Academy of Sciences of the United States* veröffentlicht. Bei der Überprüfung der Kommunikationsmuster zweier sozialer Internet-Communitys fand man heraus, dass sie ebenfalls Skalierungsgesetzen folgten, die zwischen den Schwankungen in der Anzahl der von den Mitgliedern versendeten Nachrichten und ihrem Aktivitätsniveau Langzeitmuster aufwiesen, die sich von einem Tag bis über ein Jahr hinzogen.[94] Und wiederum haben die Forschungsergebnisse das Team überrascht.

Im Jahr 2010 beschlossen die Forscher Chao Fan, Jin-Li Guo und Yi-Long Zha, eine weitere häufige Aktivität zu untersuchen –

die Zahl von Büchern, die über eine bestimmte Zeitspanne hinweg ausgeliehen werden –, und wiederum fanden sie ein fraktales Muster für die Häufigkeit ihrer Nutzung. Als sie die Analyse auf ein komplexes Netzwerk von Aktionen übertrugen, entdeckten sie, dass diese ebenfalls skaleninvariant waren und Kleine-Welt-Eigenschaften verkörperten.[95]

VORHERSAGBARKEIT UND KONTROLLE?

Um zu sehen, welche Muster sich im Hinblick auf die physischen Bewegungen von Menschen ergeben, schlossen sich Chaoming Song, Zehua Qu und Nicholas Blumm im Jahr 2010 Barabási an, um die Mobilität von 50 000 anonymen Handybenutzern über einen Zeitraum von drei Monaten hinweg zu verfolgen. Sie erwarteten, dass solche Bewegungen nur in einem sehr geringen Ausmaß vorhersagbar seien hinsichtlich der großen demografischen Schwankungen, der unterschiedlichen Ausrichtungen, ob und wie lange man sich zu Hause oder am Arbeitsplatz aufhält, und der zurückgelegten Entfernungen, und waren regelrecht geschockt, als sie mit 93 Prozent einen außerordentlich hohen Grad an Vorhersagbarkeit ermittelten. So stellten sie in ihren Ergebnissen fest, natürlich unter Berücksichtigung der Verschiedenartigkeit der untersuchten Personen, wo sie lebten und welchen Lebensstil sie pflegten: »Trotz der signifikanten Unterschiede in den Reisemustern fanden wir heraus, dass es kaum Schwankungen in der Vorhersagbarkeit gab, die weitgehend unabhängig von den regelmäßig zurückgelegten Entfernungen der Testpersonen ist.«[96]

In den letzten Jahren ermöglichte es die exponentiell anwachsende Fähigkeit, riesige Datenmengen zu speichern und zu verarbeiten, dass Wissenschaftler immer mehr quantitative Analysen menschlicher Dynamiken durchführen können. In zunehmendem Maße nutzen Systemtheoretiker diese Möglichkeit, dabei richten sie gleichzeitig neue Konzepte für ein breites und noch wachsendes Spektrum sozialer und ökonomischer Systeme als komplexes Netzwerk aus. Indem sie sich auf informationelle Wechselwirkungen fokussieren, die holografischen Potenzgesetzen und somit einem skaleninvarianten Muster folgen, zielen sie darauf ab, die Parameter für solche Wechselwirkungen zu bestimmen und ihren Grad an Vorhersagbarkeit zu maximieren.

Obwohl sich diese Forschung noch im Anfangsstadium befindet, ist sie doch von Bedeutung für unseren allseits vernetzten Erdball als wichtiges Mittel, um die Ausbreitung von Krankheiten zu verstehen und zu minimieren. Im Frühsommer 2009 wurde der Ausbruch einer Grippeepidemie durch das Virus H1N1 allgemein vorhergesagt, der im darauffolgenden Januar seinen Höchststand erreichen sollte; dementsprechend beeilte man sich, die Entwicklung und Bereitstellung eines Impfstoffs bis November 2009 abzuschließen.

Alessandro Vespignani und seine Kollegen von der University of Indiana waren anderer Meinung. Mithilfe der Theorie über komplexe Netzwerke prognostizierten sie stattdessen, dass der Ausbruch im Oktober seinen Höchstwert erreichen und der Impfstoff deshalb zu spät eintreffen würde. Wie sich später herausstellte, waren die Vorhersagen des Teams aus Indiana richtig, auch wenn sich das Virus glücklicherweise als nicht so virulent erwies wie erwartet.

Doch der relativ milde Verlauf der Grippewelle verzögerte leider auch eine flächendeckende Übernahme der neuen Methode, Epidemien vorherzusagen. Dafür war eine wesentlich größere Bedrohung notwendig – sie erfolgte 2014 mit dem Ausbruch der Ebolafieber-Epidemie. Im Juli dieses Jahres wurden Wissenschaftler des Santa Fe Institute, das sich der Erforschung komplexer Systeme verschrieben hat, eingeladen, sich einer multidisziplinären Gruppe anzuschließen. Man wollte den Verlauf der Epidemie, die sich in ganz Westafrika ausbreitete, mathematisch erfassen. Zunächst trugen die Wissenschaftler die verschiedenen Faktoren zusammen, die die Übertragung von Krankheiten beeinflussen, um zu verstehen, wie ihre Interaktionen einen Katastrophenfall auslösen können; anschließend wollte man dabei helfen, wirksame Gegenmaßnahmen zu treffen. Dabei kamen neue Erkenntnisse heraus, wobei der Zusammenhang zwischen Armut und Ebola signifikant war. Die am meisten betroffenen Länder – Sierra Leone, Liberia und Guinea – haben eine schlechte medizinische Versorgung und nur wenige Ärzte. Obwohl die jeweiligen Nachbarländer lediglich eine leicht bessere Infrastruktur im Gesundheitsbereich aufweisen, überschritten sie trotzdem eine kritische Schwelle, was die Fähigkeit betraf, dem Ausbruch standzuhalten, indem sie Infizierte isolierten sowie Kontaktpersonen aufspürten und in Quarantäne nahmen. Obwohl die Antwort der internationalen Staatengemeinschaft, die darin bestand, zusätzliche medizinische Hilfsgüter während der Epidemie von 2014 bereitzustellen, ursprünglich viel zu langsam anlief, nahm sie dann signifikant an Fahrt auf (in besonderem Maße, als sich auch Ausländer mit dem Virus infizierten), wurde letztendlich jedoch wieder gedrosselt.

Die Armut zu reduzieren und die gesundheitliche Vorsorge zu verbessern ist in armen Ländern eine klare, gegenwärtig auch strategisch notwendige Maßnahme, um künftige Ausbrüche zu bewältigen beziehungsweise von vornherein zu verhindern. Trotzdem liefert der Sachverstand, das komplexe Netzwerk aus Interaktionen zwischen den Betroffenen und die kritischen Wendepunkte für den Einsatz effizienter Hilfsmittel zu erkennen, ebenfalls wichtigen Input für Entscheidungsträger.

So viele Informationen gibt es mittlerweile über persönliche Vorlieben, Entscheidungen und Bewegungen, dass Forscher in der Lage sind, den Informationsfluss der Entropie, den dynamischen Informationsgehalt der Entscheidungen und Aktionen jedes Individuums innerhalb eines komplexen Netzwerks zu verfolgen.

Dieses Aufspüren und Analysieren von Information in Bezug auf individuelle und kollektive Entscheidungen und Aktionen verbessert tatsächlich die Vorhersagbarkeit, und zwar von solch vergleichsweise trivialen (aber häufig ärgerlichen, wenigstens für mich) Pop-up-Fenstern auf meinem Computer, die künftige Einkäufe auf der Basis früher getätigter Entscheidungen vorschlagen, über die vielversprechende Fähigkeit, gesundheitliche oder finanzielle Katastrophen abzuwenden, bis hin zur Einrichtung einer zunehmenden ganzheitlichen sozialen Unterstützung.

Leider steckt darin auch noch weiteres Potenzial, das sich als bösartig erweisen könnte. Wir hatten bereits die schwierige Debatte darüber, dass man einerseits die Notwendigkeit erkennt, dass Regierungsbehörden einen hohen Aufwand an Überwachung betreiben müssen, um die Bevölkerung vor terroristischen Angriffen zu schützen, man andererseits jedoch die persönliche Privatsphäre nicht einschränken möchte. Erstaunlicherweise wird so gut wie gar nicht darüber diskutiert, dass Unternehmen wie Google und Facebook in ihrem Gewinnstreben unsere Vorstellungen von Privatsphäre verändern. Tatsächlich ist das Abfangen unverschlüsselter Nachrichten von Mobiltelefonen, um nur ein Beispiel zu nennen, in vielen Ländern legal und kann von den Betreibergesellschaften problemlos dafür verwendet werden, um nach und nach detaillierte Persönlichkeitsprofile zu erstellen, um ihren Profit zu erhöhen.

Datenanalyse und Rückverfolgung des Informationsflusses der Entropie von Menschen haben jedoch möglicherweise viel weitreichendere negative Auswirkungen als einen Verlust von Privatsphäre, der, wie Umfragen ergeben haben, eher das Anliegen einer bestimmten Generation ist, während sich jüngere Leute anscheinend weniger von solchen Überlegungen gestört fühlen. Der zunehmende Mangel an Privatsphäre führt unweigerlich auch zu Einschränkungen der persönlichen Sicherheit, da andere immer mehr über unser Verhalten, unsere Gewohnheiten und unsere Bewegungen erfahren. Zusätzlich werden auch persönliche, gemeinschaftliche und staatlich systematisierte Sicherheiten in steigendem Maße durch Hackerangriffe verletzlich. Es gibt eine Unmenge von Motiven für ein derartiges Eindringen, aber es geschieht selten in guter Absicht. Ein enorm und schnell anwachsender Grad an Information über uns führt allerdings nicht nur zu weniger Privatsphäre und Sicherheit, sondern auch unvermeidlich zu einer größeren Einflussnahme auf uns, ganz gleich, ob durch Regierungen oder Wirtschaftsunternehmen, die wiederum in einer erweiterten Kontrolle münden kann. Auch wenn wir vielleicht unterschiedliche Ansichten über ihre Motivation haben – seien es Regierungen, Institutionen oder Körperschaften –, so sollten wir doch individuell und kollektiv in Betracht ziehen, wo wir gesteuert oder tatsächlich subtil (oder auch nicht so subtil) wie Herdentiere gehalten werden, bevor wir einen Punkt erreichen, an dem es keine Rückkehr mehr gibt.

NUMERISCHE OBERTÖNE

Wie wir bereits gesehen haben, sind die von komplexen Zahlen ab-
geleiteten Informationsmuster universell, was die Beschreibung der
Fundamente der physischen Realität betrifft. Sogenannte natürliche
Zahlen (eins, zwei, drei, vier und so weiter) sind zwar nicht komplex,
aber dennoch ebenfalls universell: Dies wurde eher entdeckt als erfunden.

Nach dem Physiker Frank Benford und dem Sprachwissen-
schaftler Georg Zipf wurden jeweils Gesetze benannt, die auf ziemlich unerwartete Weise die der Schöpfung zugrunde liegenden Ober-
töne vorhersagen und beschreiben. Das Benford'sche Gesetz sagt
aus, dass die *relative* Häufigkeit der Zahlen von eins bis neun einer
einfachen harmonischen Regel folgt, unabhängig davon, welches
Phänomen, welches System oder welchen Prozess sie beschreiben,
und zwar ohne Rücksicht auf den Bereich und die Maßeinheit. Anstatt dass jede dieser Zahlen als Anfangsziffer in größeren Datensätzen gleichmäßig vorkommt, tritt die Zahl Eins sechsmal häufiger
auf als die Zahl Neun. Aus zahlreichen Beispielen wie Hausadres-
sen, der Verteilung von Twitter-Nutzern aufgrund der Anzahl der
Follower bis zu den in mathematischen und physikalischen Konstanten zum Ausdruck gebrachten Zahlen wissen wir, dass nur zwei
grundlegende Voraussetzungen notwendig sind, damit es zu solch
einem harmonischen Verhältnis kommen kann. Die erste lautet: Die
Auswahl von Zahlen, die das Phänomen quantifizieren, muss groß
genug sein, damit sich ein entsprechendes Verhältnis etablieren
kann. Und die zweite Voraussetzung ist, dass innerhalb des Phänomens die Zahlenreihe keiner Beschränkung unterliegt. Das Gesetz
wird ziemlich genau widergespiegelt, wenn die Daten über mehrfa-

che Größenordnungen verteilt und in zahlreichen Phänomenen gefunden werden, die den logarithmischen Beziehungen von Potenzgesetzen gehorchen.

Im Jahr 2010 überprüften der Mathematiker und Geophysiker Malcolm Sambridge und seine Kollegen an der Australian National University in Canberra die Präsenz des Gesetzes in fünfzehn unterschiedlichen Datensätzen aus Physik, Astronomie, Geophysik, Chemie, Ingenieurswissenschaften und Mathematik. Anhand von Beispielen, welche die Stärke von Erdbeben, die Helligkeit kosmischer Gammastrahlen, die auf die Erde treffen, Treibhausgasemissionen, nach Land gegliedert, und Fälle von globalen Infektionskrankheiten einschließen, bescheinigten sie dem Benford'schen Gesetz eine weitverbreitete Gültigkeit.[97]

Wiederum durchdringt es Phänomene und Datenerhebungen über unsere persönlichen und gemeinschaftlichen Entscheidungen und zeigt sich an solch unterschiedlichen Stellen wie Bevölkerungszahlen, Unternehmensumsätzen und Firmenkosten, Stromrechnungen, Aktienkursen und sogar einer Reihe von Zahlen, die man aus Zeitungsseiten zusammengetragen hatte. Das Benford'sche Gesetz ist so omnipräsent, dass Sambridge es als eine neue Möglichkeit vorschlug, um ungewöhnliche Signale zu entdecken.

In menschlichem Verhalten und auch in Transaktionen, in denen es nicht präsent war, entdeckte man für gewöhnlich Unregelmäßigkeiten, darunter auch Hinweise auf Finanzbetrug. Im Jahr 2013 beschloss Thomas Hair von der Florida Gulf Coast University, sich Bereichen außerhalb der Erde zuzuwenden und mit dem Benford'schen Gesetz zu überprüfen, ob bei der Suche nach Exoplaneten Unregelmäßigkeiten auftreten. Dabei wurden die Datenbanken mit den Zahlen derjenigen Planeten, die bereits bestätigt waren, und

die Liste möglicher Kandidaten miteinander verglichen. So fand
Hair heraus, dass, wenn er in Vielfachen von der Masse entweder der
Erde oder des Jupiter maß, die meisten Kandidaten tatsächlich dem
Benford'schen Gesetz folgten – was darauf hindeutete, dass an die
90 Prozent womöglich verifiziert werden könnten.[98]

In einer letzten eleganten Ausführung finden wir dieses harmonische Zahlengesetz verwoben mit dem Goldenen Schnitt Phi, denn
die Dezimalstellen, welche die Fibonacci-Folge bilden, passen sich
zunehmend an das Benford'sche Gesetz an.

Das Zipf'sche Gesetz, das sich ebenfalls sowohl auf »natürliche«
als auch auf »künstliche« Phänomene bezieht, wurde ursprünglich
aufgestellt, um zu symbolisieren, dass das Vorkommen irgendeines
Wortes in einem Text umgekehrt proportional zu seinem Rang in
der Häufigkeitsverteilung ist. Erstaunlicherweise wird deshalb das
häufigste Wort *in jeder Sprache* zweimal so oft wie das zweithäufigste
Wort vorkommen, dreimal so oft wie das dritthäufigste Wort und so
weiter.

Allerdings hat man bald entdeckt, dass sich die harmonische Natur seiner Beschreibung umgekehrter Proportionalität auf viele andere Verhältnisse ausweiten lässt. Ein Beispiel: Klassifiziert man die
Städte in einem Land nach der Zahl ihrer Einwohner, dann fallen sie
unter eine solche doppelte Skalierung, wenn dementsprechend die
größte Stadt in einem Land 1 000 000 Einwohner, die zweitgrößte
500 000 und die drittgrößte 250 000 Einwohner zählt. Im Jahr 1999
analysierte der Wirtschaftswissenschaftler Xavier Gabaix die Bevölkerungszahlen von Großstädten in den USA und konnte dabei die
Befolgung des Zipf'schen Gesetzes zeigen.[99]

Im Januar 2015 benutzten die Astrophysiker Henry Lin und Ab-
raham Loeb vom Harvard-Smithsonian Center for Astrophysics in

Cambridge, Massachusetts, die Bevölkerungsdichte als kritische Variable (wobei Menschen Sternen entsprachen) und fanden dabei exakt das gleiche Skalenmodell für das Wachstum von Städten und die Bildung von Galaxien.[100]

MUSIK

Wir haben bereits festgestellt, dass wir die Welt logarithmisch sehen und auch hören. Deshalb ist es vielleicht keine große Überraschung, dass die Spektralanalyse einer großen Bandbreite natürlicher Klänge – beispielsweise das Rauschen eines Wasserfalls, das Schlagen von Wellen an den Strand oder die klangvollen Melodien, die von Menschen oder auch Vögeln vorgetragen werden – ebenfalls die holografische fraktale Verteilung des sogenannten rosa Rauschens widerspiegelt. Seine Verkörperung fraktaler Eigenschaften, wobei die Intensität des Geräuschs mit steigender Frequenz abnimmt und sich pro Oktave um annähernd dieselbe Energie vermindert, sorgt dafür, dass wir das rosa Rauschen auf natürliche Weise mit unserem angeborenen Rhythmusgefühl in einen harmonischen Einklang bringen.

Während die Wissenschaft fortlaufend die Erkenntnisse der Antike über den Zusammenhang zwischen der harmonischen und holografischen Natur der sichtbaren Welt bestätigt, liefern solche fraktalen Eigenschaften von Klang und Musik nicht nur den Soundtrack für unsere Erfahrungen, sondern ihre Bedeutung wird zunehmend in nichtintrusiven Heilungsmethoden gesehen, die solche universellen Harmonien und Resonanzen ebenfalls anwenden.

Im Jahr 2014 berichteten die Forscher Weyland Cheng und Peter Law von der University of Science and Technology in Wuhan, China, sowie Hon Kwan und Richard Cheng von der University of Toronto, Kanada, über den Einsatz von Musik und Ultraschall (zusammen mit weiteren Anwendungsmodalitäten wie beispielsweise elektromagnetischen Feldern) als Reiztherapie zur Behandlung von Krankheiten.[101] Sie erkannten, dass die menschliche Gesundheit von Natur aus fraktal ist und dass Krankheiten dieses Muster durchbrechen, und sie konnten darlegen, dass der dynamische Unterschied zwischen einer gesunden und einer kranken Physiologie anhand vieler biologischer Signale beobachtet werden kann, beispielsweise als neuronale Aktivität, Herzrhythmusstörungen und Atmungsmuster.

Indem sie zeigen konnten, wie optimale Stimulationstechniken dabei helfen, Krankheiten zu heilen und einen gesunden Zustand wiederherzustellen, hoben sie den Wert des rosa Rauschens und von Musik im Allgemeinen hervor, die im wahrsten Sinn des Wortes Körper und Geist neu einstimmen. Sie berichten außerdem über eine Tendenz vermehrter Hinweise aus zahlreichen Studien, die zeigen, dass eine derartige akustische Stimulation positive gesundheitliche Auswirkungen auf eine breite Palette von Erkrankungen ausübt, darunter Depression, Autismus und Demenz.

SCHWARZER SCHWAN

Obwohl die Harmonien von Potenzgesetzen und komplexen Systemen häufig zutreffen, wie wir bereits gesehen haben – und das gilt im Hinblick auf viele Größenordnungen –, demonstrieren sie außerdem, was der libanesisch-amerikanische Wissenschaftler und Publizist Nassim Taleb als Schwarzen Schwan bezeichnet hat; darunter versteht er ein höchst seltenes und unwahrscheinliches Ereignis, das extreme Konsequenzen nach sich zieht.[102]

Was solche unverhältnismäßig wichtigen Ereignisse in Geschichte, Wissenschaft und Finanzwesen angeht, so fragt man sich im
Nachhinein für gewöhnlich, wie so etwas überhaupt möglich war. Sie
lassen sich kaum vorhersagen und liegen oft außerhalb jeglicher Er-
fahrungswerte, sie werden häufig übersehen oder beiseitegeschoben,
bis sie tatsächlich auftreten und dann rückblickend wahrgenommen
werden. Die von Nassim Taleb aufgelisteten Beispiele enthalten unter anderem bedeutende wissenschaftliche Entdeckungen und den
Terrorangriff vom 11. September 2001.

Taleb entnahm die Metapher des Schwarzen Schwans aus einem
Werk des römischen Satirikers Juvenal, in dem er etwas als »so selten
wie ein schwarzer Schwan« beschreibt; später wurde dies im London
des 16. Jahrhunderts als allgemeine Bezeichnung verwendet, da man
vermutete, dass schwarze Schwäne nicht existierten; dabei gab es sie
sehr wohl, wenn auch auf der anderen Hälfte der Erdkugel. Taleb
setzte die Metapher ein, um die Schwächen einer solch beschränkten
Denkweise zu verdeutlichen, denn bereits einen einzigen schwarzen
Schwan zu sehen würde die Ansicht zunichtemachen, die das Fehlen
von Beweisen als Beweis für das Fehlen missversteht.

Weiterhin führt er unter anderen den Ersten Weltkrieg und den
Siegeszug des Internets als Beispiele für Schwarze-Schwan-Ereignisse an und fasst sie folgendermaßen zusammen: Sie treten sehr selten
auf, sie ziehen extreme Folgen nach sich, und sie sind im Rückblick
vorhersagbar. Allerdings erkannte er sehr wohl die Schwierigkeit,
solche Ereignisse vorauszusagen, und forderte stattdessen Wider-
standsfähigkeit, was er als Strategien der Antifragilität bezeichnet
und als Versuche, die Exponierung für solche Ereignisse mit potenziell negativen Auswirkungen (wie beispielsweise den Zusammenbruch des Finanzsystems) zu minimieren sowie Organisation und

Hilfsmittel zu optimieren, um den vollen Nutzen aus denen zu ziehen, die höchstwahrscheinlich vorteilhaft sind (wie beispielsweise die Einführung des Internets).

Die anhaltende Herausforderung, die von der ihnen innewohnenden nichtlinearen Natur ausgeht, besteht nicht nur darin, solche Ereignisse zu erkennen, bevor sie eintreten, sondern auch ihre Entwicklung mit den sich daraus ergebenden, häufig ebenfalls nichtlinearen Konsequenzen in den folgenden Tagen, Monaten und Jahren im Auge zu behalten. Ebenso wie in der Vergangenheit wird es natürlich auch in der Zukunft Schwarze-Schwan-Ereignisse geben, sowohl positive als auch negative. Tatsächlich sind es diejenigen, die katastrophal verlaufen und für die wir Mittel und Wege suchen sollten, um ihr zerstörerisches Potenzial zu vermindern, auf die wir am wenigsten vorbereitet sind.

Taleb und andere Wissenschaftler haben auch die psychologischen Barrieren erkannt, die uns häufig individuell, aber auch kollektiv in mitunter gewollter Unwissenheit und Verweigerung halten und verhindern, uns effizient auf derartige Bedrohungen vorzubereiten. Hinter einer solchen Verweigerungshaltung verbergen sich für gewöhnlich tiefliegende Ängste, und wenn wir als eine zunehmend vernetzte globale Gesellschaft zusammenkommen, um uns derartigen Bedrohungen zu stellen, Maßnahmen gegen sie zu treffen und uns mit möglichen Folgen zu beschäftigen, müssen wir uns ebenfalls dieser Ängste – und des angstgesteuerten Verhaltens, das sie auslösen – bewusst werden und sie überwinden.

Nur dann können wir die Klarsicht, Flexibilität, Robustheit und Effizienz erreichen, die notwendig sind, um ihrer seltenen, aber potenziell katastrophalen Unausweichlichkeit gegenüberzutreten und damit fertigzuwerden.

DIE GESAMTE PHYSISCHE REALITÄT

Die Herausforderung, die berühmte »schwierige« Frage des Philosophen und Kognitionswissenschaftlers David Chalmers nach der Natur des Bewusstseins zu beantworten (»Wie kann etwas Immaterielles aus etwas Materiellem [dem Gehirn] entstehen?«), besteht darin, dass sie von einer falschen Voraussetzung ausgeht. Sein Trugschluss ist, dass er eine Dualität zwischen der offensichtlichen immateriellen Natur des Geistes und dem scheinbaren Materialismus der physischen Welt voraussetzt. Wie wir im gesamten Buch gesehen haben und was auch neueste wissenschaftliche Erkenntnisse mehr und mehr bestätigen, ist solch eine offensichtliche Trennung Illusion. Stattdessen hat man herausgefunden, dass die Gesamtheit der physischen Welt eigentlich die alles durchdringende Umsetzung informationeller Prozesse ist.

Das schließt auch uns Menschen ein. Unsere persönlichen Gedanken, Emotionen, Entscheidungen, Handlungen und Verhaltensmuster sind unverwechselbar. Dennoch wird zunehmend klar, jetzt, da immer mehr Analysen menschlicher Aktivitäten erforscht werden, dass unser Gruppen- und Kollektivverhalten, obwohl es sich aus unzähligen individuellen Entscheidungen zusammensetzt, exakt die gleichen holografischen Signaturen verkörpert, die sich in der gesamten sogenannten natürlichen Welt zeigen.

Deshalb sind wir nun an einem Punkt unserer Reise angelangt, an dem es notwendig wird, dass wir, wenn wir es nicht schon getan haben, etwas Entscheidendes anerkennen, uns damit auseinandersetzen und beschäftigen oder es begeistert annehmen (das hängt von Ihren persönlichen Gefühlen ab): Wir müssen zur Kenntnis nehmen, dass *alles,* was wir als physische Realität bezeichnen, als kosmisches Hologramm ausgedrückt wird, dass jeder von uns einen holografischen Mikrokosmos darstellt und dass unsere kollektiven menschlichen Erfahrungen einen holografischen »Mesokosmos« aus makrokosmischer Information bilden, die sich selbst als unser Universum artikuliert.

Diese Erkenntnis führt uns jedoch zu einer weiteren Frage: Wer erschuf unser ideales Universum?

TEIL 3

◇◇◇◇◇◇◇

Gemeinsame Schöpfung im kosmischen Hologramm

Wer erschuf unser ideales Universum?

Ein Universum voller Information erfordert jemanden, der die Information liefert …

Schauen Sie hinauf zu den Sternen und nicht hinunter auf Ihre Füße. Versuchen Sie, einen Sinn darin zu finden, was Sie sehen, und fragen Sie sich, warum das Universum existiert. Seien Sie neugierig.

STEPHEN HAWKING

Viele Wissenschaftler, die wegweisende Arbeit geleistet haben, wie Heisenberg, Schrödinger und Einstein, stehen auf einer Stufe mit spirituell Suchenden aus allen Zeitaltern, wenn es darum geht, einen Blick auf das bis jetzt Unbekannte zu werfen und die Frage zu stellen, wer oder was unser ideales Universum erschaffen hat.

Tatsächlich kennen wir Einsteins Sichtweise aus einem Brief, den er im Jahr 1936 an die junge Studentin Phyllis Wright geschrieben hatte. Darin führt er aus: »Jeder, der sich ernsthaft mit der Wissenschaft beschäftigt, gelangt zu der Überzeugung, dass sich in den Gesetzen des Universums ein Geist manifestiert – ein Geist, der dem des Menschen weit überlegen ist und in dessen Angesicht wir uns mit unseren bescheidenen Kräften demütig fühlen müssen.« Ich würde behaupten, dass wir heute an einer Schwelle stehen, wo die nächsten Schritte, den Kern dieses großen Mysteriums zu enthüllen, endlich dazu in der Lage sind, auf Erfahrung und Glauben beruhende Sichtweisen zu integrieren.

Die wachsende wissenschaftliche Wahrnehmung der informationellen Natur all dessen, was wir als physische Realität bezeichnen, weist gleichzeitig darauf hin, dass sie informationell ist in dem Sinn, dass sie im wahrsten Sinn des Wortes in ihrer Gesamtheit aus Information gebildet wird und dabei alles von den einfachsten bis hin zu den komplexesten Formen enthält.

Mit anderen Worten: Unser Universum setzt sich nicht aus der alles durchdringenden Anwesenheit von lediglich beliebig angehäuften Daten und zufälligen Prozessen zusammen, sondern aus geordneter, mit Mustern versehener, relationaler, sinnvoller und nachvollziehbarer Information, die fein ausbalanciert, unglaublich kreativ, fantastisch leistungsstark und dennoch grundlegend einfach ist.

Information war vom ersten Augenblick der Raum-Zeit an vorhanden, so einfach wie möglich, aber nicht einfacher. Sie lieferte die Anweisungen, nach denen unser 13,8 Milliarden Jahre altes Universum die Evolution immer höherer Komplexitätsstufen ermöglicht hat. Die auf dem Informationsfluss der Entropie beruhenden Entwicklungen seiner nichtlokal verbundenen Intelligenz drücken sich weiterhin schöpferisch aus, erforschen und erfahren auf allen Ebenen physischer Existenz, während sich das Universum weiterentwickelt zur Verkörperung fortschreitender Selbstwahrnehmung.

Da es kein Universum voller Information ohne die Existenz eines Schöpfers dieser Information geben kann – ohne diesem kreativen Auslöser in irgendeiner Form menschenähnliche Züge zuzusprechen –, lautet die unvermeidliche Frage, zu der diese wissenschaftlichen Enthüllungen führen: Wer oder was ist die ultimative Intelligenz, die unser ideales Universum geschaffen hat?

Wir werden diese wesentliche Frage jetzt stellen und sehen, dass das neue Verständnis des kosmischen Hologramms eine visionäre Perspektive und neue Einblicke in dieses uralte Rätsel und seine Beantwortung bietet. Mit den steigenden wissenschaftlichen Nachweisen, dass unser Universum endlich ist innerhalb eines letztlich unendlichen kosmischen Plenums, ist es nun für uns an der Zeit, uns mit den Vorstellungen eines Multiversums zu beschäftigen, das sich aus anderen Universen jenseits unseres eigenen zusammensetzt.

UNSER »IN-FORMIERTES« UNIVERSUM

Der französische Schriftsteller und Philosoph Marcel Proust bemerkte einmal: »Die wirkliche Entdeckungsreise besteht nicht darin, neue Landschaften zu erforschen, sondern darin, Altes mit *neuen Augen* zu sehen!« So war es in der gesamten Menschheitsgeschichte, als wir wiederholt unsere Sichtweise der Welt erweitern und sie und uns selbst neu sehen mussten. Mit neuen Daten können wir weitere Information sammeln und die ihr innewohnende Codierung erkennen. Auf diese Weise können wir zusätzliche Erkenntnisse gewinnen und ihre Stränge zu einem Teppich sich entfaltender Weisheit verweben.

Wir haben unsere Entdeckungsreise zum kosmischen Hologramm damit begonnen, dass wir uns auf die tiefgründige poetische Vision indischer Gelehrter von Indras Netz bezogen haben. Wenn wir die holografische Expression der Unendlichkeit des kosmischen Geistes beschreiben, finden wir uns selbst, etwa 3000 Jahre und unzählige Entdeckungen später, wie wir zu der im Wesentlichen gleichen Perspektive gelangen, auch wenn wir sie in einer vollkommen anderen Sprache wiedererzählen. Die sich entwickelnde Annäherung von Sichtweisen geht weiter mit der Anerkennung der natürlichen und allgegenwärtigen Information, die alles durchfließt und in der Tat alles ausmacht, was wir als physische Welt bezeichnen.

Unsere »universelle« Reise durch die letzten 13,8 Milliarden Jahre startete mit den strahlenden Anfängen des Universums, ging weiter über die Geosphären von Planeten bis hin zu der neu entstandenen, komplexen Biosphäre unseres eigenen Heimatplaneten, zu der wir selbst gehören, und weiter zu der globalisierten Technosphäre des frühen 21. Jahrhunderts.

Wohin werden wir von hier aus reisen? Was müssen wir jetzt sehen und mit welchen neuen Augen?

Die Technosphäre, die wir aktuell bewohnen, und das Internet ermöglichen die Vernetzung unserer Gesellschaften zu einem globalen Ganzen; wir haben Zugang zu neuen riesigen Informationsebenen wie niemals zuvor. Die Technosphäre verbindet uns zum World Wide Web, das sowohl die Gemeinsamkeit menschlicher Erfahrungen als auch ihre unterschiedlichen Ausprägungen steigert und reflektiert. Und vielleicht am meisten zeitgemäß bietet es uns Möglichkeiten, universelle Werte schätzen zu lernen, zu teilen und weiterzuentwickeln, während wir lernen, unsere Unterschiede zu feiern und zu ehren. Und das World Wide Web ermöglicht es uns außerdem in einem noch nie da gewesenen Maß, in Momenten großer Inspiration und Freude oder tiefer Trauer zusammenzukommen.

Indem es offenlegt, was war, was ist und was sein könnte, im Guten wie im Schlechten und wie noch keine andere Quelle jemals zuvor, ermutigt uns das Internet – und manchmal zwingt es uns sogar dazu –, mit neuen Augen kollektiv zu sehen. Was wir dann verstehen können oder wollen, welche Antworten wir wählen und bis zu welchem Grad wir vorbereitet sind, daran teilzuhaben, die Verwandlung zu sein, die wir in der Welt sehen wollen, wie Gandhi es formulierte, liegt ganz bei uns selbst.

In den Jahren nach der Katstrophe des Ersten Weltkriegs wurde das Konzept der Noosphäre von Pierre Teilhard de Chardin, Édouard Le Roy und Wladimir Wernadski entwickelt. Die Bezeichnung rührt von dem altgriechischen Wort *nóos* her, das so viel wie »Geist, Verstand« bedeutet. Bei ihren Überlegungen zur Zukunft der Menschheit sahen diese drei Visionäre ein Potenzial für Prozesse zunehmender Komplexität voraus, die aus einer umgebenden Biosphäre entstehen und ein kollektives, vereinheitlichendes menschliches und im Grunde genommen planetarisches Bewusstsein schaffen.

Heute, fast ein Jahrhundert später, könnte das Auftauchen einer Technosphäre, mit der die drei niemals gerechnet hätten, als ein notwendiger Übergang aufgefasst werden, der die gesamte Menschheit in die Lage versetzen soll, sich selbst zu sehen und zu reflektieren, die fundamentalen Fragen unseres Lebens zu stellen und sie in einen erweiterten Zusammenhang mit der Natur der Realität zu setzen.

In der »Niemals wieder«-Zeit nach dem Ersten Weltkrieg, dem ersten großen globalen Konflikt, betrachtete Teilhard de Chardin die Noosphäre als Verkörperung des Sieges der Liebe über die Kräfte der Angst. In der Tat stellte er fest, dass »Liebe die Verbundenheit ist, welche die Elemente dieser Welt verbindet und zusammenbringt … Liebe ist wahrhaftig der Wirkstoff universeller Synthese.«

Neue Entdeckungen liefern zunehmende Unterstützung für Teilhard de Chardins universelle Synthese in der von Natur aus ganzheitlichen Welt des kosmischen Hologramms. Zur gleichen Zeit enthüllt die Technosphäre die Gefahr eines globalen Zusammenbruchs, wenn wir nicht als große Menschheitsfamilie zusammenrücken und integrativ, gerecht, mitfühlend gegenüber uns allen und verantwortlich für unseren einzigartigen Heimatplaneten handeln.

Es könnte und wird hoffentlich eintreten, allerdings nur, wenn wir uns dafür entscheiden, dass wir, sobald das Jubiläum des hundertjährigen Bestehens dieser weitsichtigen Vision der Noosphäre ansteht, unsere Ängste und unsere Verweigerung überwinden und letztendlich unsere nächste evolutionäre, kritische Schwelle überschreiten, um das neue Bewusstsein zu umarmen.

KOSMISCHER GEIST

Jenseits der Gauß'schen Zahlenebene steht die Wissenschaft in der Erforschung nichtphysikalischer Bereiche erst am Anfang, und es wird dauern, um mit denjenigen gleichzuziehen, die in den vergangenen Jahrtausenden die Welt als numinos erfahren haben. Ihre Entdeckungen in den kommenden Jahren werden mit Sicherheit unsere Wahrnehmung durcheinanderwirbeln, und zwar nicht nur bezogen auf die Welt »da draußen«, sondern auch was weitaus größere und viel persönlichere Ebenen betrifft. Denn die Wissenschaftler werden wahrscheinlich direkt auf die Anwesenheit einer großartigen, letztlich unendlichen, ewigen Intelligenz stoßen, von der wir lediglich ein

Mikrokosmos sind – Tropfen des großen kosmischen Ozeans, Funken der großen kosmischen Flamme.

Die fortwährende Revolution im Hinblick auf unser Verständnis der wahren Natur dessen, was wir als »physische« Realität bezeichnen, und die ihr innewohnende Substanzlosigkeit stellte nur den ersten Schritt unserer Reise dar. Die nächste Herausforderung besteht darin zu erkennen, wie der kosmische Geist die informationell und holografisch ausgedrückte Natur unseres Universums und die Möglichkeiten anderer endlicher Universen konstruiert und realisiert; dies ist die bahnbrechende wissenschaftliche Arbeit, die zurzeit läuft und die versucht, das kosmische Hologramm zu verstehen.

Auf diesem Weg fällt die wahrgenommene Trennung zwischen Geist und Materie weg, und der trügerische Dualismus, der durch wissenschaftliche Entdeckungen im vergangenen Jahrhundert zunehmend bedroht wurde, kann endlich aufgelöst werden und dem neu aufgekommenen Verständnis einer alles durchdringenden Einheit und Ganzheitlichkeit eines allumfassenden Geistes weichen.

DIE REALITÄT BEGREIFEN

Neurowissenschaftler, Psychologen und Psychiater müssen zunehmend anerkennen, dass wir keine unmittelbare Darstellung der »äußeren« Realität wahrnehmen, sondern dass unsere Sinne und unser Gehirn stattdessen als Übersetzer und Integrationsdienstleister für unser angeborenes Bewusstsein fungieren. Was wir denken, fühlen und glauben, ob es nun »wahr« ist oder nicht, beeinflusst nachhaltig unsere Vorstellungen davon, was real ist.

Der altbekannte Spruch »Sehen heißt glauben« verkehrt sich ins Gegenteil, »Glauben heißt sehen«; so haben zahlreiche Studien und

Experimente belegt, dass wir im wahrsten Sinne des Wortes »sehen«, was wir glauben, dass wir sehen, was wir zu sehen erwarten. Psychologen konnten zeigen, dass wir andererseits, wenn unsere Aufmerksamkeit abgelenkt ist, offensichtliche Ereignisse übersehen und die Realitäten schaffen, die wir wahrnehmen – diese Neigungen werden häufig durch Fachleute wie den britischen Mentalisten Derren Brown manipuliert.

Ein bekanntes (und atemberaubendes) Beispiel ist das Phänomen der »Veränderungsblindheit«, das 1998 von den Psychologen Daniel Simons und Daniel Levin in einem Experiment vorgeführt wurde.[103] Dabei werden Veränderungen der visuellen Szenerie vom Betrachter nicht wahrgenommen. Eine derartige Myopie der Realität tritt auf, wenn unsere Aufmerksamkeit abgelenkt wird. Forscher haben daraus den Schluss gezogen, dass Veränderungsblindheit auf einem Mangel an informationeller Aufmerksamkeit vor und nach der Ablenkung beruht, sodass unser Gehirn die Lücken füllt und den Schluss zieht, dass keine Veränderung stattgefunden hat, selbst wenn das tatsächlich der Fall war.

Simons und Levin führten ihr Experiment an der Cornell University durch. Die beiden Experimentatoren hielten eine Karte des Campus in den Händen und fragten Passanten nach einem bestimmten Ziel. Nachdem der Passant etwa fünfzehn Sekunden lang den Weg erklärt hatte, kamen zwei weitere Helfer bei diesem Experiment vorbei, die zusammen eine Tür trugen, und zwängten sich zwischen den im Gespräch Befindlichen hindurch. Dabei tauschte der anfängliche Experimentator, der nach dem Weg gefragt hatte, den Platz mit seinem Kollegen, der das hintere Ende der Tür hielt, und dieser nahm wiederum den Platz des Fragestellers ein, der den Passanten um Hilfe gebeten hatte.

Sobald der Passant mit seiner Wegbeschreibung fertig war, erklärte ihm der Experimentator, dass er eine psychologische Studie durchführe, um herauszufinden, wie aufmerksam Menschen sind. Dann fragte er ihn, ob er irgendetwas Ungewöhnliches bemerkt habe, als die beiden Männer, die die Tür trugen, an ihnen vorbeigegangen sind. Wenn die Antwort »Nein« lautete, fragte der Experimentator weiter, ob der Passant bemerkt habe, dass er nicht mehr mit derselben Person spricht, die ihn anfangs angesprochen und nach dem Weg gefragt hat. Mehr als die Hälfte der Passanten mussten zugeben, dass sie nicht bemerkt hatten, dass die Person, mit der sie sich unterhalten hatten, mitten im Gespräch durch eine andere ersetzt worden war.

Weitere Experimente schlossen sich an und zeigten, dass, wenn nicht eine Art persönliches Interesse bei einer Begegnung vorlag – wenn beispielsweise das individuelle Erscheinungsbild relevant ist –, selbst eine radikale Veränderung, wie beispielsweise der Austausch von Personen mitten im Ereignis, unbemerkt blieb. Obwohl dieses extreme Beispiel eine Veränderungsblindheit bei mehr als 50 Prozent der getesteten Personen demonstrieren konnte, sind trotzdem die meisten Leute der Meinung, dass ihnen ein solch hoher Grad an Unaufmerksamkeit in weniger ungewöhnlichen Situationen nicht passieren könnte, und zwar gilt das für acht von zehn Personen.

Wissenschaftler untersuchten in den letzten zwanzig Jahren, ob das, was wir glauben und denken, tatsächlich unsere Physiologie verändern kann. Für Denker aus dem Osten, die traditionelle spirituelle Praktiken wie beispielsweise Meditation ausübten, waren solche Fähigkeiten schon immer selbstverständlich, doch in den letzten Jahren haben sich auch Wissenschaftler aus dem Westen damit beschäftigt und zunehmend solche Behauptungen untermauert.

Im Jahr 2002 berichtete die *Harvard Gazette* über eine Reihe von Experimenten, die in den 1980er-Jahren unter der Leitung von Herbert Benson von der Harvard Medical School begonnen hatten mit dem Ziel, die tibetische buddhistische Meditationstechnik Tummo zu erforschen.[104] Dabei waren die in die Experimente involvierten Mönche nicht nur dazu in der Lage, ihren Stoffwechsel allein durch die Fähigkeiten ihres Bewusstseins auf bis zu 64 Prozent zu reduzieren, sondern sie konnten auch signifikant ihre Körpertemperatur erhöhen. Tummo, das man mit »inneres Feuer« oder »innere Hitze« übersetzen könnte, ist eine seit vielen Jahrhunderten überlieferte tantrische Meditationstechnik, die Visualisierung und Fokussierung einsetzt und als spezieller Ritus dient, um zu testen, wie weit ein Mönch in seiner Entwicklung zum Meister vorangeschritten ist. Bei den praktischen Übungen wird dabei allein durch Konzentration ausreichend innere Hitze erzeugt, um eine Nacht lang nackt im Schnee zu sitzen und in der Eiseskälte zu meditieren.

Aufgrund ähnlicher spiritueller Praktiken, die über Jahrtausende hinweg immer weiter verbessert wurden, geraten heute auch Hindu-Yogis zunehmend in den Bereich wissenschaftlicher Forschung. Man möchte ihren vielgerühmten Fähigkeiten auf den Grund gehen und herausfinden, wie sie mit der Kraft der Gedanken körperliche Schmerzen kontrollieren können. Im Jahr 2004 berichtete ein Forscherteam der San Francisco State University mit Erik Peper als führendem Autor über das Ergebnis einer Studie. Danach war ein indischer Yogameister in der Lage, seine Zunge und seinen Nacken mit Grillspießen zu durchbohren, ohne dass er dabei Schmerzen litt oder dass es zu Blutungen kam. Experimentelle Messungen konnten zeigen, dass ein kohärent hoher Wert an Alpha-Gehirnwellen, verbunden mit einer tiefen Entspannung, in der seine Sinne trotzdem geschärft waren, seine Fähigkeit verdeutlichte, die elektrischen Aktivitäten in seiner Haut bewusst zu vermindern, wodurch auch die Schmerzantwort und der Blutfluss reduziert wurden.[105]

Die gleiche Verlangsamung elektrischer Aktivität in den Hautschichten und die entsprechende Unterdrückung von Schmerzen war in einem früheren Hypnose-Experiment aus dem Jahr 1999 von Vilfredo De Pascalis und anderen demonstriert worden, deren Versuchspersonen die gleiche physiologische Antwort zeigten, allerdings in diesem Fall aufgrund von hypnotischer Beeinflussung und nicht durch eigene bewusst eingesetzte Willenskraft.[106]

Überzeugungen können bewusst oder unterbewusst denselben Effekt haben. In den westlichen Industriestaaten kennt man den sogenannten Placeboeffekt (vom lateinischen *placebo* für »Ich werde gefallen«), wo sich die Hoffnungen einer Person, gesund zu werden oder ihre Gesundheit zu verbessern, auf ein besonderes Medikament oder eine spezielle Behandlung gründen, und obwohl das Placebo weder eine Behandlung noch ein Medikament ist, führt es trotzdem eine wirkliche Linderung der Symptome herbei, einschließlich einer Reduktion der Schmerzen.

Ein wegbereitendes Experiment wurde 1996 von den Psychologen Guy Montgomery und Irvin Kirsch an der Universität von Connecticut durchgeführt: Sie behandelten Studenten mit einem angeblich brandneuen Schmerzmittel, das sie »Trivaricain« nannten.[107] Das Mittel enthielt jedoch keinen aktiven Wirkstoff, sondern lediglich Wasser, Jod und Thymianöl. Wenn man es jedoch bei den teilnehmenden Studenten auf einen Zeigefinger auftrug und anschließend beide Zeigefinger in einem Schraubstock zusammenpresste, behaupteten alle Testpersonen durchgehend, in dem »behandelten« Finger deutlich weniger Schmerz zu spüren.

Wie dieses und viele andere seither durchgeführten Experimente zeigen, ist der Placeboeffekt nicht das Ergebnis einer aktiven positiven Denkleistung, sondern eines ernsthaften, wenn auch an sich fehlerhaften Glaubens daran, dass eine Behandlung zu heilen vermag. Damit konnte wiederum gezeigt werden, dass der Geist die Kontrolle über die physische Antwort des Körpers ausüben kann.

Im Gegensatz zu den positiven Wirkungen des Placeboeffekts hat der damit verbundene und gleichermaßen reale sogenannte Noceboeffekt schädliche Auswirkungen (vom lateinischen *nocebo* für »Ich werde schaden«). Der Physiologe Fabrizio Benedetti von der University of Turin Medical School studierte die Antworten von Testpersonen auf die Behandlung mit einem Nocebo und konnte zeigen, dass es zu einer Hormonausschüttung durch Hypophyse und Nebennierendrüsen kam, die beide dafür zuständig sind, dass der Körper auf eine Bedrohung mit Stress in Form der allseits bekannten Kampf-oder-Flucht-Reaktion antwortet. Wenn der Glaube und die daraus resultierende Furcht ausreichend groß sind, könnte eine solche Antwort auch tödlich sein.

Im Jahr 2014 schlug Benedetti vor, mehr als hundert Studenten auf eine Bergtour mitzunehmen; dabei warnte er einen von ihnen im Vorfeld, dass die große Höhe Migräne verursachen könnte. Bis die Tour startete, hatte sich seine Warnung bereits bei einem Viertel der Teilnehmer herumgesprochen. Diejenigen, die das Gerücht gehört hatten, litten nicht nur unter den schlimmsten Kopfschmerzen, sondern eine Analyse ihres Speichels ergab auch eine verstärkte Reaktion auf niedrigen Sauerstoffgehalt und einen Anstieg von Enzymen, die mit Höhenkrankheit in Zusammenhang stehen, und zwar weit über den Werten der anderen Studenten. Soziale »Infektion« schlug sich in körperlicher Reaktion nieder.[108]

Es scheint, dass derartige Geist-Körper-Effekte zunehmen. In einem 2009 erschienenen Artikel berichtet Steve Silberman, Reporter beim Magazin *Wired,* dass in den Vereinigten Staaten von Amerika zwischen 2001 und 2006 der Anteil neuer Medikamente, deren Entwicklung nach der zweiten Phase klinischer Tests gestoppt wurde, als sie zum ersten Mal gegen den Placeboeffekt getestet wurden, auf 20 Prozent angestiegen ist. In der umfassenderen Testphase drei nahm die Zahl der möglichen Arzneimittel, die die Tests nicht bestanden, um 11 Prozent zu, hauptsächlich weil der Vergleich mit Placeboeffekten weggefallen war.[109]

Trotz des anhaltend hohen Niveaus der Forschung werden zunehmend weniger neue Medikamente auf den Markt gebracht, und das liegt nicht zuletzt an ihrer unzulänglichen Leistung im Vergleich mit Placebos. Silberman berichtete weiter: Führte man heute Folgetests mit Arzneimitteln durch, die bereits jahrelang auf dem Markt angeboten werden, würden einige aus den gleichen Gründen nicht bestehen. Zwei vergleichende Analysen von Tests mit Antidepressiva ergaben seit den 1980er-Jahren eine signifikante Erhöhung, was die Reaktion auf Placebos betrifft; bei einer veranschlagte man eine Verdopplung der Größe des Placeboeffekts in dieser Zeit.

Bezeichnend ist dabei nicht, dass die älteren Arzneimittel in ihrer Wirkung schwächer werden, sondern dass der Placeboeffekt stattdessen stärker wird. Dies kann an einer Vielzahl von Faktoren festgemacht werden.

Das ansteigende Niveau von Werbung und Arzneimitteltests in Entwicklungsländern hebt auch die Erwartungshaltung, was die Wirksamkeit eines Medikaments betrifft. Die zunehmende Verwendung von Arzneimitteln gegen psychische Erkrankungen, wie zum Beispiel Antidepressiva, tendiert ebenfalls dazu, dieselben Areale im

Gehirn zu beeinflussen, die mit Gefühlen und Glauben verbunden sind.

Obwohl alle diese Effekte zweifellos dazu beitragen, könnte noch ein weiterer Einfluss hinzukommen, nämlich dass sowohl individuell als auch kollektiv unser zugrunde liegender Bewusstseinszustand in zunehmendem und immer stärkerem Maß unsere Realitäten erschafft. In diesem Fall könnte das informationelle Zusammenspiel zwischen unseren Gedanken, unseren Emotionen und unserer Physiologie durch solch eine Verbindung aus Placebo- und Noceboeffekten hervorgehoben werden.

Wie wir im gesamten Buch gesehen haben, nähern sich Psychologen – neben Forschern aus dem Bereich der Naturwissenschaften – der Auffassung an, dass es keine »wirkliche« Trennung gibt zwischen dem sogenannten Beobachter und dem, was er beobachtet.

Obwohl immer mehr zu der Ansicht gelangen, dass das Bewusstsein übergeordnet ist und unsere Realitäten schafft, sind trotzdem bis heute nur wenige führende Wissenschaftler gewillt, sich auf die Vorstellung einzulassen – außer auf philosophischer Ebene –, dass *jegliche* Realität lediglich der Ausdruck von Bewusstsein ist.

Giulio Tononi und Christof Koch, Neurowissenschaftler und Psychiater, sind wahrscheinlich sehr nah an einem Durchbruch, wenn es darum geht, die Vorrangstellung des Bewusstseins zu verstehen. Laut Tononis Theorie der integrierten Information ist der Grad an Kohärenz bei wachem Bewusstsein am größten, bricht während der Tiefschlafphase zusammen und steigt wieder an während eines Traums oder in der REM-*(rapid eye movement-)*Phase, die durch schnelle Augenbewegungen bei geschlossenen Lidern gekennzeichnet ist.

Es bleibt bis heute allerdings eine große Hürde für viele Wissenschaftler, sich zu der Anerkennung durchzuringen, dass unsere Sinne und unser Gehirn die ständige Kommunikation des »Ich« (oder eigentlich »des Auges«) unseres individualisierten mikrokosmischen Bewusstseins mit dem »Wir« unseres mesokosmischen menschlichen Kollektivs und planetarischen Bewusstseins und mit der holografischen Entität unseres Universums verarbeiten und interpretieren.

AUSSERHALB DES GEHIRNS

Wenn wir erkennen, dass alles, was wir als physische Realität bezeichnen, der Ausdruck der informationellen Intelligenz des kosmischen Geistes ist, dann stellt sich die Frage nach dem menschlichen und eigentlich nach jeglichem Bewusstsein und nach aller Erkenntnis vollkommen neu. Die Ansicht der meisten Neurowissenschaftler lautete, dass unser Bewusstsein auf irgendeine Art und Weise als lokalisiertes Phänomen aus dem Gehirn entsteht. So wie eine Turbine Energie erzeugt, das war ihre Vorstellung, so erzeugt unser Gehirn Bewusstsein – irgendwie.

Letztendlich ist dieses »Irgendwie« entscheidend. Obwohl die Neurowissenschaft es geschafft hat, die neuronalen Netzwerke im Gehirn zu entschlüsseln und diejenigen Bereiche zu identifizieren, die bei bestimmten mentalen Prozessen in Erscheinung treten, und sogar Schritt für Schritt ihre holografische Natur zur Kenntnis genommen hat, gibt es noch keinen Mechanismus für die Zusammenführung von neuronalen Aktivitäten mit der nichtmateriellen Erkenntnis der Selbstwahrnehmung.

Auf der Basis zahlreicher experimenteller Daten über die Nichtlokalität unseres Bewusstseins lässt sich eine Alternative finden, die das Gehirn stattdessen wie einen Computer auffasst: als Empfänger und Sender nichtlokaler Information. Mit den ständig anwachsenden Entdeckungen und dem neuen Verständnis des kosmischen Hologramms muss auch die Computer-Gehirn-Geist-Metapher als zu stark eingegrenzt in ihrer Perspektive angesehen werden. Sie versagt nicht nur, wenn sie die interdimensionale Kommunikation erklären soll, über die Menschen mit transpersonalen Erfahrungen ausführlich berichten, sondern – und vielleicht noch grundlegender – sie schlägt immer noch indirekt eine Dualität zwischen der physischen Welt und dem Bewusstsein vor.

Stattdessen bietet die einen Paradigmenwechsel implizierende Vorstellung des kosmischen Hologramms, das die tatsächliche Nichtmaterialität des physischen Bereichs und die unbedingte Einheit des Bewusstseins anerkennt, eine neue Sichtweise auf das Gehirn und die Aufgabe, die es erfüllen soll. Wenn man davon ausgeht, dass das Gehirn eine wichtige Rolle in der informationellen *Organisation* des verkörperten Bewusstseins von Menschen spielt, dann definiert es jeden von uns neu als eine einzigartige mikrokosmische Individuation der Information des kosmischen Hologramms unseres Universums; das heißt, es macht uns im wahrsten Sinne des Wortes zu Mitschöpfern der Realität.

EXISTENZ, ERFAHRUNG UND EVOLUTION

Dem Vorbild des russischen Theaterdirektors Constantin Stanislawski folgend, führte der Theaterregisseur und Schauspiellehrer Lee Strasberg im Jahr 1920 in den Vereinigten Staaten von Amerika die Idee des »Method Acting« ein. Diese »Methode« veranlasst die Schauspielerin beziehungsweise den Schauspieler, vollkommen in die persönliche

Identifikation mit der Rolle einzutauchen, die sie oder er spielt; häufig verbleibt sie oder er in diesem »Charakter«, und zwar nicht nur auf der Bühne oder am Filmset, sondern auch darüber hinaus.

Als individuiertes Bewusstsein, wenn wir als Mensch auf der Erde leben, durchlaufen die meisten von uns einen Prozess solcher Schauspielerei, in dem wir uns als Mimen spiritueller Art selbst in das Drama unseres Lebens einbringen. Dadurch, dass wir uns mit den Rollen identifizieren, die wir spielen, und, wie wir gesehen haben, aufgrund der falschen Wahrnehmung der Materialität könnten wir unser ureigenes spirituelles Bewusstsein an den Rand drängen oder sogar vergessen. Das Ego unserer Selbstwahrnehmung zwingt uns stattdessen zu der Wahrnehmung, dass wir sowohl voneinander als auch von der Welt ringsumher getrennt sind.

Die Rollen, die wir während unseres Lebens einnehmen, sind somit die Linsen, durch die wir das Universum wahrnehmen – wie wir mit ihm und wie es mit uns in Verbindung steht. Deshalb bietet das »Method Acting« eine intensive Präsenz, ohne die unsere assoziierten Erfahrungen ansonsten weniger »echt« und – im Sinn des kosmischen Hologramms – weniger kreativ in ihrer universellen Manifestation der Natur der physischen Realität erscheinen könnten.

Indem wir in die holografische Harmonie unseres Universums eingebettet sind, sind wir im Grunde genommen Ausdruck seines kreativen Lernens. Durch die ihm innewohnende Relativität, seine Reflexionen, Resonanzen und endgültigen Entscheidungen drücken wir im mikrokosmischen Bereich seine Existenz, Erfahrung, Evolution und Emergenz aus. Diese Erkenntnis bringt die Raum-Zeit-Erfahrung von Ursache und Wirkung in Einklang mit der spontanen Wahrnehmung nichtlokalen Bewusstseins, das über die physische Realität hinausgeht.

Innerhalb der Raum-Zeit ermöglicht der Informations- und Zeitfluss der Entropie, dass sich fortschreitend Entscheidungen und Auswirkungen ergeben, die das beständig lernende universelle Bewusstsein ausdrücken. Dagegen liefert die empirische Mitschöpfung unseres endlichen Universums als eine an sich integrale und nichtlokal verbundene Entität, deren Bewusstsein letztendlich die Raum-Zeit überwindet, die Information für sich selbst und für das unendliche Plenum des kosmischen Geistes. Diese erhabene Sichtweise auf uns selbst und unser Universum reflektiert alte spirituelle Weisheiten, bietet uns eine erweiterte und neu formulierte Vorstellung der Realität und unserer eigenen Rolle bei ihrer Entfaltung, da sie von Grund auf zielgerichtet und sinnvoll ist.

DIE FALSCHE FRAGE

Wir sind an einem Punkt angelangt, an dem, wenn man die Allgegenwärtigkeit des Bewusstseins voraussetzt, eines klar zu sein scheint: Die Frage »Wer oder was hat unser Universum geschaffen?« ist die falsche. Denn unser wissenschaftlich fundiertes Verständnis zeigt fortlaufend, dass es keine »wirkliche« Trennung zwischen dem Schöpfer und seinem Werk gibt; die Erscheinung einer solchen Trennung ist lediglich die Perspektive, von der aus individualisierte Aspekte von Bewusstsein ihre eigenen holografischen und holarchischen Bilder sehen.

Die ewige Information des kosmischen Geistes findet ihren endgültigen Ausdruck in der dynamischen Schöpfung unseres Universums. Seine Existenz, seine Erfahrungen, seine Evolution und letztendlich sein Untergang bilden eine einheitliche, nichtlokale, bewusste Entität, einen dieser unendlichen Ausdrücke des Einsseins von allem, was ist, war und sein wird.

Somit ist jeder von uns ein einzigartiger mikrokosmischer Ausdruck, der seine eigene schöpferische Rolle spielt in der sich entfaltenden Selbstwahrnehmung des Bewusstseins unseres endlichen Universums und letztlich des unendlichen Kosmos. Obwohl dies historisch einzig und allein gesehen eine religiöse oder richtiger eine spirituelle Sichtweise darstellt, gilt diese Einschränkung nicht länger. Stattdessen kommt die neue Auffassung des kosmischen Hologramms, die wissenschaftliche Entdeckungen zunehmend stärken, zu der gleichen Schlussfolgerung.

Gott ist nicht »dort draußen«, ein Schöpfer des Universums und seine Schöpfungen. Der größte Durchbruch, der uns Menschen im 21. Jahrhundert gelungen ist, besteht in der Erkenntnis, dass wir und alles, was wir in allen Dimensionen und allen Bereichen der Existenz »Realität« nennen, Gott *sind,* oder welchen Begriff auch immer wir für die Unendlichkeit des kosmischen Geistes wählen möchten, und dass wir die mikrokosmischen Mit-Schöpfer seiner unbeschreiblichen Realität sind.

WERDEN UND VERGEHEN VON ENDLICHEN UNIVERSEN UND DER UNENDLICHE, EWIGE KOSMOS

Die zunehmende Erkenntnis, dass unser Universum endlich ist, obwohl der kosmische Geist des gesamten Kosmos unendlich und ewig ist, führt uns unweigerlich zu der Überlegung, ob es irgendeine Form eines sogenannten Multiversums gibt, das sich aus anderen endlichen Universen zusammensetzt, die ebenso entstehen, existieren und letztendlich vergehen: Denkblasen im unendlichen, ewigen Plenum. Allerdings könnte man argumentieren, dass sich alle Konzepte möglicher Multiversumsszenarien immer noch auf philosophischen, vorwissenschaftlichen Entwicklungsstufen befinden, doch einige Hinweise und Anhaltspunkte verdienen unsere Aufmerksamkeit.

Zunächst wollen wir uns in aller Kürze noch einmal die zunehmenden wissenschaftlichen Nachweise auf die endliche Natur unseres eigenen Universums und dementsprechend anderer Universen innerhalb eines unendlichen Plenums anschauen. Als Erstes, und das gilt ganz grundsätzlich, scheinen die Gesetze der Physik nur mit endlichen Maßen zu operieren, was allerdings mit der Prämisse der unendlichen Raum-Zeit unvereinbar ist. Der endliche Anfang der Raum-Zeit bedingt logischerweise ebenfalls ein endliches Ende. Und das gilt auch für den Prozess des Informationsflusses der Entropie, der nicht nur der Zeit einen Startpunkt und eine Richtung gibt, sondern im Grunde genommen unsere Erfahrung der Zeit selbst festlegt. Diese Entropie steht außerdem im Zusammenhang mit der Ausdehnung des Raumes und dem nachfolgenden Absinken der Temperatur, die schließlich auf den absoluten Nullpunkt – oder in dessen Nähe – fällt in einer endlichen Zeitspanne und wenn der Prozess des zunehmenden Informationsflusses der Entropie ein universelles Maximum erreicht und wegfällt.

Wie wir bereits gesehen haben, konnte eine Untersuchung der Energiemuster innerhalb der kosmischen Mikrowellenhintergrundstrahlung aus dem Jahr 2003 zeigen, dass längere Wellenlängen fehlen – eine Feststellung, die ebenfalls auf ein endliches Universum verweist. Weitere Anzeichen, dass unser Universum endlich ist, werden Schritt für Schritt gefunden. Im Jahr 2012 analysierte ein internationales Team von Astronomen unter der Leitung von David Sobral an der Universität Leiden in den Niederlanden die Anwesenheit von H-alpha-Photonen, die von Wasserstoffatomen im Zusammenhang mit der Bildung von Sternen emittiert werden. Die Wissenschaftler konnten zeigen, dass die Hälfte aller Sterne, die jemals existiert haben, vor ungefähr neun Milliarden Jahren gebildet worden ist, dass sich die Bildungsrate seitdem reduziert hat und dass bereits an die 95 Prozent der Sterne unseres Universums gebildet wurden.[110]

Mit anderen Worten, es bleibt gerade mal genügend Wasserstoff in den Galaxien übrig, um weitere 5 Prozent an Sternen entstehen zu lassen, was darauf hindeutet, dass die künftige Zeitleiste relativ kurz ist, vielleicht in einer Größenordnung von lediglich einigen zehn Milliarden Jahren, bis alle Sterne ausgebrannt sind. Wenn unser endliches Universum sein Ende erreicht hat, so bleiben doch die Umstände, wie das passieren wird, bis jetzt unbekannt.

Drei mögliche Hauptszenarien wurden bisher aufgestellt: die sogenannten Big Crunch (»das große Zusammenkrachen«), Big Rip (»das große Zerreißen«) und Big Freeze (»die große Abkühlung«). Bis heute gibt es keinen brauchbaren theoretischen Mechanismus für eines dieser drei Szenarien. Die wissenschaftlichen Nachweise, wenn denn überhaupt welche existieren, sind ungenügend; dennoch scheint der Big Freeze mit seiner maximalen thermodynamischen Entropie am wahrscheinlichsten zu sein. Keines dieser drei Szenarien beschäftigt sich mit dem Begriff der Zeit oder dem Informationsfluss der Entropie, und bis heute gibt es nur sehr wenige Kosmologen, die eines – oder irgendeine andere Option – daraufhin untersucht haben.

Ein Kosmologe, der sich auf dieses Terrain vorgewagt hat, gilt als einer der größten Denker seiner Generation. Es handelt sich um Roger Penrose, der 2010 zusammen mit Wahagn Gursadjan die Idee für ein Modell zyklischer Universen (CCC oder *conformal cyclic cosmology)* entwickelte.

Dieses Modell, das im Rahmen der Allgemeinen Relativitätstheorie aufgestellt wurde, sieht eine Reihe aufeinanderfolgender holomorphischer Universen vor, wobei jedes von einem winzigen endlichen Anfang aus hin zu einem Endpunkt expandiert, der als Start des nächsten Zyklus interpretiert werden kann. Für jeden Zyklus, der räumlich im Maßstab geändert (oder konform) ist und als Äon oder Weltalter bezeichnet wird, gilt, dass sich Lichtphotonen in derselben Weise verhalten; deshalb gibt es für Licht keine Grenze zwischen einem Durchlauf und dem nächsten. Die Materie der Fermionen muss allerdings in elektromagnetische Strahlung konvertiert werden; dies ist die Voraussetzung, dass konforme Zyklen weiterlaufen können.

Indem die CCC anerkennt, dass »Raum« im Wesentlichen ein geometrisches Gebilde ist, stuft sie ihn auf ein entstehendes Phänomen zurück. Stattdessen betrachtet sie den Zeitbegriff, und damit den Informationsfluss der Entropie, als viel fundamentaler.

Gegenwärtig zieht das Modell die entropische Maximierung von Information (die einem Endpunkt am absoluten Nullpunkt oder in dessen unmittelbarer Nähe gleichzusetzen ist) nicht in Betracht und verknüpft dies auch nicht holografisch mit der Auffassung vom zyklischen Verlauf der Universen. Wenn man es in diese Richtung modifiziert hätte, würden die Äonen von Penrose und Gursadjan, anstatt lediglich zyklisch zu sein, den entstehenden Universen viel deutlicher entsprechen, wobei die Erfahrungen jedes Lebenszeitalters auf das nächste übergehen und die Entstehung auf einer großen Skala verewigen könnten.

Wenn man die Bedeutung der Zeit und des Informationsflusses der Entropie hervorhebt, obwohl das Modell zyklischer Universen den Kosmos als ewig ansieht, so verweist dies stillschweigend darauf, dass es nur in der Darstellung als einzelnes Universum solche unendlichen Durchläufe unternimmt. Eine alternative Sichtweise legt größeres Gewicht auf den Raumaspekt der Realität; dabei werden multiple Universen ins Auge gefasst, ohne jedoch spezifisch darauf einzugehen, ob sie endlich sind, und falls ja, wie sie ihr Ende erreichen.

Stattdessen betrachtet diese Alternative, wie jene multiplen Universen entstehen könnten, und zwar nicht aus unendlich heißen und unendlich dichten Singularitäten, sondern aus endlichen Saatpunkten. Um diesem Gedankengang zu folgen, müssen wir uns mit einer Erweiterung der Allgemeinen Relativitätstheorie beschäftigen, die mit den Initialen ECKS (Einstein-Cartan-Kibble-Sciama-Theorie) versehen ist, da sie von Albert Einstein, Elie Cartan, Tom Kibble und Dennis Sciama vorgeschlagen wurde.

Die ECKS-Theorie dehnt die Erhaltung des Drehimpulses in Anwesenheit eines Gravitationsfeldes weiter aus auf den Spin der Elementarteilchen und verbindet das mit einer nicht verschwindenden Torsion. Als diese Theorie zum ersten Mal von Cartan in den 1920er-Jahren vorgeschlagen wurde, erregte sie einige Aufmerksamkeit. Da es zur damaligen Zeit jedoch schien, ihre Auswirkungen würden nicht ins Gewicht fallen und die zusätzliche Komplikation würde dafür sorgen, dass die Gleichungen der Allgemeinen Relativitätstheorie noch schwieriger zu lösen seien, wurde die Theorie wieder beiseitegeschoben. Das war der Stand der Dinge, als Kibble und Sciama sich in den 1960er-Jahren unabhängig voneinander mit ihrer Grundannahme beschäftigten.

Das gegenwärtige Interesse an der Einstein-Cartan-Kibble-Sciama-Theorie – oder an einer Modifikation von ihr, welche die Planck-Skala und die informationellen Eigenschaften des kosmischen Hologramms mit einbezieht – fokussiert sich darauf, mögliche Erkenntnisse darüber zu gewinnen, was unter extremen Bedingungen der Raum-Zeit passiert, beispielsweise im Zentrum von Schwarzen Löchern oder am Beginn des Uratemzugs.

Die winzige Verbindung, die sie zwischen der Torsion und dem Spin von Elementarteilchen bei extrem hohen Dichteverhältnissen postuliert, verursacht eine Spin-Spin-Wechselwirkung, die eine Singularität mit aufgrund von Gravitationskräften unendlicher Krümmung der Raum-Zeit durch eine endliche, aber minimale Skala ersetzt. Zusätzlich bildet sie auf diesem winzigen Niveau eine Einstein-Rosen-Brücke, ein sogenanntes Wurmloch, das aus der existierenden Raum-Zeit eines kollabierenden Schwarzen Lochs hervorgeht und ein Weißes Loch schafft, das Materie ausstößt – der minutiöse, aber nichtsinguläre Beginn des Uratemzugs eines neuen Universums. Dem Kosmologen Nikodem Popławski[111] zufolge liefert die ECKS-Theorie nicht nur einen endlichen Entstehungsprozess für Universen, sondern erklärt auch auf natürliche Weise die Flachheit und Homogenität des Raumes, ohne dass sie dafür einen inflationären Mechanismus benötigen würde.

Die in einen solchen Entstehungsprozess einbezogene Torsion könnte darauf hinweisen, dass auch unser Universum rotiert. Dies könnte auch eine Verbindung zu einer offensichtlich bevorzugten Raumachse herstellen, der sogenannten »Achse des Bösen«, ein Begriff, der von ihren Entdeckern, Max Tegmark und seinen Kollegen, geprägt wurde. Und es könnte auch die hypothetische Ansicht mit einbeziehen, dass die holografische Grenze unseres Universums die Form eines Torus aufweist.

Tatsächlich scheinen neueste Beobachtungen eine solche Achse und Form des Universums zu bestätigen. Aus dem Jahr 2011 stammt eine Untersuchung der Rotation von mehr als 15 000 Galaxien, die von Michael Longo von der University of Michigan geleitet wurde. Dabei entdeckte man, dass eine Präferenz bestand und sich die Mehrheit gegen den Uhrzeigersinn oder linksherum drehte. Auch wenn der Überschuss gering ist, so ist er doch signifikant.[112]

Obwohl in der Tat noch jede Menge Arbeit zu erledigen ist, beginnen die Hinweise sich zu addieren.

Es mag auf den ersten Blick scheinen, dass das Modell zyklischer Universen und die ECKS-Theorie zwei Versionen eines Multiversums propagieren, die nicht miteinander kompatibel sind. Obwohl sich die eine auf den Raum und die andere auf die Zeit fokussiert, erkennen beide die grundsätzliche informationelle Natur der Realität an.

Wenn man ihre Ansätze kombiniert, würde ich daraus das Szenario eines Multiversums entstehen lassen, das die Erfahrung sowohl von Zeit als auch von Raum und damit die den beiden innewohnende Beziehung anerkennt, während es auch die Unendlichkeit und Ewigkeit des kosmischen Geistes wahrnimmt, um sich selbst zu realisieren.

Wenn man einige Versionen der ECKS-Theorie zusammenführt, damit neue Universen während der Lebensdauer der bereits existierenden entstehen können, obwohl das Modell zyklischer Universen anmerkt, dass die Enden ihrer Lebensdauer einen neuen Zyklus in einem neuen Äon starten, dann spiegelt das auch wesentliche indische Traditionen spiritueller Reinkarnation wider, die besonders im Buddhismus und Hinduismus von Bedeutung sind. Dabei wird das Konzept evolutionärer Prozesse weit über die Biologie und sogar über ein einzelnes Universum hinaus auf den gesamten Kosmos ausgeweitet.

Ein derartiges Szenario verkörpert nicht nur die großartige Auffassung des kosmischen Hologramms, sondern gibt auch die alte vedische Vorstellung von Schöpfung wieder, wie sie im Rigveda (10,129) beschrieben ist: Unzählige individualisierte Manifestationen von Bewusstsein bilden sich heraus und entwickeln sich kontinuierlich in zahllosen Durchläufen, während der kosmische Geist des Kosmos auf ewig erforscht und erschafft mit allen Aspekten seines unbeschreiblichen Selbst.

12

Außergewöhnliche Phänomene

Weder übernatürlich noch paranormal …

Alle Kräfte im Universum sind bereits unser. Es sind wir, die wir unsere Hände über unsere Augen gelegt haben.

SWAMI VIVEKANANDA

Mit dem Verständnis, dass alles, was wir als Realität bezeichnen, und zwar nicht nur auf der physischen Ebene, sondern auch darüber hinaus, Bewusstsein *ist*, das sich auf einer Unzahl von Ebenen selbst entdeckt und erfährt, bietet das kosmische Hologramm ein alles umspannendes Modell des Kosmos.

Als das ganzheitliche Weltverständnis des kosmischen Hologramms aufkam und unsere Wahrnehmung erweiterte, deckte es gleichzeitig auch auf, dass es im Wesentlichen nichts Übernatürliches oder Paranormales gibt. Stattdessen sollten außergewöhnliche Erfahrungen von nichtlokalem Bewusstsein, das dazu fähig ist, die

Raum-Zeit zu überwinden, als angeborene Fähigkeiten betrachtet werden. Indem wir uns selbst von einer einschränkenden Perspektive befreit haben, können wir damit beginnen, die erweiterten Einblicke, die uns unsere angeborenen außergewöhnlichen Fähigkeiten bieten, nicht nur zu verstehen, sondern auch bewusst zu nutzen. Davon können wir profitieren, außerdem können wir uns damit selbst stärken, unser Wohlbefinden und unsere Ganzheitlichkeit verbessern und die ultimative Einheit allen Lebens schätzen lernen.

WIRKLICHKEIT?

Im Jahr 1995 berichtete die Organisation American Institutes for Research (AIR) dem US-amerikanischen Senat über eine Untersuchung, um die man sie gebeten hatte. Dabei ging es um die Überprüfung von Experimenten, die die CIA über Fernwahrnehmung durchgeführt hatte und die von der Regierung gefördert worden waren. Unter Fernwahrnehmung, die in diesem Bericht offen als parapsychologische oder Psi-Fähigkeit betitelt wird, versteht man, dass jemand in der Lage ist, rein geistig, ohne Einsatz seiner fünf Sinne, einen Eindruck von einem entfernten Objekt oder einer Szene zu bekommen.

Die Schlussfolgerungen der beiden Hauptgutachter unterschieden sich. Der eine, der zuvor für die Realität der Fernwahrnehmung offen war, ließ sich durch den Nachweis überzeugen und fokussierte sich darauf, wie solche Psi-Phänomene funktionieren. Der andere, der zuvor bereits skeptisch war, ließ sich nicht beeinflussen. Das Aufsichtsgremium erarbeitete eine Vereinbarung, dass, obwohl es eine statistisch signifikante Darstellung der Wahrnehmungsfähigkeit auf einer solchen nichtlokalen Grundlage gab, keine Einigkeit darüber herrschte, ob man diese eindeutig Psi-Fähigkeiten oder einer unbestätigten experimentellen Voreingenommenheit zurechnen konnte. Ohne den Grund für den eindeutigen Nachweis klar zu benennen, zog das Gremium in Betracht, dass die Experimente weder die Ursprünge noch die Natur dieses Phänomens identifizieren konnten, selbst wenn es existieren sollte.

Mit anderen Worten: Obwohl der Nachweis vorlag, konnten sich die Mitglieder nicht über seine Aussagekraft einigen, unabhängig davon, dass es für einen Irrtum oder Befangenheit keinen Beweis gab; sie konnten jedenfalls nicht verstehen, wie es überhaupt *funktionieren könnte.*

Seitdem sind über zwei Jahrzehnte vergangen, in denen viele weitere Experimente unternommen wurden, die sich mit Psi-Phänomenen beschäftigten. Der heftige Streit zwischen Befürwortern, Skeptikern und Gegnern derartiger Fähigkeiten – die zusätzlich zur Fernwahrnehmung auch solche Phänomene wie Fernbeeinflussung, Telepathie und Präkognition einschließen – tobt jedoch weiter.

Häufig sehen Zweifler die Parapsychologie abschätzig als Pseudowissenschaft an, obwohl mehr und mehr Gegenbeweise angeführt werden, dass solche Phänomene real sind.

Im Verlauf der Geschichte wissenschaftlicher Entdeckungen sind Theorie und Experiment ständig vorwärtsgeschritten, anders als mein Ehemann und ich, was das Tanzen anbelangt: Manchmal führt der eine, manchmal die andere, und gelegentlich schaffen wir es, im Gleichschritt zu bleiben. Sobald die eine oder der andere zurückbleibt oder nicht mehr mithalten kann, verlangsamen sich die Tanzschritte oder werden eine Zeitlang in eine unbefriedigende Richtung abgelenkt.

Die Physik wurde die »Mutter aller Wissenschaften« genannt, weil der Tanz ihrer Entdeckungen die wichtigste Grundlage für das wachsende Verständnis der Natur der Realität bildet. Ihre wissenschaftlichen Kinder trachten danach, ihrer Führung zu folgen – früher oder später. Ihre kontinuierliche Entwicklung bedeutet auch, dass die Physik, wie wir gesehen haben, letztendlich neue Entdeckungen und offensichtliche Abweichungen in ein sich ständig erweiterndes theoretisches Rahmenwerk integriert. Obwohl es sicher schwierig war, bis einige dieser Fortschritte erzielt waren, so stellen sie doch ureigenste Eigenschaften der wissenschaftlichen Methode und ihres vorrangigen Ziels dar: die physische Welt zu begreifen und zu verstehen, wie sie zustande kommt.

Zu Beginn des 21. Jahrhunderts durchlief die Physik einen Paradigmenwechsel: Vorher wurden die Dinge auf eine überzeugt materialistische und dualistische Weise wahrgenommen, ehe man zu Beziehungsmodellen wechselte, die sich auf Einflussfelder und energetische Wechselwirkungen gründen. Im 21. Jahrhundert kam die Informationstheorie auf und stellte sich neben die Physik, um unsere Erkenntnisse zu erweitern und zu vertiefen und die viel stärkere Vergänglichkeit der physischen Realität, die Vorrangstellung von Information und Bewusstsein und damit die letztendliche Einheit des kosmischen Geistes aufzudecken.

Einige psychologische und soziale Wissenschaftsbereiche, und besonders diejenigen, die sich mit menschlicher Wahrnehmung beschäftigen, haben mit Mühe und Not die bereits ein Jahrhundert alte Weltanschauung auf der Basis von Quantenmechanik und Relativitätstheorie eingeholt. Obwohl bekannte Vorreiter wie Fritjof Capra, David Bohm, Rupert Sheldrake und andere sich darum bemüht haben, wissenschaftliche und öffentliche Wahrnehmung zu erweitern, sind sich dennoch die meisten Wissenschaftler kaum bewusst, dass eine ständig anwachsende, alles umwälzende wissenschaftliche Revolution im Gange ist, die sich nicht nur auf ihre Untersuchungen, sondern auch auf ihre eigene persönliche Wahrnehmung erheblich auswirken wird.

Das Fehlen eines passenden theoretischen Rahmens hat weder verhindert, geschweige denn erzwungen, dass Physiker ihre Experimente stoppen, noch hat es sie von dem Versuch abgehalten, neue oder abweichende Phänomene zu beobachten. Was jedoch die Parapsychologie betrifft, wurde das Fehlen eines »adäquaten« Rahmenwerks häufig als eine für die Forschung unüberwindbare Barriere benutzt. Der üblicherweise vorgebrachte Einwand gegen derartige Studien, nämlich dass sie, obwohl sie in der Praxis funktionieren, dies in der Theorie nicht tun, wurde niemals gegen andere wissenschaftliche Bestrebungen eingesetzt. Es gibt viele Beispiele dafür, wo dies der Fall war, einschließlich dort, wo das eigentliche physikalische Phänomen, das aus der quantisierten Natur von Energie-Materie und der relativistischen Natur der Raum-Zeit hervorgegangen ist, in zahlreichen Technologien angewendet wurde, ohne dass bis dahin Quantenmechanik und Relativitätstheorie in Einklang gebracht worden sind – die beiden theoretischen Rahmenwerke, auf denen sie basieren. Obwohl ein unvoreingenommener Skeptizismus nicht nur gesund, sondern auch wichtig für den wissenschaftlichen Fortschritt ist, so gilt im Fall von Psi-Phänomenen, dass der Skeptizismus zu selten unvoreingenommen ist und häufig eine heftige, wenn nicht feindselige Oppositionshaltung einnimmt, und zwar meist aufgrund bestehender Vorurteile.

Der materialistische Dualismus, dem die meisten dieser Gegner anhängen, zeigt jedoch immer mehr, dass er keine umsetzbare Weltanschauung ist. Stattdessen bietet die sich entwickelnde Sichtweise des kosmischen Hologramms und der fundamentalen Natur des Bewusstseins letztendlich einen theoretischen Rahmen, einen »plausiblen Mechanismus«, in den sich übernatürliche Fähigkeiten und Erscheinungen einbauen lassen, sodass man vielleicht eine Erklärung für sie findet.

Lassen Sie uns deshalb schauen, warum die Vorstellung des kosmischen Hologramms eine derartige Grundlage bietet, und damit zu guter Letzt die stillschweigende Frage beantworten, die vor über zwei Jahrzehnten von allen Gutachtern der American Institutes for Research gestellt wurde: Wie können Psi-Phänomene funktionieren?

Es gibt eine Reihe von wichtigen Punkten, die wir alle bereits untersucht haben, die wir uns jedoch – und das ist wichtig – noch einmal ins Gedächtnis rufen sollten:

1. Der erste ist die grundlegende informationelle Natur der Realität und die ultimative Einheit des Bewusstseins.
2. Das menschliche Bewusstsein ist nicht auf unseren Körper oder unseren Geist beschränkt.
3. Die nichtlokale Vernetzung, die die Raum-Zeit überwindet, ist unserem gesamten Universum innewohnend und versetzt es in die Lage, sich als einzelne kohärente Singularität zu entwickeln.
4. *Innerhalb* der Raum-Zeit erzeugt der Informationsfluss der Entropie sowohl den Zeitpfeil, das heißt Richtung und Fluss der Zeit selbst, als auch die Erfahrungen, die auf Ursache und Wirkung beruhen.

5. Zwischen allen Energie-Materie-Manifestationen eines Systems, das nichtlokales Verhalten aufweist, gibt es keine Informationsübertragung der Entropie *innerhalb* der Raum-Zeit. Im Grunde genommen verhält sich das gesamte System ganzheitlich, und tatsächlich ist es das auch in Bezug auf die Manifestation seiner Nichtlokalität – ohne Rücksicht auf die offensichtliche räumliche oder zeitliche Trennung seiner manifestierten Eigenschaften. Was ein Bestandteil »weiß«, »weiß« spontan die Gesamtheit des Phänomens.

6. *Vor* einer Beobachtung oder einem Experiment sind *alle* möglichen Zustände eines Systems nicht nur nichtlokal vernetzt, sondern befinden sich – wie es die Sprache der Physik beschreibt – in Superposition.

7. Und als letzter Punkt: Nur wenn solche nichtlokal verschränkten Zustände in Superposition schlussendlich gemessen werden, »kollabieren« sie – um einen physikalischen Begriff zu verwenden – zu einer konkreten Realisierung.

Bei einer Messung ist es entscheidend, dass die in Superposition befindlichen Zustände zu einem spezifischen (und damit entropischen und lokalisierten) Zustand innerhalb der Raum-Zeit »kollabieren«, *außer eine solche Messung ist exakt dazu angelegt, die ihnen innewohnende nichtlokale Verschränkung aufzudecken.*

Wenn wir alle diese Punkte in Betracht ziehen, können wir sehen, dass übernatürliche Fähigkeiten von Natur aus nichtlokal sind und informationell verschränkte Perspektiven des Bewusstseins implizieren, die die Raum-Zeit überwinden. Obwohl unsere »alltäglichen« Erfahrungen uns eine lokalisierte Realisierung widerspiegeln, erlaubt uns deshalb die Kohärenz der Supernormalität, auf unsere angeborene und in der Tat universelle nichtlokale Wahrnehmung zuzugreifen.

Was die räumlich verwandten Phänomene Fernwahrnehmung, Fernbeeinflussung und Telepathie betrifft, so kommt es dabei zu einer Resonanz, die einen Grad von spontaner Verbindung und bewusster Verschränkung schafft. Wie wir später noch sehen werden, treten diese supernormalen Phänomene besonders dort auf, wo eine erhöhte Intensität an gezielter Aufmerksamkeit oder emotionaler Bindung, ein besonders eindrucksvolles Bild oder ein wichtiges Ereignis vorliegt.

Die außergewöhnlichen Eigenschaften, die dafür sorgen, dass sich bei den Gegnern die Nackenhaare sträuben, sind diejenigen, die anscheinend die Überwindung der Zeit beinhalten; dazu zählen beispielsweise künftige Vorahnung, Präkognition und Retrokausalität (Rückwärtsverursachung) mit ihrer *offensichtlichen* Verletzung des Prinzips von Ursache und Wirkung.

Im Hinblick auf häufig zitierte Behauptungen über Retrokausalität existiert meines Erachtens ein weitverbreitetes Missverständnis. Ursprünglich entstand es aufgrund einer falschen Interpretation einer Version des berühmten Doppelspaltexperiments in der Quantenmechanik, anschließend wurde der Irrtum verschlimmert durch falsche Schlussfolgerungen in Bezug auf das sogenannte Delayed-Choice-Experiment (verzögerte Quantenwahl).

Im Jahr 2012 erklärte der Philosoph David Ellerman von der University of California, wie dieser Fehler durch das entsteht, was er als *separation fallacy* (Trennungsirrtum) bezeichnet, und er beschreibt, warum solche Experimente eigentlich keine kausale Verletzung enthalten.[113]

Um dies zu erklären, wollen wir mit der Basisversion des Doppelspaltexperiments beginnen, das ursprünglich dazu diente, die Welle-Teilchen-Natur von Energie-Materie zu demonstrieren. In einfacher Form besteht es aus folgender Installation: Ein Lichtstrahl wird auf eine flache lichtundurchlässige Platte geleitet, in der zwei schmale, parallel angeordnete Spalte angebracht sind; hinter der Platte befindet sich ein Beobachtungsschirm, der das Licht einfängt. Die Wellennatur des Lichts sorgt dafür, dass es durch beide Spalte strahlt und anschließend ein charakteristisches Interferenzmuster aus hellen und dunklen Bändern auf dem Schirm bildet. Allerdings scheint das Licht immer an unterschiedlichen Punkten auf den Bildschirm zu treffen, wie es einzelne Teilchen tun würden, wobei die verschiedenen Bänder den unterschiedlichen Grad der Partikeleinschläge reflektieren.

Wenn man zwei Detektoren in kurzem Abstand so hinter den beiden Spalten platziert, dass ein Teilchen, das scheinbar durch den zweiten Spalt geht, nicht den Detektor erreichen kann, der hinter dem ersten Spalt platziert ist, lautet die allgemeine Interpretation so: Wird ein Treffer auf dem ersten Detektor angezeigt, dann ist das Teilchen auch durch den ersten Spalt gegangen.

Ellerman behauptet, dass in diesem Moment die *separation fallacy,* die Vortäuschung einer Trennung, auf der Bühne erscheint. Sein Irrtum besteht in der Annahme, dass sich die Superposition in der Quantenmechanik bereits an der scheinbaren »Trennvorrichtung« (dem Spalt) in einem spezifischen Zustand befindet und nicht erst am Detektor, wo man die Information durch Messung erhält. Ellerman weist stattdessen darauf hin, dass der Trennapparat für eine auftreffende Quantenentität tatsächlich eine nichtlokale verschränkte Superposition schafft, die sich jenseits der Spalten fortsetzt bis zur Messung, wenn sie zu einem speziellen Zustand »kollabiert«. Der Trennungsirrtum verwechselt die Bildung einer Verschränkung mit einer Messung.

Jetzt wird es richtig interessant. Ein Delayed-Choice-Experiment sieht das plötzliche Einsetzen oder Entfernen der Detektoren vor, nachdem das Teilchen in den Spalt gelangt ist, aber bevor es Zeit hatte, die Detektoren zu erreichen. Der Trennungsirrtum lässt es so erscheinen, als könne man an dem Punkt, an dem das Teilchen in die Trennvorrichtung (die Spalte) eintritt, retrokausal auf einen »Kollaps« schließen.

Wiederum wird der Irrtum richtiggestellt, wenn man sich klarmacht, dass es die Trennvorrichtung (die Spalte) ist, die tatsächlich einen Zustand verschränkter Superposition der Alternativen kreiert, die sich kontinuierlich weiterentwickeln, *bis* eine Messung vorgenommen wird.

Wenn man weiterhin voraussetzt, dass ein Detektor nur einen »Kollaps«-Zustand messen kann, dann ist der spezifische Zustand durch den Detektor und nur dort determiniert und hängt im Wesentlichen davon ab, wie und auf welche Information zugegriffen wird. Ein weiterer Kritikpunkt ist, dass die verschränkte Superposition bis zur endgültigen Messung beibehalten wird, die immer in der Gegenwart vorgenommen wird. Die Zukunft wird niemals gemessen.

Nichtlokalität ist in Bezug auf die Information nicht entropisch. Da es keine Informationsübertragung durch den Raum gibt, gibt es auch keine Trennung, keine Information passiert entropisch und *ist auch nicht* die Erfahrung von Zeit. Wenn man Ellermans Auffassung ausweitet, ist die in außergewöhnliche Erfahrungen einbezogene Superposition des verschränkten Bewusstseins sowohl räumlich als auch zeitlich transzendental bis zur letztendlichen Messung.

Im Fall der Retrokausalität besteht kein Unterschied in der nichtlokalen Wahrnehmung der »Gegenwart« und der »Vergangenheit«

innerhalb der Raum-Zeit. Information ist nur in der Gegenwart zugänglich, wenn die Superposition verschränkter Alternativen gemessen wird und dadurch »kollabiert«. Demnach gibt es keine Verletzung des Kausalitätsprinzips, und eine Vergangenheit, die bereits enthüllt ist, ändert sich nicht.

Während wir kurz einige weitere Experimente rekapitulieren, scheint das außergewöhnliche Phänomen der Präkognition oder Vorausahnung zu bestätigen, dass der Prozess des Informationsflusses der Entropie – das heißt der Fluss der Zeit – doch zwischen einer Vergangenheit, die bereits geschehen ist, und einer Zukunft, die sich noch nicht physisch manifestiert hat, unterscheidet.

In solchen Fällen von Präkognition scheint nichtlokale Wahrnehmung dazu fähig, Zugang zu einer möglichen Zukunft zu finden, deren überphysische Information »auskristallisiert«, aber noch nicht vollkommen realisiert ist, um die Gegenwart zu formen. Obwohl es bis jetzt nur wenig Hinweise dafür gibt, wie weit voraus solche Möglichkeiten beginnen könnten, sich zu informationellen Attraktoren im Bereich der Planck-Skala zusammenzusetzen, scheinen sie im Wesentlichen die überphysische Bugwelle der Raum-Zeit zu bilden. Dies ist auch aus der Perspektive des kosmischen Hologramms und der überphysischen, dynamischen Natur der zugrunde liegenden Informationsmuster der physischen Realität äußerst sinnvoll. Und wiederum gibt es *innerhalb* der Raum-Zeit keine Verletzung des Kausalitätsprinzips, was auch für diese präkognitive Wahrnehmung signifikant ist.

Wenn wir jetzt damit begännen, uns einer kosmologischen Sichtweise zu nähern, die ein Rahmenwerk für außergewöhnliche Fähigkeiten der menschlichen Wahrnehmung bietet, würden wir bald auf die nächste Hürde treffen, welche die Erforschung dieser Fähigkeiten behindert hat.

Sämtliche glaubwürdigen wissenschaftlichen Forschungsrichtungen beziehen gründliche experimentelle Methodologien und Protokolle ein, die ermöglichen und sicherstellen sollen, dass experimentelle Ergebnisse bestätigt und wiederholt werden können. Allerdings gibt es selbst in den sogenannten exakten Wissenschaften Physik und Chemie unvermeidliche Schwankungen, was die Ergebnisse betrifft.

In seinem Werk *An Introduction to Experimental Physics* schreibt Colin Cooke: »Wir wiederholen einen Messvorgang viele Male, geben unser Bestes, um jedes Mal denselben Wert zu erhalten – und *scheitern*« (Hervorhebung im Original).[114] Bei den Untersuchungen komplexerer Phänomene erhöhen Abweichungen in den Umweltparametern und -bedingungen sowie das Verhalten der untersuchten Phänomene unausweichlich die Schwierigkeiten, genaue, verifizierbare und wiederholbare Daten zu erhalten.

Aufgrund der ihnen innewohnenden Komplexität und Verschiedenartigkeit besteht bei allen Experimenten, in die das menschliche Bewusstsein einbezogen ist, die ständige Herausforderung, dass man sie nachvollziehen und wiederholen kann. Deshalb setzt der generische Ansatz in der Medizin, der Psychologie und den Sozialwissenschaften vor allem auf individuelle Fallstudien und kollektive Metaanalysen umfassender Datensätze, um ein bestimmtes Ergebnis oder eine Behandlung statistisch abzusichern.

Für die Parapsychologie gilt diese Herausforderung umso mehr, vorausgesetzt, dass außergewöhnliche Fähigkeiten für die überwiegende Mehrheit der Menschen nicht alltäglich und vergänglich sind. Es ist keine Überraschung, wenn, wie ich vorgeschlagen habe, ein grundlegendes Ziel unseres Persona-basierten Bewusstseins darin besteht, uns selbst in die empirische »Realität« unserer physischen Welt einzutauchen. Obwohl außergewöhnliche Phänomene und Fähigkeiten unsere vorgefassten Meinungen der physischen Realität und unsere übliche Wahrnehmung des Getrenntseins – die, wie wir gesehen haben, nur Illusion ist – durchstoßen, handeln sie grundsätzlich nicht den Prinzipien zuwider, die sich innerhalb der Raum-Zeit abspielen. Das betrifft vor allem den Informationsfluss der Entropie und damit der Zeit und das damit verbundene Prinzip von Ursache und Wirkung. In diesem Sinn stellen sie eine subtile, dennoch stets präsente Mahnung dar, wenn wir die Gesamtheit von allem, was wir »Realität« und »die eigentliche Gesamtheit unseres idealen Universums« nennen, sehen oder hören.

Zur gleichen Zeit, da das kosmologische Modell des kosmischen Hologramms an Dynamik gewinnt und man sich an die Einheit des Bewusstseins innerhalb unserer kollektiven Psyche erinnert, kann es vielleicht nur so sein, dass unsere angeborenen außergewöhnlichen Fähigkeiten aus dem Hinterland des Aberglaubens, der Pseudowissenschaft und der Verunglimpfung hervortreten und in die wissenschaftliche Morgendämmerung und das helle Licht des Tages eintauchen.

In unserem im Jahr 2008 erschienenen Buch *CosMos* geben Ervin László und ich einen Überblick über den experimentellen Nachweis außergewöhnlicher Fähigkeiten bis zu diesem Zeitpunkt.[115] Wir führten an, wie Forscher die Herausforderung durch Vorurteile erkannt hatten und Schritt für Schritt immer weiter gegangen waren, um solide Methodologien zu gewährleisten, und wie sie weiterhin jede Menge positiver experimenteller Nachweise für Psi erbracht hatten.

Ein Zitat ist mir im Gedächtnis geblieben, das von dem Ingenieur und Physiker Robert Jahn stammt, dem Kopf des Princeton Engineering Anomalies Research (PEAR) Institute. Zusammen mit seiner Kollegin Brenda Dunne forschte er beinahe drei Jahrzehnte lang und häufte in dieser Zeit ein riesiges Archiv an Hinweisen auf solche Phänomene an. Als er 2007 in den Ruhestand ging und das Institut daraufhin geschlossen wurde, sagte er, an diejenigen gewandt, die sich hartnäckig gegen ihre Befunde stellten: »Wenn uns die Leute nicht glauben nach all den Ergebnissen, die wir geliefert haben, dann werden sie uns niemals glauben.«[116]

Seit damals folgten noch mehr Studien und Metaanalysen, die zeigen konnten, dass die Ausweitung experimenteller Kontrollen die substanzielle Unterstützung für die Existenz solcher Phänomene nicht reduziert hat. In Ergänzung zu früheren Untersuchungen fanden Metaanalysen außersinnlicher Wahrnehmung durch die Psychologen Lance Storm, Patrizio Tressoldi und Lorenzo Di Risio im Jahr 2010[117] und 2012[118], durch Storm, Tressoldi und die Statistikerin Jessica Utts 2013[119] und durch Tressoldi 2011[120] statt. Metaanalysen von Präkognition führten die Psychologin Julia Mossbridge, Tressoldi und Utts im Jahr 2012[121] durch, und 2012[122] beschäftigte sich der Psychologe Stefan Schmidt mit Fernbeeinflussung. Alle Arbeiten lieferten weitere Beweise.

NICHTLOKALE WAHRNEHMUNG:
JENSEITS VON RAUM UND ZEIT

Lassen Sie uns jetzt einige verschieden angelegte Forschungsarbeiten über außergewöhnliche Phänomene anschauen, die man durchgeführt hat, und dabei festhalten, welche Anhaltspunkte aus früheren

Studien untermauert wurden und welche zusätzlichen Erkenntnisse sich ergeben haben. Wir beginnen mit denen, die nichtlokale Verschränkung aufweisen und eine räumliche Entfernung überwinden: Fernwahrnehmung, Fernbeeinflussung und Telepathie.

In Untersuchungen, die sich über mehrere Jahrzehnte erstreckten, hat man herausgefunden, dass sich die Genauigkeit verbessern lässt, wenn sich der Proband in einem entspannten, aber dennoch aufmerksamen Zustand und nicht in einer Erwartungshaltung befindet. Im Allgemeinen wird dies durch eine ruhige Umgebung erleichtert, in der keine Störungen auftreten. Unter Laborbedingungen kann man einen milden Entzug von sensorischen Reizen einbauen, den sogenannten Ganzfeld-Effekt; dabei wird versucht, den Grad an »Lärm« aus der Umgebung auf ein Minimum zu beschränken.

Obwohl man bei diesem Phänomen von »sehen« spricht, konnte die Forschung zeigen, dass die Wahrnehmung, über die die Probanden berichteten, nicht immer visuell erfahren wird. Es ist genauso gut möglich, dass sie auch »gehört« oder über den Körper gefühlt wird oder dass sie ganz allgemein einen Eindruck hervorruft – eher eine innere Sicht als ein mentales Wissen.

Der Kognitionswissenschaftler Stephan A. Schwartz, einer der Ersten, die auf dem Gebiet der Fernwahrnehmung geforscht haben, und auch andere Wissenschaftler haben außerdem entdeckt, dass die Genauigkeit auch in Bezug zu der Skala informationeller entropischer Gradienten (im Wesentlichen die dynamische Intensität) der Bilder, Objekte oder Ereignisse zunimmt, die auf nichtlokale Art und Weise wahrgenommen werden. Signifikant ist dabei, dass diejenigen, die vor allem Emotionen ansprechen oder plötzliche beziehungsweise wesentliche Änderungen beschreiben, die stärksten und spezifischsten Antworten auslösen.

Anscheinend sorgt die Kombination aus ruhiger Aufmerksamkeit seitens des Probanden und emotional anziehender Natur des Zielobjekts dafür, dass die nichtlokale Superposition von Bewusstseinsrahmen und geteilter Information maximiert wird. Tatsächlich scheinen die Yin-Yang-Komplementarität der Empfänglichkeit (ganz gleich, ob kognitiv bewusst, unbewusst oder autonom) eines außergewöhnlich Empfindenden und die Intensität und Dynamik des Informationsgehalts des Ereignisses, des Ziels oder der Umstände, mit denen das Bewusstsein der Versuchsperson in nichtlokaler Verbindung steht, allgemeingültige Aspekte aller übersinnlichen Phänomene zu sein.

Bis zu seiner Schließung im Jahr 2007, als diese Einrichtung umfangreicher Forschungen an die International Consciousness Research Laboratories (ICRL) angeschlossen wurde, hat man am Princeton Engineering Anomalies Research (PEAR) Institute in erster Linie die Natur des menschlichen Bewusstseins anhand seiner Interaktion mit empfindlichen physikalischen Geräten erforscht, den sogenannten Zufallszahlengeneratoren (RNG oder *random number generators*).

In den Experimenten versuchte man, Fernbeeinflussung dafür zu nutzen, um den Output dieser Zufallszahlengeneratoren zu modifizieren und ihre zufällig generierten Daten dahingehend zu ändern, dass sie einen höheren Informationsgehalt einschließen. Obwohl die Effekte im Allgemeinen eher klein ausfielen, wobei Millionen von Versuchen von mehreren hundert Operatoren durchgeführt wurden, sammelten sich im PEAR-Archiv hochsignifikante Abweichungen von der Zufallserwartung an.

Die Ergebnisse zeigten auch ein Missverhältnis zwischen den individuellen Leistungen innerhalb einer bestimmten Zeitspanne und zwischen männlichen und weiblichen Operatoren. Außerdem fand man am Institut heraus, dass, wenn zwei Personen telepathisch in Fernbeeinflussungsexperimenten zusammenarbeiteten, die Messergebnisse deutlich höher waren, als wenn eine Person allein beteiligt war. Und die Ergebnisse fielen noch deutlicher aus, wenn zwischen den beiden eine emotionale Verbindung bestand.

Bei der Überwachung von Gruppenaktivitäten durch die Outputs von Zufallszahlengeneratoren wurden diese emotionale Einstimmung und Kohärenz besonders aufgezeichnet. Gruppenrituale und Ereignisse an sakralen Orten, Musikkonzerte und Theateraufführungen sorgten jeweils für stärkere Abweichungen der Zufallszahlengeneratoren, wohingegen weltliche Tagungen und alltägliche Geschäftstreffen anscheinend überhaupt keine Antwort auslösten (was für eine Überraschung!).

Über die Telepathie gibt es wahrscheinlich die meisten Anekdoten aller übersinnlichen Phänomene. Sie ist besonders unter Menschen verbreitet, die emotional sehr eng miteinander verbunden sind. Eine solche Verbindung wurde überwiegend an Zwillingen untersucht, wobei 20 Prozent der eineiigen und 10 Prozent der zweieiigen Zwillinge eine derartige nichtlokale Wahrnehmung erreichten. Umfangreiche Beispiele für die telepathische Verbindung zwischen Zwillingen wurden von dem Forscher Guy Lyon Playfair in seinem Buch *Twin Telepathy: The Psychic Connection* berichtet.[123] Um es zu wiederholen: Die telepathische Wahrnehmung ist tendenziell am stärksten, wenn einer der Zwillinge in Gefahr ist oder eine besonders prägende Erfahrung macht.

Im Jahr 2013 wurde eine mutmaßlich besonders starke telepathische Verbindung zwischen einem neun Jahre alten autistischen indischen Mädchen namens Nandana Unnikrishnan und ihrer Mutter Sandhya untersucht.[124] Die Tests wurden von einem Team, zu dem ein Psychologe, ein Sozialarbeiter und ein Erzieher gehörten, durchgeführt und dokumentiert sowie von weiterem Hilfspersonal bezeugt. Dabei wurden Sandhya, die sich in einem anderen Raum als ihre Tochter aufhielt, eine sechsstellige Zahl und ein Gedicht genannt, die sie auswendig lernen sollte. Nandana war anschließend in der Lage, sowohl die Zahl zu nennen als auch das Gedicht zu rezitieren, ohne dass man sie dazu aufgefordert hätte. Signifikant ist wiederum die enge emotionale Verbindung, da Nandana anscheinend keine bewusste telepathische Verbindung mit irgendjemand anderem eingegangen ist. Wie es auch bei anderen übersinnlichen Phänomenen der Fall ist, stellt eine Art Resonanz einen wichtigen Faktor dar; das heißt, »auf derselben Wellenlänge zu liegen« ist signifikant.

Seit Mitte der 1990er-Jahre beschäftigte sich der Forscher Dean Radin vom Institute of Noetic Sciences in einer Reihe von Experimenten mit dem Phänomen der Vorahnung, das eher eine physiologische als eine kognitive Antwort auf bestimmte Reize darstellt. In den Experimenten saßen freiwillige Probanden vor einem Computerbildschirm und schauten sich zufällig ausgewählte Bilder einer großen Datenbank an, die einen unterschiedlichen Grad an emotionalem Inhalt aufwiesen; dabei wurde ihre elektrodermale Aktivität (EDA) gemessen – das heißt die elektrische Leitfähigkeit ihrer Haut –, und zwar vor, während und nach der Betrachtung der Bilder. Es war nicht überraschend, dass grafische Bilder im Vergleich zu optisch beruhigenden Fotos eine höhere Intensität der EDA auslösten. Was Radin jedoch nicht erwartet hatte, war der Befund, dass solche Unterschiede in der Antwort bereits zwei Sekunden *bevor* die willkürlichen Bilder über den Bildschirm liefen, einsetzten.[125]

Über die ganze Versuchsreihe hinweg wurde das Auftreten solcher Vorahnung immer wieder beobachtet und von einer Reihe von Forschern, darunter auch Dick Bierman von der Universität Amsterdam,[126] unter Anwendung der gleichen Methodologie repliziert. Im Jahr 2004 gelang einem Team am HeartMath Research Center in Kalifornien ebenfalls der physiologische Nachweis von Vorahnung, wobei in diesem Fall die Herzfrequenz gemessen wurde.[127]

Im Jahr 2011 legte der Sozialpsychologe Daryl Bem von der Cornell University eine Arbeit vor, in der er sich nicht mit unbewusster Vorahnung beschäftigte, sondern auf Präkognition fokussierte, die mentale Wahrnehmung künftiger Ereignisse, die im *Journal of Personal and Social Psychology* begutachtet und veröffentlicht wurde.[128]

Bei seinen Untersuchungen benutzte Bem eine ganze Reihe üblicher und weitgehend anerkannter psychologischer Experimente, aber anstatt zeitlich vorwärts ließ er sie rückwärts ablaufen. Bei einem dieser exemplarischen Experimente, das sich bei vielen Gelegenheiten bewährt hatte, schaut man sich die Auswirkungen unterschwelliger Botschaften auf die Reaktion auf anschließend gezeigte Bilder an – ein Effekt, der als Priming bezeichnet wird. Wenn beispielsweise das Wort »hässlich« unterschwellig auf einem Bildschirm auftaucht, benötigt der Proband anschließend mehr Zeit, um zu entscheiden, dass ein Bild, das ihm in der Folge gezeigt und allgemein als schön beurteilt wird, tatsächlich dieses Kriterium erfüllt. Bem ließ diesen Test jedoch rückwärts ablaufen und fand zeitlich umgekehrt denselben Effekt, wenn auch weniger ausgeprägt.

Bei einem anderen weitverbreiteten psychologischen Experiment wird den Probanden auf einem Computerbildschirm eine Reihe von Wörtern gezeigt; anschließend werden sie gebeten, zufällig ausgewählte Wörter aus der Reihe einzugeben; an die eingegebenen

Wörter erinnerten sie sich während eines anschließenden Gedächtnistests über die ursprüngliche Liste besser, genau wie man es erwartet hatte. Wiederum ließ Bem dieses Experiment rückwärts ablaufen: Seinen Teilnehmern wurde zu Beginn die vollständige Liste mit Wörtern gezeigt, anschließend sollten sie die Wörter aus dem Gedächtnis wiederholen, und zuletzt wurden Wörter aus der ursprünglichen Liste vom Computer per Zufall ausgewählt. Es zeigte sich, dass die Teilnehmer diejenigen Wörter der ursprünglichen Liste besser abrufen konnten, die später zufällig vom Computer ausgewählt wurden.

Alles in allem zogen sich seine Untersuchungen über acht Jahre hin; es nahmen mehr als tausend Studenten daran teil, und es wurden neun unterschiedliche Experimentmodelle durchgeführt, wobei sich acht statistisch signifikante präkognitive Effekte zeigten. Die Proteste, die seine Arbeit auslöste, waren heftig – obwohl Bems Autorität auf diesem Gebiet unbestritten war, er als sorgfältig arbeitender Forscher galt, die Zeitschrift hohes wissenschaftliches Ansehen genoss und vier Gutachter seine Arbeit angeschaut hatten.

Alle einschlägigen Nachweise zeigen auch, dass die Schärfe nichtlokaler Wahrnehmung, ganz gleich, ob räumlich oder zeitlich, wesentlich verbessert werden kann mit dem Grad, wie der Informationsfluss der Entropie beziehungsweise der dynamische Informationsgehalt involviert sind. Wie wir bereits festgestellt haben, konnten Forscher bei der Untersuchung der Fernwahrnehmung herausfinden, dass die Genauigkeit der Antworten in Relation zum Umfang der Gradienten des Informationsflusses der Entropie zunimmt – das sind die Intensität und Dynamik innerhalb der wahrgenommenen Bilder, Objekte und Ereignisse. Das bedeutet, je eindringlicher, aufwühlender oder umwälzender die Vorgabe ist, desto stärker und spezifischer ist die Reaktion darauf.

Die Forschungen von Radin und Bierman über das Phänomen Vorahnung fanden jeweils dieselbe Verbindung, nämlich dass die Antwort auf beeindruckende Bilder besonders häufig ist. Vorahnungen, ob persönlich oder kollektiv, tendieren dazu, dass sie viel stärker mit der Präkognition von Gefahren und Unglücksfällen verbunden sind. Am 13. September 2001, zwei Tage nach der Tragödie vom 11. September, berichtete Sally Rhine Feather, Direktorin des Rhine Research Center in North Carolina, das von ihrem Vater, dem berühmten Parapsychologen J. B. Rhine gegründet worden war und jahrzehntelang eine wichtige Quelle für Berichte über Präkognition darstellte, dass sie in Bezug auf eine öffentliche Katastrophe noch nie so viele Vorahnungen erhalten habe.[129]

In den 1980er-Jahren hielt Schwartz Hunderte von Sitzungen zum Thema »Fernwahrnehmung« ab und entdeckte dabei, dass Bilder, die irgendeine Form von signifikanter Veränderung enthalten, am genauesten aufgenommen werden.[130] Dieser Sachverhalt wurde auch von dem Physiker Edwin May in einer Reihe von Experimenten bestätigt, die auf früheren Forschungsarbeiten aufbauten; zusammen mit seinen Forscherkollegen James Spottiswoode und Laura Faith veröffentlichte er einen entsprechenden Bericht im *Journal of Scientific Exploration*. Darin verbanden sie die Besonderheit nichtlokaler Betrachtung von Bildern mit dem Grad an dynamischer Kraft ihres Informationsgehalts.[131]

IMMER NOCH ICH

Im Jahr 2014 berichtete ein internationales Forscherteam, das von der Universität Southampton in Großbritannien gefördert wurde, von einer 2008 begonnenen Studie über Nahtoderfahrungen (NTE) und außerkörperliche Erfahrungen (AKE) von mehr als 2000 Patienten in fünfzehn Krankenhäusern in Großbritannien, den Vereinigten Staaten und Österreich.[132] Dies war bis dahin die größte Untersuchung dieser Art. Sie hatte zum Ziel herauszufinden, ob Wahrnehmungen während solcher Erfahrungen real oder Halluzinationen sind.

Ihre Ergebnisse ließen den führenden Autor, den Medizinphysiker Sam Parnia von der State University of New York, und seine Forscherkollegen zu dem Schluss kommen, dass Todeserfahrungen viel weiter verbreitet sind, als man bisher angenommen hatte. Sie stellten außerdem fest, dass in manchen Fällen von Herzstillstand, der gleichbedeutend mit dem biologischen Tod ist, die Erinnerungen der Patienten an visuelle Wahrnehmungen mit außerkörperlichen Erfahrungen vergleichbar sind und möglicherweise mit tatsächlichen äußerlichen Ereignissen zusammenhängen, die während des Herzstillstands stattgefunden haben.

Mehr als ein Drittel der Patienten, die nach einem Herzstillstand wiederbelebt wurden und anschließend zu einer Befragung in der Lage waren, berichteten von einer kohärenten Wahrnehmung, ohne sich an spezifische Ereignisse zu erinnern. Das lässt gemäß Parnia vermuten, dass die geistige Aktivität möglicherweise anschließend verlorenging, entweder durch eine Schädigung oder durch Beruhigungsmittel. Zwei Prozent der Befragten gaben jedoch eine vollständige Wahrnehmung an, vergleichbar mit außerkörperlichen Erfahrungen und mit Erinnerungen, die sich explizit auf »sehen« und »hören« beziehen.

Bei einem bestätigten Fall wurden während des Herzstillstands auditorische Stimuli eingesetzt, als der Patient während einer dreiminütigen Periode ohne Herzschlag scheinbar bei Bewusstsein war, und das, obwohl die Gehirntätigkeit typischerweise 30 Sekunden nach Ende des Herzschlags aufhörte und nicht wieder einsetzte, ehe das Herz wiederbelebt war. Zusätzlich lagen detaillierte, schlüssige Erinnerungen an verifizierte Ereignisse vor.

Ihre Ergebnisse, die auf früheren kleineren Studien und vielen anekdotenhaften Vorkommnissen aufbauten, überzeugten Parnia und seine Forscherkollegen, dass »die abgerufene Erfahrung rund um den Tod eine ernsthafte Untersuchung ohne Vorurteile verdient«.[133]

Wenn man Schicksal, Glaube und sogar die Erkenntnisse aus persönlichen Erfahrungen, die von zahlreichen Zeugen berichtet werden, außer Acht lässt, bietet die kosmologische Wahrnehmung der wesentlichen Einheit des Bewusstseins, wie sie jetzt durch das kosmische Hologramm beispielhaft aufgezeigt wurde, eine wissenschaftliche Grundlage, die unsere Wahrnehmung von ihren offensichtlichen physischen Einschränkungen befreit. Diese Anschauung breitet sich aus, entwickelt sich weiter und zwingt uns nicht länger dazu, unser Bewusstsein so zu sehen, als sei es auf einen physischen Körper beschränkt; und sie befreit uns letztendlich davon, an eine physische Lebenszeit gebunden zu sein.

Eine Studie aus dem Jahr 2001, die von dem klinischen Mediziner Pim van Lommel und seinen Kollegen am Rijnstate Hospital in Arnhem, Holland, durchgeführt wurde, befasste sich ebenfalls mit Patienten, die nach klinischem Tod aufgrund eines Herzstillstands wiederbelebt worden waren, und ihren Nahtoderfahrungen.[134] Dabei untersuchten sie 344 Fälle und kamen zu dem Schluss, dass es sich um authentische Erfahrungen handelt, »die weder der Vorstellungskraft noch einer Psychose noch Sauerstoffmangel zugeschrieben werden können«.

Ein signifikantes Ergebnis aus ihren Befragungen mit denjenigen Patienten, die bewusst eine Nahtoderfahrung erlebt hatten, war ein von allen empfundenes tiefes Gefühl von Frieden. Dieses Gefühl führte zu einem starken Glauben an ein Leben nach dem Tod und zu einer Befreiung von der Angst vor dem Tod, und es wurde nicht von denjenigen geteilt, die zwar auch wiederbelebt wurden, aber keine Erinnerung an eine Nahtoderfahrung hatten.

Die Forschung untersucht noch vier weitere Bereiche nichtlokalen Bewusstseins, die noch stärkere Kontroversen nach sich gezogen haben und die mit dem potenziellen Weiterleben der Seele nach dem Tod des physischen Körpers zusammenhängen. Diese schließen die Suche nach Beweisen für solch eine weiterexistierende Wahrnehmung, die Fähigkeit, mit dieser Wahrnehmung zu kommunizieren, die Entdeckung von Beweisen für an die Erde gebundenen Seelen oder Geister und Behauptungen von Reinkarnation ein.

Trotz einer enormen Menge von anekdotenhaften Hinweisen aus vielen Kulturen und über viele Jahrhunderte hinweg und trotz aktueller Berichte über zahlreiche Fallstudien hat das materialistische Paradigma der reduktionistischen Wissenschaft nichts als Verachtung für solche Erfahrungen übrig. Ohne Rücksicht darauf, wohin uns künftige Forschungen führen werden – hoffentlich mit einer größeren Offenheit, verbunden mit schlüssigen experimentellen Methoden –, implizieren das holografische Weltbild des kosmischen Hologramms und der unentbehrliche Monismus des Bewusstseins von Natur aus die Möglichkeiten, dass es solche Phänomene gibt.

AUSSERGEWÖHNLICHE GEWÖHNLICHKEIT

Wir sollten nicht erwarten, dass übernatürliche Eigenschaften anders als außergewöhnlich sind. Anderenfalls würden unsere gewöhnlichen Erfahrungen als menschliche Wesen signifikant beeinträchtigt. Das Method Acting, das uns von unserer menschlichen Persona überzeugt, unsere Erfahrung der Fülle und der manifestierten Komplexität der physischen Welt und die Schöpferkraft ihrer Evolution, all das wäre folglich weniger überzeugend.

Das Problem ist jedoch, wenn wir solch außergewöhnliche Wahrnehmung für nichtexistent erklären, dann bewegen wir uns auf das andere Extrem zu, dann lassen wir für uns selbst nur die Materialität als einzige Realität der physischen Welt gelten. Wenn wir das tun, werden die tiefere Bedeutung und der Zweck unserer Existenz beiseitegeschoben, und wir haben uns im Wesentlichen von uns selbst und voneinander getrennt, von dem unendlichen Kosmos und von unserem eigenen ausgedehnten Bewusstsein.

Im Jahr 2014 veröffentlichte der Psychologe Etzel Cardeña von der Lund-Universität in Schweden einen offenen Brief, der von 99 Akademikerkollegen[135] aus Argentinien, Australien, Brasilien, Kanada, Kontinentaleuropa, Island, Israel, Japan, Skandinavien, Südafrika, Großbritannien und den Vereinigten Staaten von Amerika mitunterzeichnet war. Darin fordern sie eine offene sachkundige Erforschung aller Aspekte von Bewusstsein einschließlich außergewöhnlicher Eigenschaften wie Telepathie, Fernwahrnehmung und Präkognition.

In dem Brief wird ausgeführt, dass im Gegensatz zu dem negativen Eindruck, der durch einige Kritiker vermittelt wurde, die wissenschaftliche Forschung im Fach Parapsychologie weiterhin durch anerkannte akademische Institutionen auf der ganzen Welt betrieben werden sollte, auch wenn ihre Gegner sie mit Vorurteilen überhäufen, sie immer noch einen Tabustatus einnimmt, ihre Forscher beruflichen und persönlichen Angriffen ausgesetzt sind und allgemein die Finanzierung schwierig ist.

In dem Brief ist weiterhin zu lesen, dass angesichts der negativen Haltungen wissenschaftliche und begutachtete Artikel, welche die Richtigkeit außergewöhnlicher Phänomene hervorheben, weiterhin in akademischen Zeitschriften veröffentlicht werden sollten. Über signifikant positive Ergebnisse wird, wie wir gesehen haben, nach wie vor berichtet, trotz der Antipathie einiger etablierter Wissenschaftler und Gutachter, die der Meinung waren, dass manche Zeitschriften über viele Jahre hinweg diese ignoriert hätten, wohingegen sie die Veröffentlichung von Studien mit keinem oder negativem Ergebnis gefördert haben.

Außergewöhnliche Aspekte des menschlichen Bewusstseins sind viel zu wichtig, um sie an den Rand zu stellen, zu verspotten, bewusst fehlzuinterpretieren, mit unfairen Mitteln zu attackieren oder pauschal abzutun. Die Ergebnisse von immer mehr konsequent gesteuerten, ausführlich kontrollierten und sehr gut analysierten Experimenten verlangen Anerkennung.

Wie Cardeña und seine Kollegen feststellten: »Empirische Erfahrungen a priori abzulehnen, und zwar lediglich auf der Basis von Vorurteilen oder theoretischen Annahmen, zeugt von einem tiefen Misstrauen gegenüber der Fähigkeit des wissenschaftlichen Prozesses, Nachweise aus eigener Kraft zu diskutieren und zu bewerten. Die Unterzeichner unterscheiden sich dahingehend, dass wir überzeugt sind, dass Argumente für Psi-Phänomene bereits gefunden wurden, jedoch nicht in unserer Sichtweise von Wissenschaft als ei-

nem nichtdogmatischen, offenen, kritischen, aber dennoch respekt-
vollen Prozess, der eine gründliche Abwägung aller Nachweise erfordert, ebenso wie einen gewissen Skeptizismus gegenüber den
Vermutungen, die wir bereits haben, und denjenigen, die sie infrage
stellen.«

Wenn wir das neu aufkommende Verständnis voraussetzen, das
in diesem Buch dargelegt wird, das die Realität vereinheitlicht und
das auf natürliche Weise außergewöhnliche Phänomene und Erfahrungen einbezieht, dann ist es sicherlich an der Zeit, dass Wissenschaftler auf die Herausforderung von Cardeña und seinen Kollegen
antworten und eine gründliche, offene Untersuchung der vielfältigen
Aspekte solcher Psi-Phänomene beginnen, denn sie haben das Potenzial, die menschliche Wahrnehmung zu erweitern und zu transformieren.

13

Mit-Schöpfer

Das Auslösen des dynamischen Prozesses und die
Teilnahme daran; er macht alles möglich, was wir als
Realität bezeichnen …

*Ein Individuum kann selbst nichts erschaffen. All unsere
Träume werden durch die Zusammenarbeit und Mitschöpfung
unserer Seelen wahr.*

HINA HASHMI

Wir sind bereits bei der Auffassung angelangt, dass wir alle individualisierte Mikrokosmen der holografischen Information unseres Universums und letztendlich des unendlichen und ewigen kosmischen Geistes sind. Das Sanskritwort *māyā* wird als »Trugbild« mit der Konnotation »illusorisch« übersetzt und manchmal in Bezug auf die »Illusion« der physischen Welt verwendet. Obwohl die augenscheinliche Dualität zwischen Geist und Materie in der Tat illusorisch ist, gibt es noch eine alternative Auslegung von *māyā*, und zwar im Sinn von »partiell«, was eher unsere menschlichen Erfahrungen und die Realität unseres Universums bestätigt und sie zugleich in einen weitaus größeren Zusammenhang mit dem multidimensionalen Bewusstsein setzt.

Nachdem wir in die partielle Weltanschauung des *Māyā*-Materialismus eingetaucht sind, bietet uns die neu aufkommende Erkenntnis des kosmischen Hologramms ein holistisches Rahmenwerk, um unsere Wahrnehmung zu erweitern und uns an die Gesamtheit dessen zu erinnern, was wir *wirklich* sind. Wenn wir das tun, sind wir sowohl persönlich als auch kollektiv dazu befähigt, unsere sinnvolle, zielgerichtete Rolle in einem universellen Weltverständnis zu realisieren, wo wir gleichzeitig Schöpfung und Mitschöpfer sind.

UNSERE REALITÄTEN MITERSCHAFFEN

Die jüngsten Laborexperimente lösten ein lange bestehendes Rätsel, das Quantenphysiker ebenso wie Philosophen verfolgte, wenn es darum ging, die Natur der physischen Realität zu verstehen: die berühmte Frage, ob ein Baum, der in einem entfernten Wald umfällt, auch dann ein Geräusch macht, wenn ihn niemand hört.

Wie wir bereits gesehen haben, scheint die experimentell nachgewiesene Erkenntnis, dass es keine Realität gibt, bis sie beobachtet oder gemessen wird, den Schluss zu ziehen, dass der fallende Baum tatsächlich kein Geräusch verursacht, wenn nicht »jemand« da ist, der es hört. Man kann ebenso argumentieren, dass es ohne Beobachtung keinen Baum gibt, geschweige denn einen Wald. Diese Schlussfolgerung, dass es dort weder einen Baum noch einen Wald gibt, macht zunächst einen wichtigen Schritt vorwärts in Richtung Erkenntnis, aber anschließend einen Schritt zur Seite, weil sie tatsäch-

lich in Erwägung zieht, dass der einzige bewusste Beobachter ein
»Jemand« und dieser Jemand vermutlich ein Mensch ist.

Das kosmische Hologramm jedoch zeigt die Einheit des Bewusstseins und seiner makrokosmischen Ausprägung in Form unseres Universums auf, alles durchdringend und wirklich vereint, während es sich auf allen Ebenen und Stufen des Bewusstseins abspielt.
Aus diesem Grund gibt es *immer* »jemanden«, der mit dem Baum interagiert – mikrokosmisch, mesokosmisch und makrokosmisch. Es
gibt immer einen Zeugen dafür, dass der Baum umfällt.

Die Realität wird auf diese Weise auf allen Existenzstufen und
unzähligen Bewusstseinsebenen mit erschaffen. Obwohl wir, individuell als einzelner Mikrokosmos und kollektiv als mesokosmische
Information, zu der kreativen Erfahrung unseres Universums beitragen, ist unser menschliches Bewusstsein beileibe nicht das einzige.

Jeder von uns ist eine einzigartige Persönlichkeit; eine weitere
solche Persona hat es nie zuvor gegeben, gibt es nicht und wird es
auch nicht geben. Selbst wenn man eines Tages Menschen klonen
könnte, so wäre doch jedes Individuum weitaus mehr als nur die gemeinsame identische DNA der Klone. Dennoch teilen wir auch ge-
neralisierte Persönlichkeiten, Charakterzüge, kollektiv verbundene
grundsätzliche und zutiefst menschliche Eigenschaften mit vielen,
die sich kulturell und ethnisch sowie bezüglich Geschlecht, sexueller
Orientierung, Umweltbedingungen und gesellschaftlicher Voraussetzungen unterscheiden.

Aber wir reagieren alle einigermaßen unterschiedlich in ver-
meintlich gleichartigen Situationen. Der zunehmende signifikante
wissenschaftliche Nachweis, dass wir das »glauben«, was wir »sehen«,
und dass unsere Überzeugungen, Gedanken und Emotionen unseren physischen Zustand beeinflussen, weist außerdem darauf hin,

dass sie sich auch in hohem Maß darauf auswirken, wie wir uns verhalten und wie wir unser Leben erfahren. Die Überzeugungen, die
das Selbstverständnis unserer Persona untermauern, müssen weder
authentisch sein, noch müssen sie bewusst wahrgenommen werden,
um ihren Einfluss auszuüben, wie wir uns selbst und die Welt sehen,
und um unser Verhalten zu steuern; im Grunde genommen erschaffen wir uns unsere Realitäten.

Entwicklungspsychologen verfolgen, wie sich unser persönliches
Selbstverständnis von den ersten Lebenstagen an fortlaufend ent-
wickelt und wie es als informatives Rahmenwerk oder Skelett für die
Verkörperung unserer Überzeugungen und in der Folge unserer
Wahrnehmung von Erfahrungen agiert.

Bedeutsame Ereignisse pflanzen bestimmte Überzeugungen in
unseren Geist: von uns selbst, von anderen Menschen und von der
Welt um uns herum. Besonders traumatische unter diesen Saatpunkten können auch einen allgemeineren Ausdruck von Information
erzeugen, der mit Verlassenheit, Missbrauch oder anderen archetypi-
schen Mustern verbunden ist, die wiederum durch andere Ereignisse
verstärkt werden können. Solange sie nicht aufgelöst sind, können
diese gestörten Wahrnehmungen sich weiterhin unser ganzes Leben
hindurch abspielen und beeinflussen, wie wir andere behandeln, wie
wir wahrnehmen, dass andere uns behandeln, und wie wir mit uns
selbst umgehen.

Sobald die Samen ausgestreut wurden, ist es ein Leichtes – wie
Verhaltenspsychologen zeigen konnten –, sie mit weiteren Ereignissen und Umständen zu bewässern, bis sie zu Komponenten eines
fest etablierten Glaubenssystems und Selbstverständnisses gewor-
den sind, das im Nachhinein nur schwer wieder verändert werden
kann. Pädagogische Studien in den Vereinigten Staaten und auch

anderswo haben ergeben, dass bereits in der Grundschule Entfremdung und Mangel an sozialen Kontakten zwischen Lehrern und Schülern, aber auch zwischen Schulen und Familien sehr früh zu einem niedrigeren Bildungsniveau und zu eingeschränkten Perspektiven führen und dass diese Tendenz, wenn die Probleme nicht gelöst werden, weiter anhält.

Wenn solche einschränkenden Überzeugungen anerzogen werden, entweder durch Lehrer, Erzieher oder durch andere Autoritätspersonen, durch Familienmitglieder oder die jeweilige Bezugsgruppe oder ganz allgemein durch die Gesellschaft, dann halten sie die Erwartungen niedrig. Obwohl der eine oder andere gegen solche Stereotypen rebelliert, fügen sich die meisten und schränken dadurch ihr eigenes Potenzial weiter ein.

Im Gegenzug konnte eine bahnbrechende Studie des Harvard-Professors Robert Rosenthal aus dem Jahr 1964 zeigen, welche Kraft affirmativen Erwartungen innewohnt.[136] In die Forschungsarbeit waren Lehrer involviert, denen man gesagt hatte (was nicht stimmte), dass man mithilfe eines bestimmten IQ-Tests in der Lage sei, die künftigen intellektuellen Fähigkeiten ihrer Schüler vorauszusagen. Nach dem Test wurden mehrere Kinder aus jeder Klasse zufällig ausgewählt, und man sagte ihren Lehrern (wiederum fälschlicherweise), dass der Test gezeigt habe, diese besonderen Kinder stünden kurz vor einer großen Leistungssteigerung. Rosenthal fand heraus, dass sich in den folgenden zwei Jahren die Erwartungshaltung ihrer Lehrer tatsächlich positiv auf den späteren IQ der ausgewählten Kinder auswirkte. Weitere Forschungsarbeiten konnten aufdecken, dass die Lehrer auf vielfältige, häufig auch unbewusste Art und Weise ihre positiven Erwartungen auf diese Schüler übertrugen, wobei sie ihnen mehr Zeit und Aufmerksamkeit widmeten und ihnen auch mehr ermutigendes verbales und nonverbales Feedback gaben.

In einer ganzen Reihe von Experimenten konnte außerdem gezeigt werden, dass unsere unbewussten Überzeugungen, Mutmaßungen und stereotypen Schlussfolgerungen sehr stark unsere Entscheidungen und Handlungen beeinflussen, selbst wenn wir von unserer Fairness und unserer Unvoreingenommenheit überzeugt sind. Aufgrund dieser Hinweise ergibt sich, dass wir nur selten wirklich aufgeschlossen sind und dass wir vielmehr Schritt für Schritt Informationen anhäufen, um unsere subjektiven Urteile zu bekräftigen. Nur selten sammeln wir objektiv Informationen, um daraus neue Überzeugungen zu bilden, sogar wenn wir der Meinung sind, dass wir genau das tun. Stattdessen sammeln und filtern wir im Allgemeinen zusätzliche Daten, um unsere bereits bestehenden Überzeugungen und Vorurteile zu stützen und zu erweitern.

Zu den damit verbundenen kognitiven Verzerrungen zählt der sogenannte Bestätigungsfehler; dabei tendieren wir dazu, mit Menschen einer Meinung zu sein, die mit uns übereinstimmen. Infolgedessen umgeben wir uns wahrscheinlich – persönlich oder über soziale Medien – überwiegend mit solchen Leuten, die ähnliche Ansichten wie wir haben, und neigen dazu, diejenigen zurückzuweisen, die anderer Meinung sind, ohne Rücksicht darauf, ob es Hinweise auf ihre Unvoreingenommenheit gibt.

Viele dieser Prädispositionen wurden von Psychologen untersucht; sie versperren uns den Blick auf objektive Ansichten und prägen stattdessen nachhaltig unser Weltverständnis und unsere Erfahrungen. Besonders problematisch daran ist, was die Wissenschaftlerin Emily Pronin von der Princeton University folgendermaßen hervorhebt: »Es ist nicht so, dass wir den Begriff ›Vorurteil‹ nicht zur

Kenntnis nähmen oder die Tatsache, dass Vorurteile existieren. Wir sind nur nicht bereit, sie anzuerkennen, wenn es sich um unsere eigenen handelt.«[137]

Seit 2009 erforscht der Sozialpsychologe Paul Piff von der University of California in einer Reihe von Laborexperimenten den Einfluss von Überzeugungen, und zwar speziell in Bezug auf das Verhalten innerhalb gesellschaftlicher Hierarchien. Für eines seiner Experimente, in dem er die Auswirkungen finanzieller Ungleichheit auf das Verhalten untersucht, wählte er mehr als hundert Paare von Freiwilligen aus, die eine manipulierte Version von Monopoly spielten.[138] Der Wurf einer Münze gab einem Spieler einen zufälligen Vorteil gegenüber dem anderen. Mit dem Ziel, die realen gesellschaftlichen Folgen darzustellen – was normalerweise bedeutet, dass sich durch Besitz von mehr Geld auch mehr Möglichkeiten eröffnen, dass mehr Mittel verfügbar sind und dass sich ein überproportionaler Einfluss ergibt –, wurde dem »reichen« Spieler zu Beginn des Spiels mehr Geld zugewiesen, außerdem durfte er öfter würfeln und auch mehr Geld einziehen, wenn er »über ›Los‹ kam«, als der »arme« Spieler. Obwohl die Spieler wussten, dass der eine auf unfaire Weise bevorzugt wird, wurden die »reichen« Spieler im Laufe des Spiels immer rücksichtsloser und weniger einfühlsam gegenüber ihren Gegenspielern und zeigten dementsprechend ein dominanteres Verhalten. Als sie am Ende des Spiels gefragt wurden, was ihren Erfolg ausgemacht habe, hoben die »reichen« Spieler ihre eigenen Fähigkeiten hervor, und dass sie ihre unvermeidlichen Gewinne »verdient« hätten, anstatt die ungleichen Anfangsbedingungen anzuerkennen.

Mithilfe weiterer Experimente konnten Piff und sein Team zeigen, wie mit anwachsendem Geldreichtum, auch wenn das häufig von den Verursachern nicht eingestanden oder rationalisiert wird, auch eine bestimmte Anspruchshaltung, egoistisches Verhalten und solche Vorfälle zunehmen, wo gelogen und betrogen wird, um seine Ziele zu erreichen, während der Grad an Mitgefühl und Empathie abnimmt. Wenn man jedoch einen leichten psychologischen Anstoß gibt, um die Teilnehmer an die Vorteile von Kooperation und Rücksichtnahme zu erinnern, dann gehen auch solche Tendenzen zurück; das heißt, dass diese Überzeugungen und das daraus folgende Verhalten modifiziert werden können.

Je dogmatischer unsere bewusst oder unbewusst gespeicherten Überzeugungen sind, und zwar ganz gleich, ob sie uns selbst, andere Menschen, die ganze Welt oder die Natur der Realität betreffen, desto schwieriger ist es, unsere Meinung zu ändern, unabhängig davon, welche Beweise angeführt werden. Wenn wir auf Informationen stoßen, die mit unserer Wahrnehmung der Realität im Widerstreit liegen, können wir sogar darunter leiden, was man als kognitive Dissonanz bezeichnet – einen Gefühlzustand, der häufig als unangenehm oder gar schmerzhaft empfunden wird. Wir neigen dazu, jeden Hinweis zu leugnen, zu umgehen oder wegzurationalisieren, der gegensätzliche Ansichten zu den Klassifizierungen vertritt, die unsere erfahrenen Werte, unsere Wahrheiten, unser Identitätsgefühl und unsere Vorstellungen der Realität ausmachen. Das nennt man »Kognitive-Dissonanz-Reduktion«, vereinfacht gesagt: Wir denken und reden uns Negatives schön.

Experimente und auch zahlreiche Fallstudien haben gezeigt, dass psychische Anspannung sowohl unbewusste Vorurteile als auch kognitive Dissonanz verstärken. Eine derartige Stressbelastung ergibt sich in Situationen, für die der Wissenschaftsphilosoph Thomas Kuhn den Begriff »Paradigmenwechsel« geprägt hat. Das bedeutet, der wissenschaftliche Fortschritt macht einen revolutionären Entwicklungssprung hinsichtlich dessen, was die Wissenschaftler kurz zuvor noch als falsch eingeschätzt haben. Vorausgesetzt, dass konkurrierende Paradigmen der Natur der Realität häufig unvereinbar sind, wie beispielsweise reduktionistischer Materialismus mit der Einheit des Bewusstseins, behauptet Kuhn weiter, dass wissenschaftliches Verständnis niemals vollkommen »objektiv« sein kann, sondern dass es unvermeidlich das subjektiv wahrgenommene Selbstverständnis und das damit verbundene Weltverständnis der Mitglieder der Wissenschaftsgemeinde mit einbezieht.

Es ist demnach nicht verwunderlich, dass viele Wissenschaftler unter einer persönlichen schmerzhaften kognitiven Dissonanz leiden, wenn eine wissenschaftliche Revolution im Gange ist, die nicht nur das Verständnis der physischen Welt verändert, sondern auch ihre persönliche Selbstbetrachtung und überhaupt die Natur der Realität auf den Kopf stellt.

ACHT CO-KREATIVE PRINZIPIEN

Wenn wir anerkennen, dass alles, was wir als Realität bezeichnen, auf Information beruht und im Wesentlichen die Gesamtheit von Bewusstsein darstellt, das sich auf vielen Existenzebenen selbst entdeckt und erfährt, dann muss auch jedes Prinzip von Mit-Schöpfung, in die wir bewusst oder unbewusst eingebunden sind, denselben physikalischen Regeln folgen, die für die Information gelten und durch die die manifestierte Realität des kosmischen Hologramms in unserem Universum ausgedrückt wird.

Ich habe erst kürzlich über acht solcher Signale kreativer Wahrnehmung geschrieben, die ich aus aufschlussreichen Erkenntnissen vieler spiritueller Traditionen sowie meinen eigenen Forschungen und Erfahrungen über viele Jahre hinweg gesammelt habe und die in der Tat mit solchen Prinzipien der Information zusammenhängen.

Diese acht Wegweiser zur Weisheit sind die Prinzipien von Relativität, Auflösung, Resonanz, Reflexion, Veränderung, Auswahl und Konsequenz, Erhaltung und Konzession. Im Folgenden fasse ich sie kurz zusammen:

Das *Prinzip der Relativität* drückt die Binsenweisheit von John Donnes Gedicht aus: »Niemand ist eine Insel, in sich selbst vollständig.« Alles in unserem Universum, von der grundlegenden Relativität von Raum und Zeit bis hin zu den miteinander verwobenen Modellen von Energie und Materie, existiert und wird ausgedrückt durch die Polarität der Verbindungen. Auch alle unsere Erfahrungen spielen sich ab durch das Zusammentreffen unterschiedlicher Aspekte unseres Selbst, unserer Schnittstellen mit anderen und der weiten Welt. Tatsächlich beruht unsere gesamte Wahrnehmung auf der Vielzahl von Schnittstellen solcher Verbindungen.

Donnes Gedicht stellt weiterhin fest, dass anstatt einer offensichtlichen Trennung »jeder Mensch ein Stück des Kontinents, ein Teil des Ganzen ist«. Wenn man über diese Relativitäten hinausgeht, drückt das *Prinzip der Auflösung* ihre erreichte Abstimmung, ihr Gleichgewicht und ihre ultimative Integration aus, wo unsere trügerische Wahrnehmung einer Dualität Schritt für Schritt wieder aufgelöst wird, bis wir uns über die Einheit des Bewusstseins im Klaren sind.

Die harmonischen, kohärenten Verbindungen, die unser Universum durchziehen und die Signatur des kosmischen Hologramms sind, manifestierten sich durch das *Prinzip der Resonanz,* das wir individuell und kollektiv auf physischer, emotionaler und mentaler Ebene verkörpern. Wir sind »auf der gleichen Wellenlänge« mit Menschen, die wir mögen, oder etwas »erklingt« in uns. Fühlen wir umgekehrt Disharmonie, sind wir im wahrsten Sinne des Wortes »verstimmt«. Unser Wohlbefinden hängt davon ab, ob wir uns mit allem in resonanter, harmonischer Beziehung befinden. Anhand von Experimenten konnte gezeigt werden, dass, wenn wir uns in dissonanten chronischen Furcht- und Angstzuständen befinden, dieser ständige Pegel von Disharmonie und Stress unsere mentale, emotionale und physische Gesundheit in Mitleidenschaft zieht, unser Immunsystem schwächt und solche Krankheiten wie Depression, Bluthochdruck, Magen- und Darmbeschwerden verursacht. Wenn wir uns allerdings im Einklang mit unserem Umfeld und unseren Lebensumständen befinden, dann werden sich auch unsere positiven Empfindungen und unser Gefühl einer tieferen Verbundenheit in einem besseren körperlichen Gesundheitszustand ausdrücken. Sobald sich unsere Wahrnehmung weitet, werden wir immer besser mit der Gesamtheit des Kosmos eine bewusste Verbindung eingehen und zunehmend mitschwingen.

Das *Prinzip der Reflexion* erweitert im Wesentlichen die Regel der Resonanz, indem es beschreibt, wie sich unsere äußeren Lebensumstände im Inneren durch unsere mentalen, emotionalen und letztendlich physischen Zustände widerspiegeln. Wenn wir dazu in der Lage sind, solche Spiegelungen bewusst zu reflektieren, dann fällt es uns auch viel leichter, alle Verzerrungen zu erkennen und zu beseitigen, die solcher Reflexion innewohnt.

Alle physikalischen Prozesse beziehen unvermeidliche Änderungen mit ein aufgrund des unaufhaltsamen Flusses der Zeit. Wenn wir dieses *Prinzip der Veränderung* auf unsere menschliche Existenz beziehen, so ruft es uns dazu auf, die Lektionen unserer Erfahrung anzunehmen und zu lernen. Wie Buddha bemerkte, zählt es zu den größten Leiden, die wir im Leben durchlaufen, wenn unsere Bindung an etwas oder an jemanden der Grund dafür ist, dass wir in Situationen festhängen – oft so lange, bis der durch dieses Festhalten oder Anhaften verursachte Schmerz größer ist als der reale oder eingebildete Schmerz des Loslassens.

Wir haben gesehen, wie Ursache und Wirkung im Verlauf der Raum-Zeit omnipräsent sind. Noch einmal: Wenn diese universelle Regel auf uns selbst angewendet wird, übernimmt das *Prinzip von Auswahl und Konsequenz* eine tiefer gehende Perspektive und ermutigt uns zu eigener Stärke, indem wir die Verantwortung für alle unsere Entscheidungen übernehmen. Obwohl es eindeutig schwierige Situationen in unserem Leben gibt, für die sich unser menschliches Bewusstsein nicht bewusst entscheiden würde, haben wir trotzdem immer eine Wahl, wie wir darauf antworten wollen. Wahrscheinlich hat niemand diesen Truismus so grundlegend erklärt wie der Psychologe Viktor E. Frankl. Zusammen mit anderen Familienmitgliedern hatte man ihn während des Holocausts in Konzentrationslager gesperrt, wobei er als Einziger von allen überlebte. Später verarbeitete er seine Erfahrungen und soll gesagt haben, dass es in allen Lebenssituationen, selbst in den schrecklichen, die er durchgemacht hatte, »immer einen Raum zwischen Reiz und Reaktion gäbe. In diesem Raum hätten wir die Freiheit und die Macht, unsere Reaktion zu wählen. In unserer Reaktion lägen unser Wachstum und unsere Freiheit.«

Wenn man das *Prinzip der Erhaltung* auf das Bewusstsein anwendet, hebt es noch das allseits vorhandene Kommen und Gehen, das Geben und Nehmen von Leben hervor; es stellt eine Erweiterung der Energieerhaltung dar. Genau wie es für das Kommen und Gehen, das Geben und Nehmen und die Energiekreisläufe gilt, in denen Energien zwar ihre Form ändern, aber letztendlich erhalten werden, so stellt dieses Prinzip eine Verbindung zu dem altehrwürdigen Konzept des Karmas her. Signifikant ist allerdings, dass es seine häufig eng gefasste Interpretation »Jede Handlung zieht eine Folge nach sich« wertneutral auf die Gesamtheit unserer mitschöpferischen Erfahrungen auf allen Bewusstseinsebenen erweitert.

Das Letzte dieser acht Prinzipien ist das *Prinzip der Konzession,* das uns ermutigt, die zugrunde liegende Bedeutung und den Sinn unserer Lebenserfahrungen und Lebensumstände zu erkennen, unsere Verantwortung für unsere Entscheidungen zu übernehmen und die Angemessenheit dessen zu akzeptieren, was daraus erfolgt – und entsprechend zu lernen und uns zu entwickeln.

Eine derartige Konzession wird sehr gut durch das *ho'oponopono* ausgedrückt, ein traditionelles Ritual der Hawaiianer zur Vergebung und Aussöhnung, das vornehmlich dazu verwendet wurde, Konflikte innerhalb von Familien und zwischen Stämmen zu lösen. Dabei wird mithilfe von Aussprachen ein Prozess individueller und kollektiver Anerkennung von Fehlern durchlaufen und die jeweilige Verantwortlichkeit anerkannt. Das Gebet »Es tut mir leid, bitte vergib mir, ich danke dir, ich liebe dich« ermöglicht eine Lösung und Heilung sowie die Befreiung von intrapersonellen und zwischenmenschlichen Konflikten.

Wie die Wahrnehmung des Bewusstseins als Einheit zunimmt, so erweitert sich auch die Realisierung durch das Gebet des *ho'oponopono,* dass auf mancher Bewusstseinsebene jeder von uns Mitschöpfer der Gesamtheit unserer Realität und damit letztendlich für ihre Auswirkungen verantwortlich ist, in der Weise, dass sie unser gesamtes Universum umschließt.

VOM ICH ZUM WIR

Anstatt Organismen als getrennt von ihrem Umfeld zu betrachten, die nur passiv auf Veränderungen reagieren können, wirken sich evolutionäre Prozesse, wie wir gesehen haben, im Wesentlichen schöpferisch aus, und die gesamte Umwelt befindet sich in einer dynamischen Auseinandersetzung mit ihren biologischen Ausdrucksformen. Eine solche Änderung in der Wahrnehmung beeinflusst auch grundlegend die bis heute geltende allgemeine Übereinstimmung unter Biologen, dass die evolutionäre Anpassung von Organismen an ihre Umwelt einzig und allein durch Modifikation des Erbguts in der DNA voranschreitet, dass sie nur auf individueller Ebene stattfindet und lediglich durch den Wettbewerb um knappe Ressourcen angetrieben wird.

Untersuchungen epigenetischer Anpassung zeigen jedoch in zunehmendem Maß, dass die Genexpression durch Umweltfaktoren und Lebensstil modifiziert wird, selbst wenn sich die zugrunde liegende DNA nicht verändert.

Während diese Phänomene weiterhin erforscht werden, hat auch schon in den letzten Jahren eine wachsende Zahl von Wissenschaftlern – und vor allem jene, die interdisziplinär arbeiten – mehrstufige Ansätze vorgeschlagen, um die Evolution zu verstehen. Diese schließen nicht nur kreative Anpassungen zwischen Organismen und ihrer Umwelt ein, sondern auch die Selektion der am besten Geeigneten auf Familien- und Gruppenebene, ausgelöst durch gemeinsame Sozialisation.

Lassen Sie uns jedoch zuerst einen Blick auf die aufstrebende Forschung im Bereich der Epigenetik werfen. Obwohl sie hinsichtlich der Biologie des Menschen noch in den Anfängen steckt, zeigen

solche Untersuchungen trotzdem sehr deutlich, dass sich epigenetische Merkmale nicht nur langfristig auf eine lebende Person auswirken, sondern dass sie auch an ihre Kinder weitergegeben werden
können. Darüber hinaus könnten solche Merkmale, wenn sich die
Studien über epigenetische Faktoren an Mäusen auf den Menschen
übertragen lassen, sogar über künftige Generationen hinweg fort-
bestehen.

Im Jahr 2013 brachten der Mediziner Kerry Ressler und der
Neurobiologe Brian Dias von der Emory University männliche
Mäuse dazu, sich vor dem süßlichen Duft von Acetophenon zu
fürchten, den üblicherweise die Blüten von Obstbäumen verströ-
men, indem sie ihn mit Stromschlägen in Verbindung setzten. Daraufhin begannen nicht nur die behandelten Mäuse zu zittern, sobald
sie diesem Duft ausgesetzt wurden, sondern auch ihre Nachkom-
men zeigten das gleiche Verhalten – obwohl sie weder zuvor dem
entsprechenden Duft begegnet waren noch jemals die Elektro-
schockbehandlung ihrer Väter durchlitten hatten. Die Angst überdauerte sogar bis zur dritten Generation; die Information dieser Erinnerung hatte sich in ihre Genexpression eingeprägt.[139]

In zwei Studien berichteten die Psychiaterin Rachel Yehuda und
ihr Team vom Mount Sinai Hospital in New York über ihre Erkenntnisse, was epigenetisch übertragenen Stress bei Menschen betrifft. In
einer ersten Analyse, veröffentlicht im Jahr 2005,[140] untersuchten sie
Vorfälle von posttraumatischen Belastungsstörungen (PTBS) bei
schwangeren Frauen infolge der Terroranschläge vom 11. September
2001 und mögliche epigenetische Auswirkungen dieses Traumas auf
ihre ungeborenen Kinder. Dabei verwendeten die Forscher den Spiegel des Stresshormons Kortisol als Maß und nahmen Proben von
38 Frauen, die sich zur Zeit der Anschläge im oder nahe am World

Trade Center befanden. Diejenigen innerhalb der Gruppe, die weiterhin unter posttraumatischer Belastungsstörung litten, wiesen einen weitaus geringeren Kortisolspiegel auf als andere, die ähnlichen Belastungen ausgesetzt waren, aber keine PTBS entwickelten. Als die Forscher ein Jahr später Messungen an den Babys vornahmen, entsprachen deren Kortisolspiegel jeweils denjenigen ihrer Mütter.

Die zweite Studie, die im Jahr 2015 veröffentlicht wurde,[141] beschäftigte sich mit den stressbedingten Erkrankungen der Kinder von 32 Holocaust-Überlebenden und verglich sie mit den Werten von Kindern aus jüdischen Familien, die während des Zweiten Weltkriegs sicher außerhalb Europas gelebt hatten. Das Forscherteam untersuchte dabei einen epigenetischen »Marker« (eine chemische Verbindung, die an der DNA angehängt ist und dafür sorgt, dass Gene an- und ausgeschaltet werden), der spezifisch mit der Regulierung von Stresshormonen zusammenhängt. Man entdeckte solch einen Marker sowohl bei den Holocaust-Überlebenden selbst als auch bei ihren Kindern. Da man keinen entsprechenden Marker bei den Kindern der Vergleichsgruppe gefunden und die Möglichkeit, dass die Kinder der Überlebenden selbst ein Trauma durchlitten hatten, sorgfältig ausgeschlossen hatte, konnten die Forscher zeigen, dass solche Effekte tatsächlich vererbt und nicht nur durch soziale Einflüsse oder belastende Erfahrungen übertragen werden.

Im Gegensatz zu der bisher allgemein unter Biologen gültigen Ansicht, dass die Evolution nur auf dem Niveau von Individuen und aufgrund von selbstsüchtigem oder konfliktträchtigem Verhalten voranschreitet, spricht sich eine wachsende Zahl von Forschern stattdessen für eine umfassendere Vorgehensweise auf vielen Ebenen aus, die auch die evolutionären Auswirkungen von Kooperation innerhalb von Gruppen und Altruismus anerkennt.

Bei sozialen Insektenarten wie beispielsweise Ameisen und Bienen hat sich eine kollektive Existenz herausgebildet, die weitgehend von der gegenseitigen Unterstützung abhängig ist, die wiederum durch die Verwandtenselektion angetrieben wird. Bei Säugetieren kommt es allerdings zu einer Erweiterung und Vertiefung dieser sozialen Zusammenarbeit. Hier verschmilzt individueller Egoismus mit Gruppenaltruismus; dadurch ergeben sich evolutionäre Vorteile in Form von praktischer Hilfe und kulturellen Beziehungen.

Die Realisierung, dass bei höher entwickelten Tieren und vor allem beim Menschen *emotionale* Bindungen aufgrund von Verwandtschaft und innerhalb zunehmend größerer Gruppierungen für den evolutionären Fortschritt ebenfalls unerlässlich sind und häufig einen stärkeren Grund für altruistisches Verhalten liefern als irgendwelche banalen Überlegungen, hat bis jetzt kaum stattgefunden.

Trotzdem stellt ein solcher Ansatz einer sogenannten Gen-Kultur-Koevolution die frühere Übereinstimmung infrage, dass alle evolutionären Prozesse durch Konflikt und einzig und allein durch individuelle Anpassung voranschreiten. Wie der Anthropologe Robert Boyd, der Biologe Peter Richerson und auch andere Wissenschaftler argumentieren, statten solche angereicherten evolutionären Faktoren den Menschen dahingehend aus, dass er schnell bestimmte Anpassungen entwickeln kann, und zwar wesentlich schneller als auf der Basis alleiniger genetischer Mutation.[142] Boyd und Richerson behaupten ferner, dass auch die Entwicklung von sozialer Zusammenarbeit bei den Hominiden, die vor circa einer Million Jahre aufkam, als kreative Antwort auf eine Periode rascher klimatischer Veränderungen erfolgte und ein Verhaltensmuster für künftige gemeinsame Unternehmungen lieferte.

Die Arbeiten zahlreicher Forscher, darunter die Ökonomen Samuel Bowles und Herbert Gintis, die 2003 eine statistische Untersuchung veröffentlichten, konnten zeigen, dass Gesellschaften, die solche prosozialen Beziehungen vereinnahmen, eine höhere Überlebensrate aufweisen als diejenigen, die das nicht tun.[143]

Analysen der Soziologen Nicholas A. Christakis und James H. Fowler haben ebenfalls verdeutlicht, welchen Einfluss soziale Netzwerke ausüben, wenn es darum geht, Änderungen in Bezug auf Verhalten, Überzeugungen und sogar physische Gesundheit der Menschen hervorzurufen, die über drei Ecken entfernt voneinander leben und einander niemals getroffen haben.[144] In solchen Netzwerken gibt es unterschiedliche Strömungen von Einflussnahme über die fragilen Verbindungen von Freunden von Freunden von Freunden hinweg.

Von unserer kollektiven physischen, mentalen und emotionalen Gesundheit bis hin zu ökonomischen Phänomenen und der Verbreitung von Innovation übertragen die spezifischen Muster informationeller Wechselwirkungen innerhalb der Netzwerke unterschiedliche Eigenschaften auf die Menschen, die darin verstrickt sind. Diese inneren Verbindungen verknüpfen das Netzwerk zu einer Art »Superorganismus«, dessen Ganzes größer ist als die Summe seiner Einzelteile.

Wir haben weiter oben das Konzept über die Kleine-Welten-Vernetzung behandelt. Die Verzahnung sozialer Netzwerke, über alle menschlichen Gesellschaften hinweg, lagert von Natur aus das »Ich« in das weiter gefasste »Wir« ein. Mit dem Internet und verwandten Technologien, die uns in globalen Netzwerken verbinden, werden wir heute wesentlich stärker gemeinschaftlich beeinflusst als jemals zuvor. Die Vorteile unserer miteinander verbundenen Leben überwiegen nach Christakis' Meinung die Nachteile. Dementsprechend formuliert er: »Es ist die Verbreitung guter Dinge, die den einzigen Grund dafür liefert, warum wir unser Leben im Netz verbringen.«

Da wir praktisch alle auf komplexe Weise in unsere gesellschaftlichen Gruppen und sozialen Netzwerke integriert sind, sind die Ergebnisse der Gesundheitswissenschaftler und Epidemiologen Richard Wilkinson und Kate Pickett, die sie in ihrem erstmals 2009 erschienenen Buch *Gleichheit ist Glück* beschrieben, besonders bemerkenswert.[145] Sie konnten anhand einer ganzen Batterie von Daten über sozialen, wirtschaftlichen und gesundheitlichen Status, Bildungsniveau und kriminelles Verhalten aus 23 entwickelten Ländern zeigen, dass ein höherer Grad an sozialer Ungleichheit auch einen höheren Grad an Fehlfunktionen nach sich zieht – und zwar für jeden.

Obwohl Chancengleichheit nicht zu gleichen Ergebnissen führt, was an einer ganzen Reihe von Faktoren liegt, treiben einer Sache innewohnende Ungleichheiten zusätzliche Ungleichheit voran, wo das Spielfeld nicht eben ist, sondern – wie im Fall von Piffs Monopoly-Spiel – manipuliert, sodass das Ergebnis unvermeidlich ist. Unkontrolliert führt Geld zu Macht und Einfluss, was wiederum zu noch mehr Macht und noch mehr Einfluss, zu wachsender Ungleichheit und zu all den daraus resultierenden sozialen Leiden führt.

Mithilfe einer zunehmenden Anzahl gesellschaftlicher Untersuchungen in den letzten Jahren – darunter auch die zitierte von Wilkinson und Pickett – konnte verdeutlicht werden, dass ein hoher Grad an Ungleichheit die soziale Beweglichkeit, den gesellschaftlichen Zusammenhalt und das Vertrauen zueinander, die Lebenserwartung, die schulischen Leistungen sowie die physische, mentale und emotionale Gesundheit vermindert, und zwar nicht nur um

99 Prozent, sondern auch noch um das restliche 1 Prozent. Wir sind im wahrsten Sinn des Wortes die 100 Prozent.

Evolution des Bewusstseins

Die Evolution der Evolution: von der unbewussten
zur bewussten Wahl … definiert von der Futuristin
Barbara Marx Hubbard

Wir werden es zu unserer Mission machen, eine stärker spiri-
tuelle und harmonischere Zivilisation zu entwerfen, zu kom-
munizieren und zu implementieren – eine Zivilisation, welche
die Menschheit in die Lage versetzt, das ihr innewohnende Po-
tenzial zu erkennen und das nächste Stadium ihrer materiellen,
spirituellen und kulturellen Evolution zu erreichen.

Fuji-Erklärung 2014

Wir leben heutzutage in einer überaus bedeutungsvollen Zeit. Die
evolutionäre Reise unseres idealen Universums brachte die Selbst-
erfahrung der gesamten menschlichen Spezies bis zu einem Punkt,
an dem wir dazu in der Lage sind, uns *bewusst* zu entwickeln – und
das setzen wir auch noch fort in einem Zeitabschnitt, der anstatt

mehrere Epochen lediglich einige wenige Generationen zu umfassen scheint.

Unsere Entscheidungen sind jetzt wesentlich, und zwar nicht nur, um uns zu ermöglichen, dass wir die nächste Stufe der Wahrnehmung erreichen, sondern tatsächlich überleben. Unsere bis heute eingeschränkte Wahrnehmung hat uns und unseren Heimatplaneten an den Rand der Katastrophe geführt. In dieser globalen Notlage kann uns nur das Aufkommen einer höheren Wahrnehmung retten. Und so geben uns die Ältesten der eingeborenen Völker auf der ganzen Welt den Rat: »Wir haben die Wahl.«

Wie also wird sie ausfallen?

UNSERE WAHL

Wir stehen an einer wichtigen Schwelle der menschlichen Geschichte. Obwohl unsere bruchstückhafte Wahrnehmung der Welt uns und unseren Planeten an den Rand eines katastrophalen Zusammenbruchs gebracht hat, bieten uns die neu aufgekommene holistische Sichtweise des kosmischen Hologramms und die wesentliche Einheit des Bewusstseins die Wahl zu einem umwälzenden Durchbruch.

Die immer deutlicher werdende Beweislage geht weit über das intellektuelle Wissen hinaus, dass alles in unserem idealen Universum miteinander verbunden ist. Die Erkenntnis des kosmischen Hologramms und seiner Vereinheitlichung der Realität bildet buchstäblich das Potenzial für unsere gelebte Erfahrung seiner alles durchdringenden Sichtweise. Obwohl dieses ganzheitliche Weltverständnis die Einzigartigkeit unseres persönlichen mikrokosmischen Ausdrucks von Bewusstsein einbindet, umfasst sie auch den Mesokosmos unserer kollektiven menschlichen Erfahrung und den Makrokosmos des gesamten Universums, das als endlicher Ausdruck der Unendlichkeit und Ewigkeit des kosmischen Geistes existiert.

Wenn diese Ansicht der Welt vollständig realisiert worden ist, dann wird sie die konfliktbeladenen Wechselwirkungen der Wahrnehmung von Dualität beseitigen, die Zurücknahme von Egoismus stärken und Zusammenarbeit und Altruismus fördern, und zwar nicht nur zwischen uns Menschen, sondern zwischen allen Lebensformen.

Entscheidend ist, dass das Verständnis der Einheit des Bewusstseins nicht etwa Homogenität bedeutet. Stattdessen legt es größeren Wert auf unser persönliches Selbstverständnis, während es die Verschiedenartigkeit unserer kollektiven menschlichen Ausdrucksformen zelebriert und uns erlaubt, den tieferen Sinn unseres Lebens zu erkennen. Wenn sich unsere Wahrnehmung ausweitet und eine solche Ganzheit umfasst, dann stehen wir in Resonanz mit der Harmonie unseres Universums, stimmen uns auf sie ein und gleichen uns ihr an. Unsere Ängste, die aus der Illusion der Getrenntheit entstehen, werden durch die Liebe geheilt, die unsere wahre Grundlage darstellt.

Sobald wir diese umwälzende Sichtweise individuell und kollektiv annehmen, können unsere Entscheidungen und auch unser Verhalten verändert werden. Dann werden wir auch dazu fähig sein, bewusste Mitschöpfer unserer wieder erinnerten Realitäten und einfühlsame Bewahrer unseres Heimatplaneten zu werden. Das ist unsere persönliche und kollektive Zukunft – wir müssen uns nur dafür entscheiden.

AUF ZU GROSSEM!

Obwohl spirituelle Traditionen und Mystiker seit Jahrtausenden andere Bewusstseinszustände als unser alltäglich erwachendes Bewusstsein erforscht haben, wurden solche veränderten und erweiterten Sichtweisen erst im letzten halben Jahrhundert wissenschaftlich untersucht. Die ersten Forscher, darunter der Psychotherapeut C. G. Jung, erkannten, dass ihre Fallstudien, die multidimensionale Wahrnehmung jenseits des menschlichen Ich einschlossen, mit östlichen Mystiken und schamanischen Praktiken und Erfahrungen von Naturvölkern verwandt waren. Ihre Erforschung solcher transpersonaler Zustände wurde seitdem durch andere wegbereitende Wissenschaftler wesentlich erweitert, insbesondere durch den Psychotherapeuten Stanislav Grof.

In über fünfzig Forschungsjahren hat Grof die häufig von unabhängiger Seite überprüften Erfahrungen und damit verbundenen Informationen über das, was er als holotropische Zustände bezeichnet, katalogisiert, wobei zahlreiche multidimensionale, zunehmend archetypische und kosmische Bewusstseinsgrade aufeinandertreffen.

In mehreren Büchern, darunter *Impossible. Wenn Unglaubliches passiert*,[146] berichtet Grof ausgiebig über seine Erfahrungen mit Bewusstseinszuständen und -erweiterungen auf zahlreichen Ebenen und in vielen Bereichen menschlicher Existenz. Darin sind Erfahrungen historischer Gegebenheiten und Ereignisse ebenso eingeschlossen wie Erinnerungen an frühere Leben und Erfahrungen mit Verstorbenen, Begegnungen mit Schamanen und assoziative Verbindungen mit anderen Lebensformen, auch auf mikrokosmischer und kollektiver Ebene, Begegnungen mit körperlosen geistigen Führern, Elementargeistern, Devas, extraterrestrischen Wesen und Engeln

sowie Vereinigungen mit »mystischen« Wesen. Manche Erfahrungs-
berichte gehen noch weiter und beschreiben den Bereich von Archetypen und kosmischen Prinzipien, der sich in universellen oder spezifischen kulturellen Formen manifestiert, und zu guter Letzt die
gestaltlose Potenzialität des kosmischen Plenums selbst.

Diese multidimensionalen Bewusstseinsbereiche wurden im
Lauf der Geschichte mit vielen Bezeichnungen versehen; kürzlich
nannte Ervin László diese Bereiche »Akasha-Feld«, wobei er sich an
die hinduistische Vorstellung von *ākāśa,* anlehnte, das seit alters solche wesentlichen transzendenten Realitäten beschreibt.

Es gibt drei zentrale Erkenntnisse aus der ständig anwachsenden
Erforschung dieser transpersonalen Phänomene:

1. Ähnlich wie außergewöhnliche Eigenschaften sind diese
   nichtalltäglichen Erfahrungen multidimensionaler Realitäten
   in der Lage, auf präzise und nachprüfbare Informationen
   auf nichtlokalen Stufen zuzugreifen.
2. Wie viele Nahtoderfahrungen öffnen sie eine Tür für die Realisierung, dass die menschliche Seele nach dem Tod des Körpers weiterbesteht, und befreien von der Angst vor dem Tod.
3. Je weiter die Wahrnehmung dieser transpersonalen Phänomene über die egoistischen Einschränkungen hinausgeht,
   desto stärker enthüllen sie die Fülle des kosmischen Bewusstseins, das sich auf unzähligen Ebenen des Lebens abspielt.

Obwohl die bis heute geltenden Hauptströmungen der Wissenschaft, die Dualismus und Materialismus verkörpern, weder das
Rahmenwerk für eine solche Transzendenz bieten noch sie akzeptieren, ermöglicht das neu aufgekommene Verständnis des kosmischen

Hologramms, dass sich multidimensionale und nichtlokale Fähigkeiten, Phänomene und Erfahrungen in ein umfassendes und verständliches ganzheitliches Weltverständnis einfügen.

Zusätzlich bieten – und dessen waren sich viele Forscher wie Grof und László, aber auch Philosoph(inn)en wie Jean Houston bewusst – nicht nur die Wahrnehmung solcher erweiterten Bereiche der Realität, sondern auch die Kommunikation mit und das Lernen von Intelligenzen, die zahlreiche Ebenen multidimensionaler Existenz bevölkern, eine zutiefst wohlwollende Erkenntnis und Begleitung des nächsten Schritts in unserem evolutionären Fortschritt.

GEWÖHNLICHE AUSSERGEWÖHNLICHKEIT

Ein transpersonelles Leben zu führen, obwohl sich unsere multidimensionalen Erfahrungen auf unsere physische menschliche Existenz gründen, ist manchmal kompliziert, wie ich aus persönlicher Erfahrung aus beinah sechzig Jahren weiß.

Bei meiner ersten direkten Begegnung mit dem kosmischen Hologramm aus Indras Netz und der Realität eines multidimensionalen Bewusstseins war ich gerade einmal vier Jahre alt. Eines Tages, als ich zwischen Schlafen und Wachsein schwebte, hatte ich eine Vision, die so real war wie mein Schlafzimmer in unserem Haus im Norden Englands. Ich teilte diese Vision mit meinem Vater, einem Kohlenarbeiter, meiner Mutter, die überwiegend Hausfrau war, meiner Großmutter und meinem noch nicht lästigen jüngeren Bruder.

Darin schien ich mich im Zentrum eines weiten, verbundenen, pulsierenden Netzes aus Licht in Regenbogenfarben zu befinden, das in geometrischen Formen schimmerte. Diese wiederholten sich und spiegelten einander von den kleinsten bis zu den größten Skalen, so weit ich fühlen und sehen konnte. Kaum schienen sie fixiert zu sein, veränderten sie sich schon wieder von einem Moment zum anderen, und ich wurde mir bewusst, dass es sich um lebendige Formen aus Licht handelte, die aus ihren Mustern entstanden waren.

Seit dieser ersten Offenbarung haben mich zahlreiche übersinnliche Wahrnehmungen, veränderte Bewusstseinszustände, außerkörperliche Erfahrungen, die Bestätigung dessen, was sie mich gelehrt haben, und die Einblicke, die ich durch sie bekommen habe, von solchen Realitäten jenseits der physischen Existenzebene und von der allseits verbundenen Einheit eines intelligenten Kosmos überzeugt.

Ich wollte die tiefere Natur der Realität verstehen, die diese zahlreichen mystischen Erscheinungen aufgedeckt haben. Diese Suche hat mich als Erstes zu der Frage verleitet, nicht nur wie, sondern auch warum der Kosmos so ist, wie er ist. Sie hat mich Schritt für Schritt dazu geführt, die Realität als Bewusstsein eines unendlichen kosmischen Geistes zu sehen, das dynamisch auf multidimensionalen Stufen der Existenz geschaffen und erfahren wird. Und über viele Jahre hinweg haben sich diese Erfahrungen auch in meiner Wahrnehmung des physischen Bereichs niedergeschlagen, der auf allen Existenzebenen – von der ultimativen Einheit der gesamten Welt und der unendlichen Intelligenz des kosmischen Geistes – als holografisch und holarchisch realisiert wird.

Mein gesamtes experimentelles Verständnis ist eingeschlossen in das neue, auf wissenschaftlicher Grundlage beruhende Konzept des kosmischen Hologramms und die rasch zunehmenden, weitreichenden wissenschaftlichen Nachweise dafür, die in diesem Buch aufgezeigt werden.

Die Entdeckungs- und Rückerinnerungsreise geht immer noch weiter. Die einzigen Kriterien, die ich persönlich beachte und die von den größten Pionieren der Wissenschaft und den mutigsten Mystikern inspiriert wurden, sind: im Geist und im Herzen aufgeschlossen zu bleiben und bereit zu sein, den Nachweisen zu folgen, wo auch immer sie uns hinführen mögen.

Während die Entdeckungs- und Rückerinnerungsreise weitergeht, rücken die Wegweiser immer deutlicher in unser Gesichtsfeld, die unsere Fortschritte in Richtung Verständnis, Erfahrung und letztendlich Verkörperung der Einheit eines ganzheitlichen Weltverständnisses markieren:

- Information *ist* Realität.
- Alles *ist* Information.
- Geist *ist* Materie.

Und Bewusstsein ist nicht etwas, was wir besitzen; es ist, was wir und die gesamte Welt *sind.*

Dank

Ich hätte dieses Buch nicht schreiben können ohne das unglaubliche Engagement zahlreicher Wissenschaftler, Philosophen und spirituell Suchender, die jeweils ihre eigenen Entdeckungsreisen in die tiefere Natur der Realität unternommen haben.

Mein Dank richtet sich an alle wissenschaftlichen Denker, die Pionierarbeit geleistet haben und die bereit waren, dem Nachweis zu folgen, wo auch immer er sie hinführte; mein besonderer Dank geht an Isaac Newton, Ludwig Boltzmann, James Clerk Maxwell, Amalie Noether, Max Planck, Albert Einstein, Alan Turing, Dennis Gábor, Claude Shannon, David Bohm, John Archibald Wheeler und Benoît Mandelbrot.

Weiterhin spreche ich auch all jenen Philosophen und spirituell Suchenden aller traditioneller Richtungen meinen Dank aus, die sich im Laufe der Jahrhunderte intensiv mit der Erforschung des kosmischen Hologramms der Realität befasst und die ihre Wahrnehmungen universeller spiritueller Erfahrungen mit uns geteilt haben.

Als Nächstes danke ich meinen Freunden und Kollegen vom Evolutionary Leaders Circle für ihre großartige Unterstützung, ihre weisen Ratschläge und ihre wunderbare Freundschaft und den vielen anderen einer immer stärker anwachsenden Gemeinschaft auf der ganzen Welt, die sich um das Aufkommen der Evolution des Bewusstseins kümmern.

Mein Dank geht weiterhin an meine Literaturagentin Susan Mears für ihre Kompetenz und ihr andauerndes Engagement, um unsere kollektive Wahrnehmung zu steigern.

Außerdem danke ich all denjenigen aus dem Verlagshaus Inner Traditions, die sich diesem Buch mit Können, Einsatz und Sorgfalt gewidmet haben und die seine Botschaft mittragen, besonders meinem Autorenbetreuer Jon Graham, Jennie Marx und Cannon Labrie aus dem Lektorat, Verkaufs- und Marketingdirektor John Hayes und Pressesprecherin Blythe Bates.

Meine Wertschätzung gilt Ervin László, dem ich nicht nur dafür danke, dass er freundlicherweise das Vorwort zu meinem Buch geschrieben hat, sondern auch für die andauernde Freundschaft und Unterstützung, die ich von ihm und seiner lieben Frau Carita erfahre.

Ein herzliches Dankeschön an meinen Freund, Kollegen und Mitreisenden Gil Agnew, der jetzt neben mir geht und mich dabei unterstützt, die Botschaft des *Kosmischen Hologramms* und der beiden folgenden Titel aus der Transformations-Trilogie über das Weltverständnis einer einheitlichen Realität weiter zu verbreiten.

Während meiner lebenslangen Forschungen und Erfahrungen einer ganzheitlichen Welt hatte ich das ungeheure Privileg, zahlreiche Menschen kennenzulernen, die die Weisheiten vieler Traditionen bewahren, von ihnen zu lernen und angeleitet zu werden – sowohl körperlich als auch nichtkörperlich. Es sind zu viele, um sie an dieser Stelle anzuführen, aber mein herzlicher Dank geht an euch alle.

Jeden Tag danke ich meinem geliebten Ehemann und Seelenpartner Tony von ganzem Herzen, der mich auf allen Abenteuern des Lebens mit seinem Humor, seiner Geduld und seiner Liebe begleitet und unterstützt hat. Er bringt mich zum Lachen, er beschützt meinen Geist, er umarmt mich, wenn mich Sorgen bedrücken, und er gibt mir Mut und inspiriert mich mit seinem großartigen Beispiel.

Zu guter Letzt möchte ich – beinahe ohne Worte – Thoth danken, der als körperloses Licht in meinem Zimmer erschien, als ich vier Jahre alt war, und der mich seitdem immer begleitet hat: mein Mentor, Lenker und lieber Freund.

Hinweis: Jude Currivan startete im Mai 2017 einen Online-Kurs an der Ubiquity University, der sich auf das Kosmische Hologramm bezieht.

Anmerkungen

EINFÜHRUNG: INDRAS NETZ

1 't Hooft, G.: Canonical Quantization of Gravitating Point Particles in 2+1 Dimensions, *Classical and Quantum Gravity* 10, Nr. 8 (1993): 1653. arXiv:gr-qc/9305008.

KAPITEL 1: INFORMATION

2 Frieman, J. A., Turner, M. S., Huterer, D.: Dark Energy and the Accelerating Universe, *Annual Review of Astronomy and Astrophysics* 46, Nr. 1 (2008): 385–432. arXiv:0803.0982. doi:10.1146/annurev.astro.46.060407.145243.

3 Landauer, R.: Information Is Physical, *Physics Today* 44 (1991): 23–29.

4 Szilard, L.: On the Decrease of Entropy in a Thermodynamic System by the Intervention of Intelligent Beings (trans.), *Zeitschrift für Physik* 53 (1929): 840–856. http://indico.ictp.it/event/7644/session/9/contribution/18/material/1/0.pdf.

5 Berut, A., Arakelyan, A., Petrosyan, A., Ciliberto, S., Dillenschneider, R., Lutz, E.: Experimental Verification of Landauer's Principle Linking Information and Thermodynamics, *Nature* 483 (2012): 187–189.

6 Peruzzo, A., Shadbolt, P., Brunner, N., Popescu, S., O'Brien, J. L.: A Quantum Delayed Choice Experiment, *Science* 338 (2012): 634–637. http://arxiv.org/pdf/1205.4926.pdf.

7 Afshar, S. S.: Waving Copenhagen Good-bye: Were the Founders of Quantum Mechanics Wrong?, *Harvard seminar announcement* (2004).

8 Menzel, R., Puhlmann, D., Heuer, A., Schleich, W. P.: Wave-Particle Dualism and Complementarity Unraveled by a Different Mode, *Proceedings of the National Academy of Sciences of the United States of America* 109, Nr. 24 (2012): 9314–19. www.pnas.org/content/109/24/9314.abstract.

9 Bolduc, E., Leach, J., Miatto, F. M., Leuchs, G., Boyd, R. W.: Fair Sampling Perspective on an Apparent Violation of Duality, *Proceedings of the National Academy of Sciences of the United States of America* 111, Nr. 34 (2014): 12 337–41.

10 Everett III., H.: Relative State Formulation of Quantum Mechanics, *Reviews of Modern Physics* 29, Nr. 454 (1957), https://journals.aps.org/rmp/abstract/10.1103/RevModPhys.29.454.

11 Vgl. https://en.wikipedia.org/wiki/Dennis_Gabor.

KAPITEL 2: ANWEISUNGEN

12 Krauss, L. M.: *A Universe From Nothing* (New York: Simon & Schuster 2012).

13 Blake, C., et al.: The WiggleZ Dark Energy Survey: Measuring the Cosmic Expansion History Using the Alcock-Paczynski Test and Distant Supernovae, *Astronomy and Geophysics* 49, Nr. 5 (2011): 5,19–5,24. https://arxiv.org/pdf/1108.2637.pdf.

14 Milne, P. A., Foley, R. J., Brown, P. J., Narayan, G.: The Changing Fractions of Type Ia Supernova NUV – Optical Subclasses with Redshift, *Astrophysical Journal* 803, Nr. 20 (2015). doi:10.1088/0004-637X/803/1/20.

15 Eddington, A. S.: *The Nature of the Physical World* (New York: The MacMillan Company 1915): 74.

16 Toyabe, S., Sagawa, T., Ueda, M., Muneyuki, E., Sano, M.: Information Heat Engine: Converting Information to Energy by Feedback Control, *Nature Physics* 6 (2010): 988–92. http://arxiv.org/pdf/1009.5287.pdf.

17 Bekenstein, J. D.: Universal Upper Bound on the Entropy-to-Energy Ratio for Bounded Systems, *Physical Review D* 23, Nr. 2 (15. Januar 1981): 287–98. doi:10.1103/PhysRevD.23.287.

KAPITEL 3: BEDINGUNGEN

18   Maldacena, J. M.: The Large N Limit of Superconformal Field Theories and Supergravity, *Advanced Theoretical Math and Physics* 2 (1998): 231–52. https://arxiv.org/abs/hep-th/9711200.

19   Aspect, A., Grangier, P., Roger, G.: Experimental Realization of Einstein-Podolsky-Rosen-Bohm Gedankenexperiment: A New Violation of Bell's Inequalities, *Physical Review Letters* 49, Nr. 2 (1982): 91–94. doi:10.1103/PhysRevLett.49.91.

20   Bussieres, F., Clausen, C., Tiranov, A., Korzh, B., Verma, V. B., Nam, S. W., Marsili, F., Ferrier, A., Goldner, P., Herrmann, H., Silberhorn, C., Sohler, W., Afzelius, M., Gisin, N.: Quantum Teleportation from a Telecom-Wavelength Photon to a Solid-State Quantum Memory, *Nature Photonics* 8 (2014): 775–78. http://arxiv.org/pdf/1401.6958.pdf.

21   Lee, K. C., Sprague, M. R., Sussman, B. J., Nunn, J., Langford, N. K., Jin, X. M., Champion, T., Michelberger, P., Reim, K. F., England, D., Jaksch, D., Walmsley, I. A.: Entangling Macroscopic Diamonds at Room Temperature, *Science* 334, Nr. 6060 (2011): 1253–56. doi:10.1126/science.1211914.

KAPITEL 4: ZUTATEN

22   Hutsemekers, D., Braibant, L., Pelgrims, V., Sluse, D.: Spooky Alignment of Quasars Across Billions of Light-Years, *European Southern Observatory* (19. November 2014). www.eso.org/public/news/eso1438.

23   Abazajian, K. N., Canac, N., Horiuchi, S., Kaplinghat, M., Kwa, A.: Discovery of a New Galactic Center Excess Consistent with Upscattered Starlight, *Journal of Cosmology and Astroparticle Physics* 7 (2015). http://arxiv.org/abs/1410.6168 (22. Oktober 2014/10. Juli 2015).

24   Bogdan, A., Goulding, A.: Dark Matter Guides Growth of Supermassive Black Holes, *Harvard-Smithsonian Center for Astrophysics release* 2015-07 (18. Februar 2015).

25   Salvatelli, V., Said, N., Bruni, M., Melchiorri, A., Wands, D.: Indications of a Late-Time Interaction in the Dark Sector, *Physical Review Letters* 113 (30. Oktober 2014).

26 Jaffe, R. L.: The Casimir Effect and the Quantum Vacuum, *Physical Review* D72 (2005). https://arxiv.org/abs/hep-th/0503158 (21. März 2005).

27 Brodsky, S. J., Roberts, C. D., Shrock, R., Tandy, P. C.: New Perspectives on the Quark Condensate, *Physical Review C* 82, 022201(R). https://www.researchgate.net/publication/235565282_New_perspectives_on_the_quark_condensate.

28 Laser Interferometer Gravitational-Wave Observatory: *Gravitational Waves Detected 100 Years After Einstein's Prediction,* 11. Februar 2016. www.ligo.caltech.edu/news/ligo20160211.

29 Jacobson, T.: Thermodynamics of Spacetime: The Einstein Equation of State, *Physical Review Letters* 75 (1995): 1260–63. http://arxiv.org/pdf/gr-qc/9504004.pdf.

30 Verlinde, E. P.: On the Origin of Gravity and the Laws of Newton, *Journal of High Energy Physics* (2011). https://arxiv.org/abs/1001.0785.

31 Wang, T.: Modified Entropic Gravity Revisited, *High Energy Physics Theory.* https://arxiv.org/abs/1211.5722 (25. November 2012).

32 Loll, R.: What You Always Wanted to Know about CDT, but Did Not Have Time to Read about in Our Papers, *mp4 seminar.* http://pirsa.org/14040086 (18. November 2005).

33 Hořava, P.: Quantum Gravity at a Lifshitz Point, *Physical Review D* 79, Nr. 8 (2009). arXiv: 0901.3775.

34 Freund, P. G. O.: Emergent Gauge Fields, *High Energy Physics.* http://arxiv.org/abs/1008.4147 (24. August 2010).

35 Chang, Z., Li, M-H., Li, X.: Unification of Dark Matter and Dark Energy in a Modified Entropic Force Model, *Commun. Theoretical Physics* 56 (2011): 184–92. http://arxiv.org/abs/1009.1506

KAPITEL 5: REZEPT

36 SLAC: *BaBar Experiment Confirms Time Asymmetry.* www6.slac.stanford.edu/news/2012-11-19-babar-trv.aspx.

37 Rees, M.: *Just Six Numbers: The Deep Forces That Shape the Universe* (New York: Basic Books 2001).

38   Mueller, M. P., Masanes, L.: Three-Dimensionality of Space and the
     Quantum Bit: An Information-Theoretic Approach, *New Journal of
     Physics* 15 (2013). http://arxiv.org/abs/1206.0630.

39   Dakic, B., Paterek, T., Brukner, C.: Density Cubes and Higher-Order
     Interference Theories, *New Journal of Physics* 16 (2013). http://arxiv.
     org/pdf/1308.2822v2.pdf.

KAPITEL 6: BEHÄLTNIS

40   Yuval, Y., Eitan, M., Iluz, Z., Hanein, Y., Boag, A., Scheuer, J.: Highly
     Efficient and Broadband Wide-Angle Holography Using Patch-Dipole
     Nanoantenna Reflectarrays, *Nano Letters* 14, Nr. 5 (2014): 2485.
     doi:10.1021/nl5001696.

41   Xu, X., Liang, X., Pan, Y., Zheng, R., Lum, Z. A.: Spatiotemporal Mul-
     tiplexing and Streaming of Hologram Data for Full-Color Holographic
     Video Display, *Optical Review* 21 (Februar 2015): 220–25.

42   Long, B., Seah, S. A., Carter, T., Subramanian, S.: Rendering Volumetric
     Haptic Shapes in Mid-Air Using Ultrasound, *ACM Transactions on Gra-
     phics* (November 2014). http://dx.doi.org/10.1145/2661229.2661257.

43   Fermilab: The Holometer: A Fermilab Experiment, *YouTube-Video* (16.
     Dezember 2014). www.youtube.com/watch?v=8HqEaPKZ7fs.

44   Chou, A. S., Gustafson, R., Hogan, C., Kamai, B., Kwon, O., Lanza, R.,
     McCuller, L., Meyer, S. S., Richardson, J., Stoughton, C., Tomlin, R.,
     Waldman, S., Weiss, R.: Search for Space-Time Correlations from the
     Planck Scale with the Fermilab Holometer, *Fermilab* (Dezember 2015).
     https://arxiv.org/pdf/1512.01216.pdf.

45   Planck Collaboration: Planck 2015 results. XIII. Cosmological Para-
     meters, *Astronomy and Astrophysics* (Februar 2015). https://arxiv.org/
     abs/1502.01589.

46   Zeldovich, Y. B., Starobinski, A.: Quantum Creation of a Universe with
     Nontrivial Topology, *Soviet Astronomy Letters* 10, Nr. 135 (1984).

47   Tegmark, M., de Oliveira-Costa, A., Hamilton, A.: A High Resolution
     Foreground Cleaned CMB Map from WMAP, *Physical Review* D68
     (2003). http://arxiv.org/abs/astro-ph/0302496.

48 Caldarelli, M. M., Camps, J., Gouteraux, B., Skenderis, K.: AdS/Ricci-Flat Correspondence and the Gregory-Laflamme Instability, *Physical Review* D67 (März 2013). http://eprints.soton.ac.uk/391645.

49 Aurich, R., Janzer, H. S., Lustig, S., Steiner, F.: Do We Live in a Small Universe?, *Classical and Quantum Gravity* 25 (2008). http://arxiv.org/abs/0708.1420.

KAPITEL 8: ALLGEMEINE MUSTER

50 Turcotte, D. L.: Fractals in Geology: What Are They and What Are They Good For?, *GSA Today* (1991). www.geosociety.org/gsatoday/archive/1/1/pdf/i1052-5173-1-1-sci.pdf.

51 Fractal Patterns Spotted in the Quantum Realm, *Physics World online* (9. Februar 2010). http://physicsworld.com/cws/article/news/2010/feb/09/fractal-patterns-spotted-in-the-quantum-realm.

52 Hunt, B., Sanchez-Yamagishi, J. D., Young, A. F., Yanlowitz, M., LeRoy, B. J., Watanabe, K., Taniguchi, T., Moon, P., Koshino, M., Jarillo-Herrero, P., Ashoori, R. C.: Massive Dirac Fermions and Hofstadter Butterfly in a van der Waals Heterostructure, *Science* 340, Nr. 6139 (Juni 2013): 1427–30. doi:10.1126/science.1237240.

53 Fratini, M., Poccia, N., Ricci, A., Campi, G., M. Burghammer, M., Aeppli, G., Bianconi, A.: Scale-Free Structural Organization of Oxygen Interstitials in La2CuO4+y, *Nature* 466 (August 2010): 841–44. www.nature.com/articles/nature09260.epdf.

54 Warwick University: *Astrophysicists Find Fractal Image of Sun's »Storm Season« Imprinted on Solar Wind* (2014). www2.warwick.ac.uk/newsandevents/pressreleases/astrophysicists_find_fractal.

55 Li, J., Ostoja-Starzewski, M.: Saturn's Rings Are Fractal (Juni 2012). https://arxiv.org/abs/1207.0155.

56 International Centre for Radio Astronomy Research: *WiggleZ Confirms the Big Picture of the Universe* (2012). www.icrar.org/news/news_items/media-releases/wigglez-confirms-the-big-picture-of-the-universe.

57 McClelland, L., Simkin, T., Summers, M., Nielsen, E., Stein, T. C. (Hrsg.) *Global Volcanism 1975–1985* (Englewood Cliffs, N. J.: Prentice Hall, und Washington, D. C.: American Geophysical Union 1989).

58   Lindner, J. F., Kohar, V., Kia, B., Hippke, M., Learned, J. G., Ditto, W.
      L.: Strange Nonchaotic Stars, *Physical Review Letters* 114 (2015): 1–5.

59   Kadanoff, L. P.: The Droplet Model and Scaling, *Critical Phenomena, Pro-
      ceedings of the International School of Physics,* hrsg. v. M. S. Green (New
      York: Academic Press, 1971): 118–22.

60   Bak, P., Tang, C., Wiesenfeld, K.: Self-organized Criticality: An Expla-
      nation of the $1/f$ Noise, *Physical Review Letters* 59 (Juli 1987): 381–84.

61   Lorenz, E.: Predictability; Does the Flap of a Butterfly's Wings in Bra-
      zil Set Off a Tornado in Texas?, *American Association for the Advancement
      of Science 139th Meeting* (1972). http://eaps4.mit.edu/research/Lorenz/
      Butterfly_1972.pdf.

KAPITEL 9: INFORMATIONSDESIGN *FÜR* DIE EVOLUTION

62   Crutchfield, J. P., Feldman, D. P.: Regularities Unseen, Randomness
      Observed: The Entropy Convergence Hierarchy, *Chaos* 15 (2003): 25–
      54.

63   Feldman, D. P., McTague, C. S., Crutchfield, J. P.: The Organization
      of Intrinsic Computation: Complexity-Entropy Diagrams and the
      Diversity of Natural Information Processing, *Chaos* 18 (2008).
      doi:10.1063/1.2991106.

64   Skyrms, B.: Signals, Evolution and the Explanatory Power of Transient
      Information, *Philosophy of Science* 69, Nr. 3 (2002): 407–28.

65   Johnson, J. J., Tolk, A., Sousa-Poza, A.: A Theory of Emergence and
      Entropy in Systems of Systems, *Procedia Computer Science* 20 (2013):
      283–89.

66   Vgl. https://en.wikipedia.org/wiki/Evaporating_gaseous_globule.

67   Harvard-Smithsonian Center for Astrophysics: *Magnetic Fields Play a
      Larger Role in Star Formation than Previously Thought, news release* (9. Septem-
      ber 2009). www.cfa.harvard.edu/news/2009-20. Bezug auf Li, H.-B.,
      Dowell, D., Goodman, A., Hildebrand, R., Novak, G.: Anchoring Ma-
      gnetic Field in Turbulent Molecular Clouds, *The Astrophysical Journal*
      704, Nr. 2 (2009). http://arxiv.org/abs/0908.1549.

68   Max Planck Institute for Radio Astronomy: *Interstellar Molecules are Branching Out, news release* (25. September 2014). www.mpifr-bonn.mpg.de/pressreleases/2014/10.

69   Ilsedore, C. L., Bergin, E. A., Alexander, C. L. O'D, Du, F., Graninger, D., Oberg, K. J., Harries, T. J.: The Ancient Heritage of Water Ice in the Solar System, *Science* 345 (2014). doi:10.1126/science.1258055.

70   Mahajan, T. B., Elsila, J. E., Deamer, D. W., Zare, R. N.: Formation of Carbon-Carbon Bonds in the Photochemical Alkylation of Polycyclic Aromatic Hydrocarbons, *Origins of Life and Evolution of Biospheres* 33 (2002): 17. web.stanford.edu/group/Zarelab/publinks/zarepub677.pdf.

71   Michael, P., Callahan, M. P., Smith, K. E., Cleaves II, H. J., Ruzicka, J., Stern, J. C., Glavin, D. P., House, C. H., Dworkin, J. P.: Carbonaceous Meteorites Contain a Wide Range of Extraterrestrial Nucleobases, *Proceedings of the National Academy of Sciences* 108, Nr. 34 (2011): 13 995–998. http://www.pnas.org/content/108/34/13995.short.

72   Jorgensen, J. K., Favre, C., Bisschop, S. E., Bourke, T. L., Dishoek, E. F. van, Schmalzl, M.: Detection of the Simplest Sugar, Glycolaldehyde, in a Solar-Type Protostar with ALMA, *Astrophysics Journal Letters* 757 (2012). www.eso.org/public/archives/releases/sciencepapers/eso1234/eso1234a.pdf.

73   Malhotra, R.: Orbital Resonances and Chaos in the Solar System, *Solar System Formation and Evolution, ASP Conference Series,* Vol. 149, hrsg. v. D. Lazzaro et al. (1998). http://www.aspbooks.org/a/volumes/table_of_contents/?book_id=261.

74   Batygin, K., Laughlin, G.: Jupiter's Decisive Role in the Inner Solar System's Early Evolution, *Proceedings of the National Academy of Sciences* 112, Nr. 14 (2015): 4214–17. www.pnas.org/content/112/14/4214.abstract.

75   Hecht, J.: Saturn's Calming Nature Keeps Earth Friendly to Life, *New Scientist* 11, Nr. 21, 2014. www.newscientist.com/article/dn26601-saturns-calming-nature-keeps-earth-friendly-to-life. Basierend auf Pilat-Lohinger, E.: The Role of Dynamics on the Habitability of an Earth-like Planet, *International Journal of Astrobiology* 14, Nr. 2 (2015): 145–52.

76 Landeau, M., Olsen, P., Degeun, R., Hirsch, B. H.: Core Merging and
    Stratification Following Giant Impact, *Nature Geoscience* (12. September
    2016).   www.nature.com/ngeo/journal/vaop/ncurrent/full/ngeo
    2808.html.

77 Carter jr., C. W., Wolfenden, R.: tRNA Acceptor Stem and Anticodon
    Bases Form Independent Codes Related to Protein Folding, *Proceedings
    of the National Academy of Sciences* 112, Nr. 24 (2015): 7489–94. www.
    pnas.org/content/112/24/7489.full.pdf. Wolfenden, R., Lewis jr., C.
    E., Yuan, Y., Carter jr., C. W.: Temperature dependence of amino acid
    hydrophobicities, *Proceedings of the National Academy of Sciences* (2015).
    doi:10.1073/pnas.1507565112.

78 Patel, B. H., Percivalle, C. P., Ritson, D. J., Duffy, C. D., Sutherland, J. D.:
    Common Origins of RNA, Protein and Lipid Precursors in a Cyano-
    sulfidic Protometabolism, *Nature Chemistry* 7 (2015): 301–07. www.na-
    ture.com/nchem/journal/v7/n4/full/nchem.2202.html.

79 Shomrat, T., Levin, M.: An Automated Training Paradigm Reveals
    Long-Term Memory in Planaria and Its Persistence through Head Re-
    generation, *Journal of Experimental Biology* 216, Nr. 20 (2013): 3799–810.
    doi:10.1242/jeb.087809.

80 Burton, K.: NASA Scientists Find Clues that Life Began in Deep
    Space, *NASA news release* (26. Januar 2001). www.nasa.gov/centers/
    ames/news/releases/2001/01_06AR.html.

81 Lipton, B. H.: *The Biology of Belief: Unleashing the Power of Consciousness,
    Matter and Miracles* (Carlsbad, Calif.: Hay House, 2011). Dt: *Intelligente
    Zellen. Wie Erfahrungen unsere Gene steuern* (Burgrain: KOHA 2016).

82 Vgl. https://en.wikipedia.org/wiki/Stuart_Kauffman.

83 Thompson, R. H., Swanson, L. W.: Hypothesis-Driven Structural Con-
    nectivity Analysis Supports Network over Hierarchical Model of Brain
    Architecture, *Proceedings of the National Academy of Sciences* 107, Nr. 34
    (2010): 15 235–39. www.ncbi.nlm.nih.gov/pubmed/20696892.

84 Vgl. https://en.wikipedia.org/wiki/Milankovitch_cycles.

KAPITEL 10: HOLOGRAFISCHE VERHALTENSWEISEN

85 Willinger, W., Paxson, V.: Where Mathematics Meets the Internet, *Notices of the American Mathematical Society* 45 (1998): 961–70.

86 Albert, R., Jeong, H., Barabási, A.-L.: The Diameter of the WWW, *Nature* 401 (1999): 130–31. arXiv:cond-mat/9907038.

87 Faloutsos, M., Faloutsos, P., Faloutsos, C.: *Power-Laws of the Internet, Technical Report UCR-CS-99-01* (Riverside: University of California, 1999).

88 Richardson, L. F.: Variation of the Frequency of Fatal Quarrels with Magnitude, *Journal of the American Statistical Association* 43, Nr. 244 (1948): 523–46.

89 Richardson, L. F.: *Statistics of Deadly Quarrels, 1809–1949, ICPSR5407.* www.icpsr.umich.edu/icpsrweb/ICPSR/studies/5407 (1984).

90 Miami University: *Predicting Insurgent Attacks* (14. Juli 2011). https://www.eurekalert.org/pub_releases/2009-12/uom-pia121709.php.

91 Watts, D. J., Strogatz, S. H.: Collective Dynamics of »Small-World« Networks, *Nature* 393 (1998): 440–42. doi:10.1038/30918.

92 Barabási, A.-L., Oliveira, J. G.: Human Dynamics: Darwin and Einstein Communication Patterns, *Nature* 437 (2005). www.nature.com/nature/journal/v437/n7063/abs/4371251a.html.

93 Dezsö, Z., Almaas, E., Lukács, A., Rácz, B., Szakadát, I., Barabási, A.-L.: Dynamics of Information Access on the Web, *Physical Review* 73 (2006). https://journals.aps.org/pre/abstract/10.1103/PhysRevE.73.066132.

94 Rybski, D., Buldyrev, S. V., Havlin, S., Liljeros, F., Makse, H. A.: Scaling Laws of Human Interaction Activity, *Proceedings of the National Academy of Sciences* 106, Nr. 31 (2009): 12640–45. www.pnas.org/content/106/31/12640.abstract.

95 Fan, C., Guo, J.-L., Zha, Y.-L.: Fractal Analysis on Human Behaviors Dynamics, *Physica A* 391 (2012): 6617–625. http://arxiv.org/ftp/arxiv/papers/1012/1012.4088.pdf.

96 Song, C., Qu, Z., Blumm, N., Barabasi, A.-L.: Limits of Predictability in Human Mobility, *Science* 327, Nr. 5968 (2010): 1018–21. doi:10.1126/science.1177170.

97 Sambridge, M., Tkalčić, H., Jackson, A.: Benford's Law in the Natural Sciences, *Geophysical Research Letters* 37 (2010). doi:10.1029/2010GL044830.

98 Aron, J.: Mathematical Crime-fighter Helps Hunt for Alien Worlds, *New Scientist* (28. November 2013). www.newscientist.com/article/dn24668-mathematical-crime-fighter-helps-hunt-for-alien-worlds.

99 Gabaix, X.: Zipf's Law for Cities: An Explanation, *The Quarterly Journal of Economics* 114, Nr. 3 (August 1999): 739–67. www.jstor.org/stable/2586883.

100 Lin, H., Loeb, A.: Astrophysicists Prove that Cities on Earth Grow in the Same Way as Galaxies in Space, *MIT Technology Review*, 16. Januar 2015. www.technologyreview.com/s/534251/astrophysicists-prove-that-cities-on-earth-grow-in-the-same-way-as-galaxies-in-space.

101 Cheng, W., Law, P. K., Kwan, H. C., Cheng, R. S. S.: Stimulation Therapies and the Relevance of Fractal Dynamics to the Treatment of Diseases, *Open Journal of Regenerative Medicine* 3, Nr. 4 (2014): 73–94. www.scirp.org/journal/PaperInformation.aspx?paperID=51401.

102 Taleb, N. N.: *The Black Swan: The Impact of the Highly Improbable* (New York: Random House, 2. Aufl. 2010).

KAPITEL 11: WER ERSCHUF UNSER IDEALES UNIVERSUM?

103 Simons, D. J., Levin, D. L.: Failure to Detect Changes to People During a Real-World Interaction, *Psychonomic Bulletin & Review* 5, Nr. 4 (1998): 644–49.

104 Cromie, W. J.: Meditation Changes Temperature: Mind Controls Body in Extreme Experiments, *Harvard Gazette* (18. April 2002). https://news.harvard.edu/gazette/story/2002/04/meditation-changes-temperatures.

105 Peper, E., Wilson, V. S., Kawakami, M., Sata, M.: The Physiological Correlates of Body Piercing by a Yoga Master: Control of Pain and Bleeding, *Subtle Energies and Energy Medicine Journal* 14, Nr. 3 (2005): 223–37. https://biofeedbackhealth.files.wordpress.com/2011/01/final-piercing-7-15-05.pdf.

106 De Pascalis, V.: Psychophysiological Correlates of Hypnosis and Hypnotic Susceptibility, *International Journal of Clinical Experimental Hypnosis* 47, Nr. 2 (1999): 117–43.

107 Montgomery, G. H., Kirsch, I.: Mechanisms of Placebo Pain Reduction: An Empirical Investigation, *Psychological Science* 7 (1996): 174–76.

108 Benedetti, F., Durando, J., Vighetti, S.: Nocebo and Placebo Modulation of Hypobaric Hypoxia Headache Involves the Cyclooxygenase-Prostaglandins Pathway, *Pain* 155, Nr. 5 (Mai 2014): 921–28. www.ncbi.nlm.nih.gov/pubmed/24462931.

109 Silberman, S.: Placebos Are Getting More Effective. Drugmakers Are Desperate to Know Why, *Wired* (24. August 2009). www.wired.com/2009/08/ff-placebo-effect.

110 Paramaguru, K.: Has the Universe Stopped Producing New Stars?, *Time* (13. November 2012). http://newsfeed.time.com/2012/11/13/has-the-universe-almost-stopped-producing-new-stars.

111 Popławski, N. J.: Cosmology with Torsion: An Alternative to Cosmic Inflation, *Physics Letters B* 694 (2010): 181–85. https://arxiv.org/abs/1007.0587.

112 Longo, M. J.: Detection of a Dipole in the Handedness of Spiral Galaxies with Redshifts z~0.0 4, *Physics Letters B* 699, Nr. 4 (Mai 2011): 224–29.

KAPITEL 12: AUSSERGEWÖHNLICHE PHÄNOMENE

113 Ellerman, D.: *A Common Fallacy in Quantum Mechanics: Why Delayed Choice Experiments Do NOT Imply Retrocausality* (2012). http://jamesowenweatherall.com/SCPPRG/EllermanDavid2012Man_QuantumEraser2.pdf. Ders.: Why Delayed Choice Experiments Do NOT Imply Retrocausality, *Quantum Studies: Mathematics and Foundations* 2, Nr. 2 (2015): 183–99.

114 Cooke, C.: *An Introduction to Experimental Physics* (London: UCL Press 1996): 5.

115 László, E., Currivan, J.: *CosMos: A Co-Creator's Guide to the Whole World* (Carlsbad, Cal.: Hay House 2008).

116 Carey, B.: A Princeton Lab on ESP Plans to Close Its Doors, *New York Times,* 10. Februar 2007. www.nytimes.com/2007/02/10/science/10princeton.html?_r=1.

117 Storm, L., Tressoldi, P. E., Di Risio, L.: Meta-Analysis of Free-Response Studies, 1992–2008: Assessing the Noise-Reduction Model in Parapsychology, *Psychological Bulletin* 136, Nr. 4 (2010): 471–85.

118 Storm, L., Tressoldi, P. E., Di Risio, L.: Meta-Analysis of ESP Studies, 1987–2010: Assessing the Success of the Forced-Choice Design in Parapsychology, *Journal of Parapsychology* 76, Nr. 2 (2012): 243–74.

119 Storm, L., Tressoldi, P. E., Utts, J.: Testing the Storm et al. (2010) Meta-Analysis Using Bayesian and Frequentist Approaches: Reply to Rouder et al., *Psychological Bulletin* 139, Nr. 1 (2013): 248–54.

120 Tressoldi, P. E.: Extraordinary Claims Require Extraordinary Evidence: The Case of Non-Local Perception, a Classical and Bayesian Review of Evidences, *Frontiers in Psychology* 2, Nr. 117 (Juni 2011). doi:10.3389/fpsyg.2011.00117.

121 Mossbridge, J., Tressoldi, P. E., Utts, J.: Predictive Physiological Anticipation Preceding Seemingly Unpredictable Stimuli: A Meta-Analysis, *Frontiers in Psychology* 3, Nr. 390 (Oktober 2012). doi:10.3389/fpsyg.2012.00390.

122 Schmidt, S.: Can We Help Just by Good Intentions? A Meta-Analysis of Experiments on Distant Intention Effects, *Journal of Alternative and Complementary Medicine* 18, Nr. 6 (2012): 529–33. doi:10.1089/acm.2011.0321.

123 Playfair, G. L.: *Twin Telepathy: The Psychic Connection* (Hove, UK: White Crow Books 3. Aufl. 2012).

124 Saseendran, S.: Miracle Girl: Nandana Has Access to Mother's Memory, *Khaleej Times* (15. März 2013). www.khaleejtimes.com/business/miracle-girl-nandana-has-access-to-mother-s-memory.

125 Radin, D.: *Entangled Minds: Extrasensory Experiences in a Quantum Reality* (New York: Paraview Pocket Books/Simon & Schuster 2006).

126 Bierman, D. J., Scholte, H. S.: *Anomalous Anticipatory Brain Activation Preceding Exposure of Emotional and Neutral Pictures* (Amsterdam: University of Amsterdam 2002).

127 McCraty, R., Atkinson, M., Bradley, R. T.: Electrophysiological Evidence of Intuition: Part 1. The Surprising Role of the Heart, *Journal of Alternative and Complementary Medicine* 10, Nr. 1 (2004): 133–43.

128 Bem, D. J.: Feeling the Future: Experimental Evidence for Anomalous Retroactive Influences on Cognition and Affect, *Journal of Personality and Social Psychology* 100, Nr. 3 (March 2011): 407–25. doi:10.1037/a0021524.

129 Rhine Feather, S., Schmicker, M.: *The Gift: Extraordinary Experiences of Ordinary People* (New York: St. Martin's 2006).

130 Schwartz, S. A.: *Opening to the Infinite* (Buda, Tex.: Nemoseen Media 2007).

131 May, E. C., Spottiswoode, S. J. P., Faith, L. V.: The Correlation of the Gradient of Shannon Entropy and Anomalous Cognition, *Journal of Scientific Exploration* 14, Nr. 1 (2000): 53–72.

132 Parnia, S., Spearpoint, K., Vos, G. de, Fenwick, P., Goldberg, D., Yang, J., Zhu, J., Baker, K., Killingback, H., McLean, P., Wood, M., Zafari, A. M., Dickert, N., Beisteiner, R., Sterz, F., Berger, M., Warlow, C., Bullock, S., Lovett, S., McPara, R. M., Marti-Navarette, S., Cushing, P., Wills, P., Harris, K., Sutton, J., Walmsley, A., Deakin, C. D., Little, P., Farber, M., Greyson, B., Schoenfeld, E. R.: AWARE-AWAreness During REsuscitation: A Prospective Study, *Resuscitation* (2014). www.ncbi.nlm.nih.gov/pubmed/25301715.

133 University of Southampton: *Results of World's Largest Near Death Experiences Study Published* (7. Oktober 2014). www.southampton.ac.uk/news/2014/10/07-worlds-largest-near-death-experiences-study.page.

134 Lommel, P. van, Wees, R. van, Meyers, V., Elfferich, I.: Near-Death Experience in Survivors of Cardiac Arrest: A Prospective Study in the Netherlands, *Lancet* 358, Nr. 9298 (Dezember 2001): 2039–45.

135 Cardeña, E.: A Call for an Open, Informed Study of All Forms of Consciousness, *Frontiers in Human Neuroscience* 8 (2014). www.ncbi.nlm.nih.gov/pmc/articles/PMC3902298.

KAPITEL 13: MIT-SCHÖPFER

136 Rosenthal, R., Jacobson, L.: Teachers' Expectancies: Determinants of Pupils' IQ Gains, *Psychological Reports* 19 (1963): 115–18.

137 Lawton, G.: The Grand Delusion: Why Nothing Is as It Seems, *New Scientist* (6. Mai 2011). www.learningmethods.com/downloads/pdf/ the.grand.delusion-why.nothing.is.as.it.seems.pdf.

138 Piff, P.: Does Money Make You Mean?, *TED Talk*, Oktober 2013. www.ted.com/talks/paul_piff_does_money_make_you_mean?language=en.

139 Dias, B. G., Ressler, K. J.: Parental Olfactory Experience Influences Behavior and Neural Structure in Subsequent Generations, *Nature Neuroscience* 17 (2014): 89–96. http://dx.doi.org/10.1038/nn.3594.

140 Yehuda, R.: Neuroendocrine Aspects of PTSD, *Handbook of Experimental Pharmacology* 169 (2005): 371–403. www.ncbi.nlm.nih.gov/pubmed/16594265.

141 Yehuda, R., Daskalais, N. P., Bierer, H. N., Klengel, T., Holsboer, F., Binder, E. B.: Holocaust Exposure Induced Intergenerational Effects on FKBP5 Methylation, *Biological Psychiatry* (2015). www.biologicalpsychiatryjournal.com/article/S0006-3223(15)00652-6/abstract.

142 Boyd, R., Richerson, P. J.: *Not by Genes Alone: How Culture Transformed Human Evolution* (Chicago: University of Chicago Press 2006).

143 Bowles, S., Gintis, H.: The Evolution of Strong Reciprocity: Cooperation in Heterogeneous Populations, *Theoretical Population Biology* 65, Nr. 1 (February 2004): 17–28. www.umass.edu/preferen/gintis/evolsr.pdf.

144 Christakis, N. A., Fowler, J. H.: *Connected: The Surprising Power of Our Social Networks and How They Shape Our Lives – How Your Friends' Friends' Friends Affect Everything You Feel, Think, and Do* (New York: Back Bay Books/Little Brown 2010/11). Dt.: *Connected! Die Macht sozialer Netzwerke und warum Glück ansteckend ist* (Frankfurt am Main: S. Fischer 2010).

145 Pickett, K., Wilkinson, R.: *The Spirit Level: Why Greater Equality Makes Societies Stronger* (New York: Bloomsbury 2009/11). Dt.: *Gleichheit ist Glück* (Berlin: Haffmans & Tolkemitt 2009).

KAPITEL 14: EVOLUTION DES BEWUSSTSEINS

146 Grof, S.: *When the Impossible Happens: Adventures in Non-Ordinary Realities* (Louisville, Col.: Sounds True 2006). Dt.: *Impossible. Wenn Unglaubliches passiert. Das Abenteuer außergewöhnlicher Bewusstseinserfahrungen* (München: Kösel 2006).

Personenregister

Sachregister